21 世纪高等院校
数字艺术类规划教材

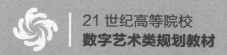

# 数字平面

## 设计教程

## ——Photoshop CC

### （第 2 版）

U0277458

卢杰 汪惟宝◎主编
吕云山 石鑫◎副主编

# 人民邮电出版社
北 京

**图书在版编目（CIP）数据**

数字平面设计教程：Photoshop CC ／ 卢杰，汪惟宝
主编. -- 2版. -- 北京：人民邮电出版社，2016.4（2023.12重印）
21世纪高等院校数字艺术类规划教材
ISBN 978-7-115-41543-1

Ⅰ. ①数… Ⅱ. ①卢… ②汪… Ⅲ. ①图象处理软件
－高等学校－教材 Ⅳ. ①TP391.41

中国版本图书馆CIP数据核字（2016）第008281号

## 内 容 提 要

本书以数字平面设计为主线，全面、系统地介绍了 Photoshop CC 软件的基本使用方法和技巧，具有较强的实用性和参考价值。全书共 16 章，涵盖入门、提高、应用三个层次，内容包括数字平面设计基础知识、Photoshop CC 基础知识、图层应用、图像选取和移动、辅助菜单命令、设置颜色与绘画工具、文字工具、图像修复与修饰工具、图像调整命令、路径和形状图形工具、蒙版和通道应用、滤镜以及实用的案例制作（企业 VI 设计、广告设计、海报设计、包装设计和网站版式设计）等。每章在讲解工具和命令的同时还穿插了很多功能性的小案例以及综合性的案例，在每章后面都精心安排了实训和习题，以使学生在理解工具和命令的基础上，达到边学边练的学习效果。

为了方便学生学习，本书配有一张光盘，收录了书中操作实例用到的素材、制作结果、实训和习题实例的动画演示文件等内容，并配有全程语音讲解，学生可以参照这些动画进行对比学习。

本书可作为普通高等院校数字媒体、动画、游戏、艺术设计、工业设计等专业相关课程的教材，也可供相关爱好者学习参考。

◆ 主　　编　卢　杰　汪惟宝

　　副主编　吕云山　石　鑫

　　责任编辑　邹文波

　　执行编辑　吴　婷

　　责任印制　沈　蓉　彭志环

◆ 人民邮电出版社出版发行　　北京市丰台区成寿寺路 11 号

　　邮编　100164　　电子邮件　315@ptpress.com.cn

　　网址　https://www.ptpress.com.cn

涿州市般润文化传播有限公司印刷

◆ 开本：787×1092　1/16　　　　　　彩插：2

　　印张：21.25　　　　　　　　　　　2016 年 4 月第 2 版

　　字数：601 千字　　　　　　　　　2023 年 12 月河北第 6 次印刷

定价：54.00 元（附光盘）

读者服务热线：(010)81055256　印装质量热线：(010)81055316
反盗版热线：(010)81055315

Photoshop 是 Adobe 公司推出的计算机图像处理软件，也是目前平面设计人员以及与图像处理有关的设计人员使用最多的软件之一。它凭借强大的图像处理功能，使设计者可以对位图图像进行自由创作。目前，我国很多高等院校都将 Photoshop 作为一门重要的专业课程。为了使相关专业教师能够比较全面、系统地讲授这门课程，使学生能够熟练地使用 Photoshop 来进行图像处理及创作，我们几位长期在高等院校从事艺术设计教学的教师，针对不同艺术设计行业要求，共同编写了《数字平面设计教程——Photoshop CC（第 2 版）》一书。

本书的写作形式为：先介绍案例的准备知识，然后进行典型案例制作，最后通过实训及习题巩固学习内容。本书在范例讲解过程中，每个范例都有详细的操作步骤，读者只要根据这些操作步骤一步步操作，就可完成范例的制作，同时轻松地掌握 Photoshop CC 的有关操作技巧。另外，书中所有实训和习题都带有动画演示文件，放在了随书所附的光盘中。读者在学习过程中可以观看这些动画文件，以便更快、更轻松地完成学习任务。

本书建议教学时数为 58 学时，各章的主要内容及教学课时见下表。

| 章　　节 | 课　程　内　容 | 课 时 分 配 | |
| --- | --- | --- | --- |
| | | 讲授 | 实践训练 |
| 第 1 章 | 介绍数字平面设计基础知识，包括概述、数字图形设计、字体设计、数字色彩设计、计算机辅助平面设计软件等 | 1 | — |
| 第 2 章 | 介绍 Photoshop CC 的基础知识，包括 Photoshop CC 界面、图像文件的基本操作、图像处理基本知识、图像窗口的缩放与显示，以及相应的课堂实训 | 1 | 1 |
| 第 3 章 | 介绍图层的应用，包括图层的概念、【图层】面板、图层基本操作、图层样式以及 3 个效果实例和 2 个课堂实训 | 1 | 3 |
| 第 4 章 | 介绍图像选取和移动，包括移动工具、选择工具和【选择】命令，以及 7 个效果实例和 2 个课堂实训 | 1 | 3 |
| 第 5 章 | 介绍常用菜单命令，包括【拷贝】和【粘贴】命令，图像尺寸调整，标尺、网格和参考线，以及 4 个效果实例和 2 个课堂实训 | 1 | 2 |
| 第 6 章 | 介绍设置颜色的方法与绘画工具的使用，包括如何设置前景色与背景色、如何利用对话框和面板设置颜色、如何使用吸管工具与【填充】命令、渐变工具和绘画工具，以及 4 个效果实例和 2 个课堂实训 | 1 | 2 |
| 第 7 章 | 介绍文字工具，包括文字的输入与编辑、文字转换和文字变形，制作沿路径排列文字，以及 4 个效果实例和 2 个课堂实训 | 1 | 3 |

# FOREWORDS

本书可作为普通高等院校数字媒体、动漫、游戏、艺术设计、工业设计、计算机等专业相关课程教材使用，同时也可供相关爱好者参考使用。本书由卢杰、汪惟宝任主编，吕云山、石鑫任副主编。

感谢您选择了本书，希望我们的努力对您的工作和学习有所帮助，也欢迎您把对本书的意见和建议告诉我们。我们的联系邮箱为 postmaster@laohu.net。

编　者

2015 年 8 月

# 目录 / CONTENT

# CONTENT

# CONTENT

# CONTENT

# CONTENT

# CONTENT

# Chapter

# 1

## 第1章
## 数字平面设计基础知识

本章主要学习有关数字平面设计的基础理论知识，包括数字平面设计基本概念、数字图形设计理论知识、字体设计和色彩设计理论知识、传统平面设计的技法、计算机辅助平面设计软件概述等。

**学习目标**

- 理解数字平面设计的概念。
- 了解平面设计的目的、分类和元素。
- 熟悉图形设计的表现方法。
- 掌握字体设计的原则和组合。
- 掌握合理运用色彩的方法。
- 了解传统平面设计的技法。
- 了解计算机辅助平面设计软件。

# 1.1 概述

数字平面设计是用一些特殊的操作来处理已经数字化了的图像的过程，它是集计算机技术、数字技术和艺术创意于一体的综合内容。数字平面设计更倾向于计算机技术的操作和数字设备的应用，而了解平面设计的定义和概念是学习数字平面设计的第一步。下面来介绍有关平面设计的概念和知识。

## 1.1.1 平面设计概述

设计包括很广的范围和门类，如工业、环艺、装潢、展示、服装、平面设计等。

设计是科技与艺术的结合，是商业社会的产物，商业社会需要艺术设计与创作理想的平衡。设计与美术不同，因为设计既要符合审美性，又要具有实用性；设计要以人为本；设计是一种需要，而不仅仅是装饰、装潢。

设计必须通过科学的思维方法，要能在相同中找到差别，能在不同中找到共同之处。有新意的设计，要在熟练掌握各种思维方法的基础上，如纵向关联思维和横向关联思维以及发散式的思维，善于运用科学的思维方式寻找奇特的视觉形象。

设计没有完整的概念，设计需要精益求精，不断地完善，需要挑战自我。设计的关键之处在于发现，要不断深入地感受和体验，打动别人对设计师来说是一种挑战。细节本身能感动人，图形创意本身能打动人，色彩品位及材料质地能打动人，好的设计师要能够把设计的多种元素进行有机的艺术化组合。

平面设计用通常的表述中很难界定，因为现在学科之间的交错更广更深。平面设计并没有传统的定义，如现行的叫法有"平面设计""视觉传达设计""装潢设计""数码艺术设计"，这些都与平面设计的特点有很大的关系。

## 1.1.2 平面设计的目的

平面设计是有目的的策划。平面设计是前期策划需要采取的形式之一，在平面设计中需要用视觉元素来传播设想和计划，用文字和图形把信息传达给受众，让人们通过这些视觉元素了解设想和计划，这才是设计的定义。一个视觉作品的生存底线，应该看它是否具有感动他人的能量，是否顺利地传递出作品背后的信息，事实上它更像人际关系学，依靠魅力来征服对象。平面设计者所担任的是多重角色，任何设计都需要设计者知己知彼，需要调查对象，设计者应成为对象中的一员，却又不是投其所好、夸夸其谈。设计代表着客户的产品，客户需要设计者的感情去打动他人，任何设计都是一种与特定目的有着密切联系的艺术。

## 1.1.3 平面设计的分类

常见的平面设计项目，可以归纳为以下类别，包括网页设计、包装设计、DM广告设计、海报设计、平面媒体广告设计、POP广告设计、样本设计、书籍设计、刊物设计和VI设计等。

## 1.1.4 平面设计核心元素

平面设计的核心元素从广义上讲，包括概念元素、视觉元素、关系元素和实用元素。

（1）概念元素。所谓概念元素是那些实际不存在的、不可见的，但人们的意识又能感觉到的东西。例如，看到尖角的图形而感觉到上面有点，看到物体的轮廓而感觉到有边缘线等。概念元素包括点、线、面。

（2）视觉元素。概念元素如果不在实际的设计中加以体现将是没有意义的。概念元素通常是通过视觉元素体现的，视觉元素包括图形的大小、形状、色彩等。

（3）关系元素。视觉元素在画面上如何组织、排列，是靠关系元素来决定的。关系元素包括方向、位置、空间、重心等。

（4）实用元素。实用元素指设计所表达的含义、内容、设计的目的及功能。

## 1.2　数字图形设计

图形作为设计的语言，是用来概括和说明设计内容的。在利用计算机进行数字图形处理时，必须抓住主要特征，注意图形关键部位的细节。比如苹果、西红柿、桔子等的形状差不多，但实际上却有很大不同，这就需要在处理时把握住它们各自的特征。

### 1.2.1　数字图形概念

数字图形可以理解为除摄影以外的一切利用计算机相关软件绘制的图和形。图形以其独特的表现，在版面构成中展示着独特的视觉魅力。图形是在平面构成要素中形成广告性格及提高视觉注意力的重要素材；图形能够下意识地决定着广告的传播效果；图形占据了重要的版面位置，有的甚至是全部版面；图形往往能引起人们的注意，并激发阅读兴趣，图形给人的视觉印象要优于文字，因此合理地运用好图形是非常重要的。例如，图 1-1 和图 1-2 所示就非常形象地说明了图形的表现效果。

图 1-1　图形广告（1）　　　　　　　　　　　　图 1-2　图形广告（2）

### 1.2.2　数字图形创意

数字图形的创意表现是通过对创意中心的深刻思考和系统分析，充分发挥想象思维和创造力，将想象、意念形象化、视觉化。这是创意的最后环节，也是关键的环节，是从怎样分析、怎样思考到怎样表现的过程。由于人类特有的社会劳动和语言，使人的意识活动达到了高度发展的水平，人的思维是一个由认识表象开始，再将表象记录到大脑中形成概念，而后将这些来源于实际生活经验的概念普遍化加以固定，从而使外部世界乃至自身思维世界的各种对象和过程均在大脑中产生各自对应的映像。这些映像是由直接的外在关系中分离出来，独立于思维中保持并运作的。这些映像以狭义语言为基础，又表现为可视图形、肢体动作、音乐等广义语言。

"奇""异""怪"的图形并非是设计师追求的目标，通俗易懂、简洁明快的图形语言才是达到强烈视觉冲击力的必要条件，其有利于公众对广告主题的认识、理解与记忆。

创意作为复杂而妙趣横生的思维活动，在现代的图形创意、广告设计中，是以视觉形象出现的，而且具有一定的创意形式，如图 1-3 和图 1-4 所示。

图1-3　图形创意（1）　　　　　　　　图1-4　图形创意（2）

### 1.2.3　数字图形设计的表现方法

变化，是指图形的各个组成部分的差异。

统一，是指图形的各个组成部分的内在联系。

图形不论大小都包括内容的主次、构图的虚实聚散、形体的大小方圆、线条的长短粗细、色彩的明暗冷暖等各种矛盾关系。这些矛盾关系使画面生动活泼，有动感，但处理不好又易杂乱。可以用统一的手法，把它们有机地组织起来，形成既丰富又有规律，从整体到局部多样统一的效果。统一中求变化，变化中求统一，画面的各个组成部分既有区别又有内在联系地，形成变化的统一体，如图1-5所示。

#### 一、对称与均衡

对称是指假设的一条中心线（或中心点），在其左右、上下或周围配置同形、同量、同色的纹样所组成的图案。

在自然形象中到处都可以发现对称的形式，如我们自身的五官和形体、植物对生的叶子、蝴蝶等，都是优秀的左右对称典型。从心理学角度来看，对称满足了人们生理和心理上的对于平衡的要求。对称是原始艺术和一切装饰艺术普遍采用的表现形式，对称形式构成的图案具有重心稳定、静止庄重和整齐的美感，如图1-6所示。

图1-5　变化与统一　　　　　　　　　图1-6　对称构图

均衡是指中轴线或中心点上下左右的纹样等量不等形，即份量相同，但纹样和色彩不同，是依中轴线或中心点保持力的平衡。在图案设计中，这种构图生动活泼富于变化，有动的感觉，具有变化美，如图1-7所示。

#### 二、条理与反复

条理是有条不紊，反复是来回重复，条理与反复即有规律的重复。自然界的物象都是在运动和发展着的，这种运动和发展是在条理与反复的规律中进行的，如植物花卉的枝叶生长规律，花型生长的结构，飞禽羽毛、鱼类鳞片的生长排列，都呈现出条理与反复这一规律。

图案的连续性构图最能说明这一特点，连续性的构图是装饰图案中的一种组织形式，它是将一个基本单位纹样做上下左右连续，或向四方重复地连续排列而成的连续纹样。图案纹样有规律的排列，有条理的重叠交叉组合，使其具有淳厚质朴的感觉，如图 1-8 所示。

图 1-7　均衡构图

图 1-8　条理与反复

### 三、节奏与韵律

节奏是规律性的重复。节奏在音乐中被定义为"互相连接的音、所经时间的秩序"，在造型艺术中则被认为是反复的形态和构造。在图案中将图形按照等距格式反复排列，做空间位置的伸展，如连续的线、断续的面等，就会产生节奏感，如图 1-9 所示。

韵律是节奏的变化形式。节奏的等距间隔为几何级数的变化间隔，赋予重复的音节或图形以强弱起伏、抑扬顿挫的规律变化，就会产生优美的律动感。

节奏与韵律往往互相依存，互为因果。韵律在节奏基础上丰富，节奏则是在韵律基础上的发展。一般认为节奏带有一定程度的机械美，而韵律又在节奏变化中产生无穷的情趣，如植物枝叶的对生、轮生、互生，各种物象由大到小，由粗到细，由疏到密，不仅体现了节奏变化的伸展，也是韵律关系在物象变化中的升华，如图 1-10 所示。

图 1-9　节奏

图 1-10　韵律

### 四、对比与调和

对比是指在质或量方面区别和差异的各种形式要素的相对比较。在图案中常采用各种对比方法，一般是指形、线、色的对比，质量感的对比，刚柔静动的对比。在对比中相辅相成，互相依托，使图案活泼生动，而又不失于完整，如图 1-11 所示。

调和就是适合，即构成美的对象各部分之间不是分离和排斥，而是统一和谐，被赋予了秩序的状态。一般来讲，对比强调差异，而调和强调统一，适当减弱形、线、色等要素间的差距，如同类色配合与邻近色配合具有和谐宁静的效果，给人以协调感，如图 1-12 所示。

图1-11 对比      图1-12 调和

对比与调和是相对而言的，没有调和就没有对比，它们是一对不可分割的矛盾统一体，也是取得图案设计统一变化的重要手段。

# 1.3 字体设计

文字是人类文化的重要组成部分。无论在何种视觉媒体中，文字和图片都是两大重要构成元素。文字排列组合的好坏，直接影响其版面的视觉传达效果。因此，文字设计是增强视觉传达效果、提高作品的诉求力、赋予版面审美价值的一种重要构成技术，如图1-13所示。

在计算机普及的现代设计领域，文字设计的工作很大一部分由计算机代替人脑完成了。但设计作品所面对的观众始终是人脑而不是电脑，因而，在一些需要涉及人的思维方面，电脑是始终不可替代人脑来完成的，如创意、审美之类，如图1-14所示。

图1-13 版面构成文字      图1-14 创意文字

同时，文字是记录语言的符号，是视觉传达情感的媒体。文字是以"形"的方式表达意思，传达感情。文字利用其形，通过音来表达意义，意美以感心，音美以感耳，形美以感目。字体设计既体现出字意，又使之富于艺术魅力。文字是人类文明进步的主要工具，它在社会生活中起着交流情感、传递信息、记录历史、描述现实、揭示未来等语义的表达作用，如图1-15和图1-16所示。

图1-15 传达信息文字      图1-16 交流感情文字

字体设计是运用装饰性手法美化文字的一种书写艺术和艺术造型活动。对文字进行完美的视觉感受设计，可大大增强文字的形象魅力，强烈的视觉冲击效果极易引起人们的关注，如图 1-17 所示。字体设计是现代平面设计的重要组成部分，其设计的优劣与设计者的艺术修养、学识经验等方面因素有关。设计者可通过不同的途径扩大艺术视野，充分发挥艺术想象力，以达到较完美的设计艺术视觉效果。

图 1-17　装饰文字

### 1.3.1　字体设计原则

可读性、艺术性、思想性是字体设计的 3 条主要原则，艺术性较强的字体应该不失易读性，又要突出内容性。因此，在设计字体时应该注意以下几个问题。

（1）文字的可读性。文字的主要功能是在视觉传达中向大众传达设计者的意图和各种信息，要达到这一目的必须考虑文字的整体诉求效果，给人以清晰的视觉印象。因此，设计中的文字应避免繁杂零乱，使人易认、易懂，切忌为了设计而设计，忘记了文字设计的根本目的是为了更好、更有效地传达作者的意图，表达设计的主题和构想意念。

（2）赋予文字个性。字体设计是文字的美化和装饰。要注意字体的形式美感变化，使其富有艺术的感染力。不仅每个单字造型优美和谐，还要注意整体字体组合后的统一风格，要和谐统一。文字的设计要服从于作品的风格特征。文字的设计不能和整个作品的风格特征相脱离，更不能相冲突，否则就会破坏文字的诉求效果。

（3）在视觉上应给人以美感。在视觉传达的过程中，文字作为画面的形象要素之一，具有传达感情的功能，因而它必须具有视觉上的美感，能够给人以美的感受。字型设计良好，组合巧妙的文字能使人感到愉快，给人留下美好的印象，从而获得良好的心理感受。反之，使人看后心里不愉快，视觉上难以产生美感，甚至会让观众拒而不看的设计，势必难以传达作者想表现的意图和构想。

（4）在设计上要富于创造性。根据作品主题的要求，突出文字设计的个性色彩，创造与众不同的独具特色的字体，给人以别开生面的视觉感受，有利于作者设计意图的表现。设计时，应从字的形态特征与组合上进行探求，不断修改，反复琢磨，这样才能创造出富有个性的文字，使其外部形态和设计格调都能唤起人们的审美愉悦感受。

（5）思想性。思想性指的是文字的内容性，字体设计离不开文字本身的内容要求，要从文字内容出发，做到准确、生动地体现，不可出现削弱文字的传达意义和文字的思想内涵的倾向。离开具体内容要求的字体设计是空洞、徒劳的。

### 1.3.2　文字的组合

文字设计的成功与否，不仅在于字体自身的书写，同时也在于其运用的排列组合是否得当。如果一件作品中的文字排列不当，拥挤杂乱，缺乏视线流动的顺序，不仅会影响字体本身的美感，也不利于观众进行有效的阅读，难以产生良好的视觉传达效果。要取得良好的排列效果，关键在于找出不同字体之间的内在联系，对其不同的对立因素予以和谐的组合，在保持其各自的个性特征的同时，又取得整体的协调感。为了形成生动对比的视觉效果，可以从风格、大小、方向、明暗度等方面选择对比的因素。

但为了达到整体上组合的统一，又需要从风格、大小、方向、明暗度等方面选择协调的因素。将对比与协调的因素在服从于表达主题的需要下有分寸地运用，就能形成既对比又协调的、具有视觉审美价值的文字组合效果。

## 1.4　数字色彩设计

　　有研究证明，人的眼睛在观察物体最初的 20 秒之内，色彩的感觉比例约占到 80%，形体的感觉占到约 20%；2 分钟之后，色彩的感觉约占到 60%，形体的感觉约占到 40%，5 分钟之后，色彩的感觉和形体的感觉各自占到一半左右，并且这种状态将持续下去。可见，产品的色彩会给人快速、鲜明、明了、客观、深刻的印象。特别是对于冲动型、激情型的顾客群体，明了鲜艳的产品色彩会一下子满足其购买欲望，瞬间效应非常明显。

　　过去人们对色彩的认识多是感性的、不可知的、神秘的，而计算机的软件将色彩变成了绝对可分辨的、数字化的、可调配的。当然，人们对色彩的感觉还需要经过长期的训练，才能达到专业化的程度，也就是能够掌握色彩的规律。

　　从理论上讲，计算机的色彩调配应该是比较准确的，但是在实践中，每种软件、屏幕显示，以及不同的打印机得出的结果是不尽相同的，这仍然需要我们不断尝试。对于屏幕上显示的"调色板"的色彩绝不能确信无疑，光和色的显示范围不是重合的，必须在看到打印的效果之后，再加以调整。

### 1.4.1　色彩基本属性

　　色彩具有 3 种属性，即色相、明度、彩度。三者之间既相互独立，又相互关联、相互制约，共同形成一种颜色或一组色彩关系。色彩的属性变化可以产生色彩调和感觉，也能产生不同的心理效应。

　　（1）色相。色相是颜色的面貌，决定于反射光或透射光的波长。根据波长的不同，产生不同的色彩面貌，如红、蓝、黄、绿等。

　　（2）明度。明度是指色彩的亮度，由于物体反射同一波长的光亮有所不同，使色彩的深浅（明暗）有了差别。

　　（3）彩度。彩度是指色彩的鲜艳度或色彩呈现的完整程度。彩度可以用数值来表示。在色彩中加白、加黑或加与色相明度相同的灰，都可使彩度降低。各种色彩不仅明度不同，彩度值也不相同，红或黄的彩度较高，而蓝、青、绿的彩度较低。

### 1.4.2　色彩心理反应

　　形与色是造型艺术的两大基本要素，所以色彩在平面设计中的作用是十分重要的。在运用色彩进行设计时要注意，色彩并不是孤立存在的，它要与环境、气候、人们的欣赏习惯等方面相适应，同时还要考虑色彩的远、近、大、小的视觉变化规律。不同颜色所表达的感情不一样，颜色与颜色之间搭配所产生的效果也不一样。好的平面设计作品在画面的色彩运用上应注意调和、对比、平衡、节奏与韵律。

　　1. 色彩调和

　　色彩调和是指将两种或两种以上的色彩组合在一起时产生的既协调又统一的视觉效果。调和可以使有明显差别的色彩变得协调统一。我们在日常生活中常常发现，有的物品色彩搭配得非常协调、雅致、令人陶醉，而有的却乏味、低俗。单一的颜色无所谓协调，只有在几种颜色具有基本的共同性或融合性时，才会变得协调。以纯度较高的红色与绿色为例，红与绿是两种对立的色彩，也就是我们常说的互补色。假如将面积相同的红色和绿色放置在一起，我们的视觉会感到太刺眼，很不舒服，如果在这两种纯度都很高的互补色中加入相同量的同一种颜色，如白色或其他颜色，或者将红色面积减小，这样看起来就会觉得很舒服，这就是调和，如图 1-18 所示。

　　2. 色彩对比

　　色彩对比是指将两种或两种以上的具有补色关系的色彩并列在一起，产生一种鲜明强烈的视觉感受，但仍不失统一协调的色彩关系。对比主要是通过色彩的明暗、冷暖、面积的大小、距离的远近、形态的动静等多方面因素来达到既对立又统一的视觉效果。对比的最大特征就是产生比较作用，使画面更加鲜明、突出。万绿丛中一点红即为此道理，如图 1-19 所示。

图 1-18　调和色的应用　　　　　　　　　　　　　　　　　图 1-19　对比色应用

### 3. 色彩节奏与韵律

节奏与韵律，是指在运动变化过程中一种有秩序的连续。节奏本指音乐中音响节拍强弱缓急的变化和重复，在色彩设计中一般是指同一色彩要素连续重复时所产生的运动感。韵律则有较多的变化意味，就像诗歌中的押韵，语意上有高低、轻重、长短的不同组合。在色彩设计中节奏是一种简洁、鲜明的韵律，而韵律又是复杂含蓄的节奏。

## 1.4.3　色彩感情因素

色彩是影响平面设计作品成功与否的要素之一。不同的色彩给人的心理感受不同，每一种颜色都有其自身的颜色性质，在平面设计中合理地运用色彩，能给人带来良好的心理感受，从而达到捕捉人们注意力的目的。

在开始平面设计之前，必须先了解各种色彩给人们带来的视觉感受和不同的心理反应。

### 1. 色彩的冷暖

色彩的冷暖是通过人们的知觉和心理感受产生的，这是人们在生活中慢慢积累的一种心理经验。人们看到红色、橙色时都有一种温暖的感觉，因为红色和橙色都是一种刺激性很强、引人兴奋并能留下深刻印象的色彩，往往和火、太阳等联系在一起。而看到蓝色、紫色时就会产生寒冷的感觉，因为蓝色、紫色往往和夜空、海水、冰、雪等联系在一起。所以，在平面设计中要以所要表现的主题来确定是采用冷色还是暖色，图 1-20 所示为暖色调的作品，图 1-21 所示为冷色调的作品。

图 1-20　暖色调作品　　　　　　　　　　　　　　　　　图 1-21　冷色调作品

### 2．色彩的平衡

平面设计中经常会遇到这样的情况：明度较浅的颜色与明度较深的颜色搭配在一起时，浅色感觉很轻，而深色感觉很重，这是因为色彩在视觉上有轻重的感觉。色彩的轻重感是由于色彩的明度高低而产生的，例如相同明度的两种色彩搭配时，彩度较高的颜色在视觉上感觉较轻。平面设计中的颜色平衡就是把这种轻重悬殊很大的颜色合理搭配，使之在设计中让人感觉舒服、稳定。在设计时还要注意平衡轻色与重色的关系和膨胀色与收缩色的色性。

### 3．色彩的华丽与朴素

在色彩体系中，彩度较高的颜色会显得华丽，彩度较低的颜色则显得朴素。在无彩色体系中，黑、白、灰显得朴素，金、银显得华丽。

### 4．色彩的象征和联想

根据人们的生活经验和对色彩的心理感受的不同，每种颜色都有一定的象征性。

（1）红色：红色光的波长最长，又处于可见光谱的极限，最容易引起人的注意、兴奋、激动、紧张，同时给视觉以迫近感和扩张感，称为前进色。红色还给人留下艳丽、芬芳、青春、富有生命力、饱满、成熟、富有营养的印象，被广泛地用于食品包装之中。红色又是欢乐、喜庆的象征，由于它的注目性和美感，它在标志、旗帜、宣传等用色中占据首位。

（2）橙色：橙色光的波长居于红与黄之间。它在有形的领域内，具有太阳的发光度，在所有色彩中，橙色是最暖的颜色。橙色也属于能引起食欲的颜色，给人香、甜并略带酸味的感觉。橙色又是明亮、华丽、健康、辉煌动人的颜色。

（3）黄色：黄色光的波长适中，它是有彩色中最明亮的颜色，因此给人留下明亮、辉煌、灿烂、愉快、亲切、柔和的印象，同时又容易引起美味的感觉的条件反射，给人以甜美感、香酥感。

（4）绿色：绿色光的波长居中，人的视觉对绿色光反应最平静，眼睛最适应绿色光的刺激。绿色是植物王国的色彩，它的表现价值是丰饶、充实、平静与希望。

（5）蓝色：蓝色光的波长短于绿色光，它在视网膜上成像的位置最浅，因此，当红色是前进色时，蓝色就是后退色。红色是暖色，蓝色是冷色。蓝色让人感到崇高、深远、纯洁、透明、智慧。

（6）紫色：紫色光的波长最短，眼睛对紫色光的细微变化分辨力弱，容易感到疲劳。紫色给人高贵、优越、奢华、幽雅、流动、不安的感觉，灰暗的紫色给人伤感和疾病的印象，容易造成心理上的忧郁、痛苦和不安的感觉。因此，紫色时而有胁迫性，时而有鼓舞性，在设计中一定要慎重使用。

（7）白色：白是全部可见光均匀混合而成的，称为全色光。在颜色立体的明度序列中，黑、白、灰有它自身的特点，但和有彩色紧密地连在一起，起着加强和削弱的作用。白色是阳光的色，是光明色的象征。白色明亮、干净、卫生、畅快、朴素、雅洁，在人们的感情认识上，白色比任何颜色都清静、纯洁，但用之不当，也会给人以虚无、凄凉的感觉。

（8）黑色：从理论上看，黑色即无光，是无色的色。在生活中，只要光照弱或物体反射光的能力弱，都会呈现出相对黑色的面貌。黑色对人们的心理影响可分为两类。首先是消极类，例如，在漆黑之夜或漆黑的地方，人们会有迷失、无助、恐怖、烦恼、忧伤、消极、沉睡、悲痛、绝望甚至死亡的感觉；其次是积极类，黑色给人的感觉有休息、安静、沉思、坚持、准备、考验，显得严肃、庄重、刚正、坚毅。在这两类之间，黑色还会给人以捉摸不定、神秘莫测、阴谋、耐脏的印象。与其他色彩组合时，黑色属于极好的衬托色，可以充分显示其他色的光感与色感，黑白组合，光感最强，最朴实，最分明，最强烈。

（9）灰色。灰色居于黑与白之间，属于中等明度。灰色是无彩度及低彩度的色彩，它有时能给人以高雅、含蓄、耐人寻味的感觉。如果使用不当，又容易给人平淡、乏味、枯燥、单调、没有兴趣，甚至沉闷、寂寞、颓丧的感觉。

（10）银色。银色是带金属光泽的色彩，代表冷静、优雅、高贵等，印刷成本较高，因此多在高级物品及礼品的包装上使用。

（11）金色。金色是带金属光泽的色彩，属于暖色系，代表富贵、华丽、丰富、气派等，也是印刷成本较高的色彩，一些高级酒、烟的包装及各式礼盒等使用最多。

## 1.5　传统平面设计的技法探索

平面构成设计包含 3 个基本要素，即基本要素、条件要素和关系要素。基本要素是形、色和肌理，而条件要素主要指数量、方位和大小，关系要素则包括心理动势、作品意义和审美情感。事实上，无论哪种要素都是通过丰富的表现方式让观看者在视觉上产生审美印象。例如，同样的物体造型如果采用不同的技法表现，就会产生不同的视觉感知，尤其是在特定设计意义下构成的作品，表现技法的选择对作品主题审美的表现起到决定性的作用，而构成要素在技法表现上的审美地位，主要来自于人们审美心理的期待感和依靠视觉对肌理要素的陌生感。因此，在平面构成设计训练中，技法的学习并非可有可无，必须以敏捷的思维和丰富的表现能力，将各种创造性的技法以富于魅力的符号表现出来。

事实上，平面构成设计中的技法要素是最富于探索性的，在设计的整个流程中时刻充满了创造的精神。赐予作品新奇美感的，除了那些独特的创意之外，大多数情况下还是通过技法来实现的。

技法语言的表现力只有与作品的表现内容一致时，才有更加深刻的意义。此外，技法的探索和延续需要依靠设计者在自然界中不断地细心观察和自由想象，因为在自然中存在的每一种不经意的迹象，都有可能为作品技法的表现提供启示，如地面的裂纹、墙面的霉斑、渗透的水污，乃至雪地上的鞋印等，均有可能变为技法表现中不可多得的素材。从某中意义上说，技法的探索意味着平面构成作品的成功。技法作为平面构成设计的基本要素，永远在可变中施展其魅力，在神秘的创造空间中突显其无限的价值。

## 1.6　计算机辅助平面设计软件概述

平面设计软件可以划分为图像绘制和图像处理两个类，如建模和绘图软件、渲染软件、图像处理软件、印前组版软件等。本节来简单介绍一下这些软件。

### 1. AutoCAD

AutoCAD 是一款著名的计算机辅助图形设计软件，最早于 1982 年在 Comdex 大会上亮相，由于其卓越的性能，被誉为万能计算机辅助设计软件。AutoCAD 被应用于建筑、电子、机械、广告、装饰、服装等诸多平面及立体设计领域，目前已成为工程制图领域的绘图标准和占有率最高的 CAD 软件，在国内市场也处处可见其身影。目前，AutoCAD 可以在多个平台上使用，如 DOS 平台的 12.0 版本、Windows 平台的 14/2007/2008/2009/2010 版本，还有供工作站运行的 UNIX 版本。

AutoCAD 具有极强的开放性和可扩展性，软件提供了强大的二次开发手段，如 Visual lisp、C++、ARX、Microsoft Visual Basic for Application（VBA）等，这使得 AutoCAD 用户可极大地扩展软件的功能，并可应用第三方软件开发出新的功能。

## 2. 3D Studio Max

制作三维动画是一个涉及范围很广的话题，从某种角度来说，三维动画的创作有点类似于雕刻、摄影、布景设计及舞台灯光的使用。作为专业级的作品，至少要经过 3 步：造型、动画和绘图。在 DOS 操作系统占据天下的时代，三维动画设计离普通用户还很遥远，3D Studio 是为数不多能够稳定运行在 DOS 下的一款 3D 软件。Windows 取代 DOS 成为桌面 PC 的主流操作系统后，Autodesk 公司不失时机地推出了 3D Studio Max（一般简称为"3ds Max"），随着计算机硬件的迅速发展，在个人 PC 上制作三维动画已经不再是梦想。

3D Studio Max 是目前 PC 平台上使用最广泛的三维建模、动画、渲染软件之一，被广泛应用于广告宣传、游戏设计、影视后期制作等动画领域，后期版本集成了很多过去只是在电影、游戏和 3D 设计中应用的专业工具或插件。

## 3. CorelDRAW

CorelDRAW 是 Corel 公司推出的集矢量图形设计、印刷排版、文字编辑处理和图形高品质输出于一体的平面设计软件，深受广大平面设计人员的喜爱，目前在广告制作、图书出版等方面得到广泛的应用，功能与其类似的软件有 Illustrator、Freehand、InDesign 等。

后期版本的 CorelDRAW 软件可以让用户轻松应对创意图形设计项目，其新增的工具、市场领先的文件兼容性以及高质量的内容，可帮助用户将创意变为专业作品，从与众不同的徽标和标志到引人注目的营销材料以及令人赏心悦目的 Web 图形，应有尽有。

## 4. Photoshop

Photoshop 是著名的图像处理软件之一，使用该软件就像利用画笔和颜料在纸上绘画一样，不但可以直接绘制出漂亮的作品，还可以对获取的图像进行编辑和再创作，然后打印输出。在出版印刷、广告设计、美术创意、图像编辑等领域得到了极为广泛的应用，后期版本突破了以往 Photoshop 系列产品更注重平面设计的局限性，对数码暗房的支持功能有了极大的加强和突破，例如修复画笔可以轻松地消除图片中的尘埃、划痕、斑点、褶皱，而且可以同时保留图像中的阴影、光照、纹理等效果，创新功能可以让用户更快地进行设计、提高图像质量，并且以专业的高效率管理文件。

该软件由于功能强大，操作比较灵活，在广告设计和其他艺术创作中得到了广泛的应用。Photoshop 的推出，不但让设计者可以迅速地实现自己的创意，而且还可以创造出很多只有用计算机才能表现出的设计内容，为设计者提供了更多的表现手法和制作技巧。

## 5. Freehand

Freehand 是一款全面方便的、可适合不同应用层次用户需要的矢量绘图软件，该软件可以在一个流程化的图形创作环境中，提供从设计理念完美地过渡到设计、制作、发布所需要的一切工具，而且这些操作都在同一个操作平台中完成。其最大的优点是可以充分发挥人的想象空间，始终以创意为先来指导整个绘图，目前在印刷排版、多媒体、网页制作等领域得到了广泛应用。

## 6. Illustrator

Adobe Illustrator 是 Adobe 系统公司推出的基于矢量的图形制作软件。作为一款非常好用的图片处理工具，Adobe Illustrator 广泛应用于印刷出版、海报书籍排版、专业插画、多媒体图像处理和互联网页面的制作等，也可以为线稿提供较高的精度和控制，适合生产任何小型设计到大型的复杂项目。

## 7. Maya

Maya 是美国 Autodesk 公司出品的三维动画软件，广泛应用于影视广告、角色动画、电影特技等领域。Maya 具有功能完善，操作灵活，易学易用，制作效率高，渲染真实感强的特点，是电影级别的高端制作软件。

Maya 集成了 Alias/Wavefront 动画及数字效果技术。该软件不仅具有一般三维和视觉效果制作的功能，而且还与先进的建模、数字化布料模拟、毛发渲染、运动匹配技术实现了结合。

### 8. Premiere

Premiere 一款常用的非线性视频编辑软件，由 Adobe 公司推出，有较好的兼容性，可以与 Adobe 公司推出的其他软件相互协作。目前这款软件广泛应用于广告制作和电视节目制作中。

### 9. PageMaker

PageMaker 是由创立桌面出版概念的公司之一 Aldus 于 1985 年推出的，后来在升级至 5.0 版本时，被 Adobe 公司在 1994 年收购。

PageMaker 提供了一套完整的工具，用于制作专业、高品质的出版刊物。它的稳定性、高品质及多变化的功能受到使用者的赞赏。

## 1.7 小结

本章主要介绍了数字平面设计的基本概念，包括图形设计、字体设计、色彩设计、平面设计技法探索、软件概述和计算机辅助设计软件等知识。图形、字体和色彩构成了平面设计的 3 大要素，这 3 方面的理论知识和要点，是设计出成功的平面设计作品的理论依据，希望读者能够深入理解这些知识内容。

## 1.8 习题

1. 简述平面设计的目的。
2. 简述平面设计的核心元素。
3. 简述字体设计要注意哪几方面内容。
4. 简述色彩的基本属性。
5. 简述对 Photoshop 软件的理解。

# Chapter

# 2

# 第2章
# Photoshop CC基础知识

本章主要学习Photoshop CC工作界面的各组成部分的功能、控制面板的调整方法、文件基本操作、图像处理的基本知识及【缩放】工具和【抓手】工具的基本应用等内容。认真学习本章的知识，对于加强初学者对Photoshop的认识有很大帮助。

**学习目标**

- 了解Photoshop CC工作界面。

- 熟悉各控制面板的调整操作。

- 掌握新建文件、打开文件及保存文件等基本操作。

- 掌握图像处理的基本知识。

- 掌握【缩放】、【抓手】等基本工具的应用。

# 2.1 Photoshop CC 的界面

Photoshop CC 作为专业的图像处理软件，应用的领域非常广泛，从修复照片到制作精美的图片，从简单图案设计到专业的平面设计或网页设计，该软件几乎是无所不能。下面我们就来认识一下这个功能强大的软件。

## 2.1.1 Photoshop CC 的启动

在计算机中安装了 Photoshop CC 后，在 Windows 界面左下角的 ⊕ 按钮上单击，在弹出的【开始】菜单中，执行【所有程序】/【Adobe Photoshop CC（64 Bit）】命令。稍等片刻，即可启动 Photoshop CC，进入工作界面。

## 2.1.2 案例 1——改变工作界面外观

启动 Photoshop CC 软件后，默认的界面窗口颜色为黑色，这对习惯了以前版本的用户来说，无疑有些不太适应，但 Photoshop CC 软件还是非常人性化的，利用菜单命令，即可对界面的颜色进行修改。下面来看一下如何改变工作界面的外观颜色。

**【操作练习 2-1】改变工作界面外观。**

**STEP ⬇1** 执行【编辑】/【首选项】/【界面】命令，弹出图 2-1 所示的【首选项】对话框。

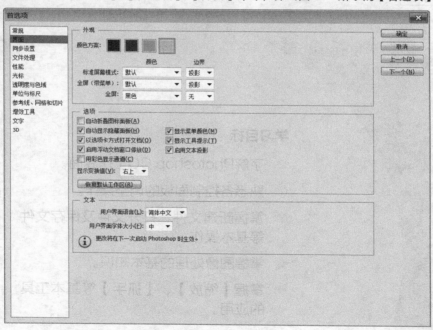

图 2-1 【首选项】对话框

**STEP ⬇2** 单击对话框上方【颜色方案】选项右侧的颜色色块，界面的颜色即可改变。

**STEP ⬇3** 确认后单击 确定 按钮，退出【首选项】对话框。

## 2.1.3 了解 Photoshop CC 工作界面

在工作区中打开一幅图像，界面窗口布局如图 2-2 所示。打开文件方法参见本章第 2.2.2 节的内容。

图 2-2　界面布局

Photoshop CC 的界面按其功能可分为菜单栏、属性栏、工具箱、控制面板、文档窗口（工作区）、文档名称选项卡和状态栏等部分。

**一、菜单栏**

菜单栏中包括【文件】、【编辑】、【图像】、【图层】、【类型】、【选择】、【滤镜】、【3D】、【视图】、【窗口】和【帮助】11 个菜单。单击任意一个菜单，将会弹出相应的下拉菜单，其中又包含若干个子命令，选择任意一个子命令即可实现相应的操作。

菜单栏右侧的 3 个按钮，可以控制界面的显示状态或关闭界面。

- 单击【最小化】按钮 ，工作界面将变为最小化状态，显示在桌面的任务栏中。单击任务栏中的图标，可使 Photoshop CC 的界面还原为最大化状态。
- 单击【还原】按钮 ，可使工作界面变为还原状态，此时 按钮将变为【最大化】按钮 ，单击 按钮，可以将还原后的工作界面最大化显示。

**要点提示**

无论工作界面以最大化显示还是还原显示，只要将鼠标光标放置在标题栏上双击鼠标，同样可以完成最大化和还原状态的切换。当工作界面为还原状态时，将鼠标光标放置在工作界面的任一边缘处，鼠标光标将变为双向箭头形状，此时拖曳鼠标，可调整窗口的大小；将鼠标光标放置在标题栏内拖曳鼠标，可以移动工作界面在 Windows 窗口中的位置。

- 单击【关闭】按钮 × ，可以将当前工作界面关闭，退出 Photoshop CC。

在菜单栏中单击最左侧的 Photoshop CC 图标 **Ps**，可以在弹出的下拉菜单中执行移动、最大化、最小化及关闭该软件等操作。

### 二、属性栏

属性栏显示工具箱中当前选择工具按钮的参数和选项设置。在工具箱中选择不同的工具按钮，属性栏中显示的选项和参数也各不相同。各按钮的功能会在后续章节中详细讲解。

### 三、工具箱

工具箱的默认位置为界面窗口的左侧，包含 Photoshop CC 的各种图形绘制和图像处理工具。注意，将鼠标指针放置在工具箱上方的灰色区域 ▶▶▬▬ 内，按下鼠标左键并拖曳即可移动工具箱的位置。单击 ▶▶ 按钮，可以将工具箱转换为双列显示。

将鼠标光标移动到工具箱中的任一按钮上时，该按钮将凸起显示，如果鼠标光标在工具按钮上停留一段时间，鼠标光标的右下角会显示该工具的名称，如图 2-3 所示。

单击工具箱中的任一工具按钮可将其选择。另外，绝大多数工具按钮的右下角带有黑色的小三角形，表示该工具是个工具组，还有其他同类隐藏的工具，将鼠标光标放置在这样的按钮上按下鼠标左键不放或单击鼠标右键，即可将隐藏的工具显示出来，如图 2-4 所示。移动鼠标光标至展开工具组中的任意一个工具上单击，即可将其选择，如图 2-5 所示。

图 2-3　显示的按钮名称　　　　图 2-4　显示出的隐藏工具　　　　图 2-5　选择工具

工具箱及其所有展开的工具按钮如图 2-6 所示。

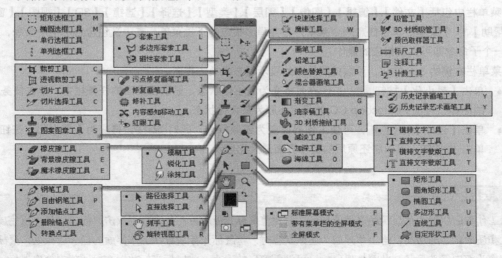

图 2-6　工具箱及所有隐藏的工具按钮

### 四、控制面板

在 Photoshop CC 中共提供了 26 种控制面板，利用这些控制面板可以对当前图像的色彩、大小显示、样式以及相关的操作等进行设置和控制。

**五、图像窗口**

Photoshop CC 允许同时打开多个图像窗口，每创建或打开一个图像文件，工作区中就会增加一个图像窗口，如图 2-7 所示。

图 2-7　打开的图像文件

打开文件操作请参见本章第 2.2.2 节的内容。

默认情况下，打开的图像文件都会以选项卡的形式排列，单击其中一个文档的名称，即可将此文件设置为当前操作文件，另外，按 Ctrl+Tab 组合键，可按顺序切换文档窗口；按 Ctrl+Shift+Tab 组合键，可按相反的顺序切换文档窗口。

将鼠标光标放置到图像窗口的名称处按下并拖曳，可将图像窗口从选项卡中拖出，使其以独立的形式显示，如图 2-8 所示。此时，拖动窗口的边线可调整图像窗口的大小；在标题栏中按下鼠标并拖动，可调整图像窗口在工作界面中的位置。

图 2-8　以独立形式显示的图像窗口

执行【窗口】/【排列】/【在窗口中浮动】命令，也可将图像文件以浮动窗口的形式显示。如打开多个文件，执行【窗口】/【排列】/【使所有内容在窗口中浮动】命令，可以一次性将所有窗口都以浮动窗口显示。

**要点提示**

将鼠标光标放置到浮动窗口的标题栏中按下并向选项卡位置拖动，当出现蓝色的边框时释放鼠标，即可将浮动窗口停放到选项卡中。当有多个文件浮动显示时，执行【窗口】/【排列】/【将所有内容合并到选项卡中】命令，可将所有文件都排列到选项卡中。

另外，也可更改打开图像文件的默认位置。执行【编辑】/【首选项】/【界面】命令，弹出【首选项】对话框，将右侧【启用浮动文档窗口停放】选项的勾选取消，单击 确定 按钮。再次打开图像文件，即以浮动窗口的形式显示。

图像窗口最上方的标题栏中，用于显示当前文件的名称和文件类型。

- 在 @ 符号左侧显示的是文件名称。其中"."左侧是当前图像的文件名称，"."右侧是当前图像文件的扩展名。
- 在 @ 符号右侧显示的是当前图像的显示百分比。
- 对于只有背景层的图像，括号内显示当前图像的颜色模式和位深度（8 位或 16 位）。如果当前图像是个多图层文件，在括号内将以","分隔。","左侧显示当前图层的名称，右侧显示当前图像的颜色模式和位深度。

如图 2-8 所示，标题栏中"水果 .jpg@100%（RGB/8#）"，就表示当前打开的文件是一个名为"水果"的 JPG 格式图像，该图像以 100% 显示，颜色模式为 RGB 模式，位深度为 8 位。

- 以浮动窗口显示时，图像窗口标题栏的右侧有 3 个按钮，功能与工作界面右侧的按钮相同，只是工作界面中的按钮用于控制整个软件；而此处的按钮用于控制当前的图像文件。

- 当在选项卡中显示时，图像名称右侧只有一个【关闭】按钮⊠，单击此按钮，可将图像文件关闭。

### 六、状态栏

状态栏位于图像窗口的底部，显示图像的当前显示比例和文件大小等信息。在比例窗口中输入相应的数值，就可以直接修改图像的显示比例。单击文件信息右侧的▶按钮，弹出【文件信息】菜单，用于设置状态栏中显示的具体信息。

### 七、工作区

当将图像窗口都以独立的形式显示时，后面显示出的大片灰色区域即为工作区。工具箱、各控制面板和图像窗口等都处在工作区内。在实际工作过程中，为了有较大的空间显示图像，经常会将不用的控制面板隐藏，以便将其所占的工作区用于图像窗口的显示。

> **要点提示**
>
> *按 Tab 键，即可将属性栏、工具箱和控制面板同时隐藏；再次按 Tab 键，可以使它们重新显示出来。*

### 2.1.4 案例2——调整软件窗口的大小

当需要多个软件配合使用时，调整软件窗口的大小可以方便各软件间的操作。

**【操作练习2-2】调整软件窗口的大小。**

**STEP ☝1** 在 Photoshop CC 标题栏右上角单击 _ 按钮，可以使工作界面窗口变为最小化图标状态，其最小化图标会显示在 Windows 系统的任务栏中，图标形状如图2-9所示。

**STEP ☝2** 在 Windows 系统的任务栏中单击最小化后的图标，Photoshop CC 工作界面窗口还原为最大化显示。

**STEP ☝3** 在 Photoshop CC 标题栏右上角单击 ▫ 按钮，可以使窗口变为还原状态。还原后，窗口右上角的3个按钮即变为如图2-10所示的形状。

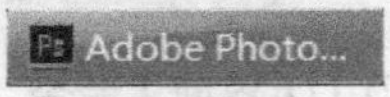

图2-9 最小化图标形状 　　　　　　　　　　　　　　　　　　图2-10 还原后的按钮形状

**STEP ☝4** 当 Photoshop CC 窗口显示为还原状态时，单击 ▫ 按钮，可以将还原后的窗口最大化显示。

**STEP ☝5** 单击 × 按钮，可以将当前窗口关闭，退出 Photoshop CC。

### 2.1.5 案例3——控制面板的显示与隐藏

在图像处理工作中，为了操作方便，经常需要调出某个控制面板、调整工作区中部分控制面板的位置或将其隐藏等。熟练掌握对控制面板的操作，可以有效地提高工作效率。

**【操作练习2-3】控制面板的显示与隐藏。**

**STEP ☝1** 选择【窗口】菜单，将会弹出下拉菜单，该菜单中包含 Photoshop CC 的所有控制面板。

**要点提示**

*在【窗口】菜单中，左侧带有 ✔ 符号的命令表示该控制面板已在工作区中显示，如【图层】和【颜色】；左侧不带 ✔ 符号的命令表示该控制面板未在工作区中显示。*

**STEP ▲2** 选择不带 ✔ 符号的命令即可使该面板在工作区中显示，同时该命令左侧将显示 ✔ 符号；选择带有 ✔ 符号的命令则可以将显示的控制面板隐藏。

 **要点提示**

*反复按 Shift+Tab 组合键，可以将工作界面中的所有控制面板在隐藏和显示之间切换。*

**STEP ▲3** 控制面板显示后，每一组控制面板都有两个以上的选项卡。例如，【颜色】面板上包含【颜色】和【色板】2 个选项卡，单击【色板】选项卡，即可以显示【色板】控制面板，这样可以快速地选择和应用需要的控制面板。

### 2.1.6 案例 4——控制面板的拆分与组合

为了使用方便，以组的形式堆叠的控制面板可以重新排列，包括向组中添加面板或从组中移出指定的面板。

**【操作练习 2-4】控制面板的拆分与组合。**

**STEP ▲1** 将鼠标光标移动到需要分离出来的面板选项卡上，按下鼠标左键并向工作区中拖曳，状态如图 2-11 所示。

**STEP ▲2** 释放鼠标左键，即可将要分离的面板从面板组中分离出来，如图 2-12 所示。

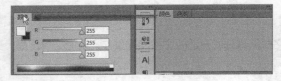

图 2-11 拆分控制面板状态　　　　　　　　　　　　　　图 2-12 拆分后的控制面板状态

 **要点提示**

*将控制面板分离为单独的控制面板后，控制面板的右上角将显示 ▪▪ 和 ✕ 按钮。单击 ▪▪ 按钮，可以将控制面板折叠，以图标的形式显示；单击 ✕ 按钮，可以将控制面板关闭。其他控制面板的操作也都如此。*

将控制面板分离出来后，还可以将它们重新组合成组。

**STEP ▲3** 将鼠标光标移动到分离出的【颜色】面板选项卡上，按下鼠标左键并向【调整】面板组名称右侧的灰色区域拖曳，如图 2-13 所示。

**STEP ▲4** 当出现图 2-14 所示的蓝色边框时释放鼠标左键，即可将【颜色】面板和【调整】面板组组合，如图 2-15 所示。

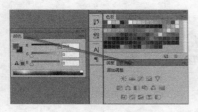
图2-13　拖曳鼠标状态

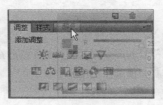
图2-14　出现的蓝色边框

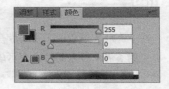
图2-15　合并后的效果

 **要点提示**

在默认的控制面板左侧有一些按钮，单击相应的按钮可以打开相应的控制面板；单击默认控制面板右上角的双箭头 ，可以将控制面板隐藏，只显示按钮图标，这样可以节省绘图区域以显示更大的绘制文件窗口。

工作区中各控制面板调整后，执行【窗口】/【工作区】/【复位基本功能】命令，即可将工作区恢复到刚打开 Photoshop CC 软件时的状态。

### 2.1.7　退出 Photoshop CC

退出 Photoshop CC 主要有以下几种方法。

（1）在 Photoshop CC 工作界面窗口标题栏的右上角有一组控制按钮，单击 ❌ 按钮，即可退出 Photoshop CC。

（2）执行【文件】/【退出】命令。

（3）利用快捷键，即按 Ctrl+Q 组合键或 Alt+F4 组合键退出。

 **要点提示**

退出软件时，系统会关闭所有的文件，如果打开的文件编辑后或新建的文件没有保存，系统会给出提示，让用户决定是否保存。

## 2.2　图像文件的基本操作

由于每一个软件的性质不同，其新建、打开及存储文件时的对话框也不相同，下面简要介绍 Photoshop CC 的新建、打开及存储对话框。

### 2.2.1　新建文件

执行【文件】/【新建】命令（快捷键为 Ctrl+N 组合键），弹出图2-16所示的【新建】对话框，在此对话框中可以设置新建文件的名称、尺寸、分辨率、颜色模式、背景内容和颜色配置文件等。单击 确定 按钮后即可新建一个图像文件。

在工作之前建立一个合适大小的文件至关重要，除尺寸设置要合理外，分辨率的设置也要合理。图像分辨率的正确设置应考虑图像最终发布的媒介，通常对一些有特别用途的图像，分辨率都有一些基本的标准，在作图时要根据实际情况灵活设置。

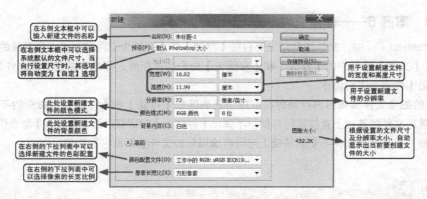

图 2-16 【新建】对话框

### 2.2.2 案例 5——打开文件

执行【文件】/【打开】命令（快捷键为 Ctrl+O 组合键）或直接在工作区中双击，会弹出【打开】对话框，利用此对话框可以打开计算机中存储的 PSD、BMP、TIFF、JPEG、TGA 和 PNG 等多种格式的图像文件。在打开图像文件之前，首先要知道文件的名称、格式和存储路径，这样才能顺利地打开文件。

下面利用【文件】/【打开】命令，打开素材文件中所带的"儿童 .jpg"文件。

**【操作练习 2-5】打开文件。**

**STEP 1** 执行【文件】/【打开】命令，弹出【打开】对话框。

**STEP 2** 在左侧列表中找到光盘所在的盘符并选择，然后在右侧的窗口中依次双击"图库\第02章"文件夹。

**STEP 3** 在弹出的文件窗口中，选择名为"儿童 .jpg"的图像文件，此时的【打开】对话框如图 2-17 所示。

图 2-17 【打开】对话框

**STEP 4** 单击 打开(O) 按钮，即可将选择的图像文件在工作区中打开。

### 2.2.3 案例 6——存储文件

在 Photoshop CC 中，文件的存储主要包括【存储】和【存储为】两种方式。当新建的图像文件第一次存储时，【文件】菜单中的【存储】和【存储为】命令功能相同，都是将当前图像文件命名后存储，并且都会弹出【存储为】对话框。

将打开的图像文件编辑后再存储时，就应该正确区分【存储】和【存储为】命令的不同。【存储】命令是在覆盖原文件的基础上直接进行存储，不弹出【存储为】对话框；而【存储为】命令仍会弹出【存储为】对话框，它是在原文件不变的基础上可以将编辑后的文件重新命名另存储。

 **要点提示**

【存储】命令的快捷键为 *Ctrl+S* 组合键，【存储为】命令的快捷键为 *Ctrl+Shift+S* 组合键。在绘图过程中，一定要养成随时存盘的好习惯，以免因断电、死机等突发情况造成不必要的麻烦，而且保存时一定要分清应该用【存储】命令还是【存储为】命令。

**【操作练习 2-6】** 保存文件。

#### 一、直接保存文件

当绘制完一幅图像后，就可以将绘制的图像直接保存，具体操作步骤如下。

**STEP 1** 执行【文件】/【存储】命令，弹出【存储为】对话框。

**STEP 2** 在【存储为】对话框的【保存在】下拉列表中选择 本地磁盘 (D:)，在弹出的新【存储为】对话框中单击【新建文件夹】按钮，创建一个新文件夹。

**STEP 3** 根据绘制的图形设置文件夹的名称，然后双击刚创建的文件夹将其打开，并在【格式】下拉列表中选择【Photoshop ( *.psd;*.PDD )】，再在【文件名】文本框中根据绘制的图形输入文件的名称。

**STEP 4** 单击 保存(S) 按钮，就可以保存绘制的图像了。以后按照保存的文件名称及路径就可以打开此文件。

#### 二、另一种存储文件的方法

读者对打开的图像进行编辑处理后，再次保存，可将其另存。

**STEP 1** 执行【文件】/【打开】命令，打开附盘中"图库\第 02 章"目录下名为"花 .psd"的文件，打开的图像与【图层】面板状态如图 2-18 所示。

图 2-18 打开的图像与【图层】面板

**STEP** 2 将鼠标指针放置在【图层】面板中图 2-19 所示的图层上。

**STEP** 3 按下鼠标左键并拖动该图层到图 2-20 所示的【删除图层】按钮 上。

图 2-19　鼠标指针放置的位置　　　　　　　　　图 2-20　删除图层状态

**STEP** 4 释放鼠标左键，即可将标题在图像中删除。

**STEP** 5 执行【文件】/【存储为】命令，弹出【存储为】对话框，在【文件名】下拉列表中输入"花修改"文字作为文件名。

**STEP** 6 单击 保存(S) 按钮，就保存了修改后的文件，且原文件仍保存在计算机中。

### 2.2.4　案例 7——导入数码相机中的图像文件

有些数码相机，只要通过 USB 接口即可将相机存储卡中的数据导入计算机。计算机能够通过操作系统直接识别相机，而不需要安装相机的驱动程序。通过这样的方式导入数码相片是最为方便和快捷的。

**【操作练习 2-7】导入数码相机中的图像文件。**

**STEP** 1 将数码相机与计算机通过 USB 连接线进行连接。

**STEP** 2 确认连接好后，将数码相机打开。随后，在计算机中会自动检测到相应的设备。系统会自动弹出提示，告知你已经连接好数码相机了。

　要点提示

*在提示对话框中，可以选择相应的程序打开数码相机中的文件。建议用户选择"取消"，这样你可以先将数码相机中的文件导入电脑后，再用计算机进行编辑。*

**STEP** 3 打开"计算机"或"我的电脑"，在其中会多出了一个数码相机的图标。双击该图标，将其中的图片文件全部复制到电脑的相应盘符中即可。

这样，相片导入工作宣告结束。之后就可以利用 Photoshop 中的【打开】命令，将相应的照片打开并进行编辑了。

除了以上导入方法外，还可以利用读卡器将数码照片导入到计算机中，具体方法如下。

**STEP** 1 将数码相机的储存卡从数码相机中取出后，插入读卡器。

**STEP** 2 再将读卡器的端口插入计算机的 USB 接口。

**STEP** 3 电脑将显示发现新硬件，在自动或手动安装了驱动程序后，储存卡相当于一个 U 盘。

STEP  用传统的复制粘贴方法将储存卡中的数码照片复制到计算机指定的文件夹中即可。

**要点提示**

读卡器（Reader）是一种专用设备。有插槽可以插入存储卡，有端口可以连接到计算机。把适合的存储卡插入插槽，端口与计算机相连并安装所需的驱动程序之后，计算机就把存储卡当作一个可移动存储器，从而可以通过读卡器读写存储卡。

### 2.2.5　关闭文件

关闭图像文件是作品设计完成或关闭计算机之前的必要操作。单击文件名称右侧的【关闭】按钮，即可将文件关闭。

如该文件没有存储，将弹出提示对话框。

（1）对于新建的文件，单击 是(Y) 按钮，将弹出【存储为】对话框，用于存储文件。

（2）对于打开的文件，单击 是(Y) 按钮，将直接把打开的文件以原文件名存储。

（3）如果单击 否(N) 按钮，将不存储文件直接把文件关闭，如果单击 取消 按钮，将取消关闭操作。

## 2.3　图像处理基本知识

在新建图像文件时，我们发现【新建】对话框中有很多选项需要设置，本节我们就来学习这些选项的基本概念，包括位图和矢量图的概念及特点、像素和分辨率以及图像常用的颜色模式。

### 2.3.1　位图和矢量图

位图和矢量图是根据软件运用以及最终存储方式的不同而生成的两种不同的文件类型。在图像处理过程中，分清位图和矢量图的不同性质是非常有必要的。

#### 一、位图

位图也叫光栅图，是由很多个像小方块一样的颜色网格（即像素）组成的图像。位图中的像素由其位置值与颜色值表示，也就是将不同位置上的像素设置成不同的颜色，即组成了一幅图像。位图图像放大到一定的倍数后，看到的便是很多个方形的色块，整体图像也会变得模糊、粗糙，如图2-21所示。

图2-21　位图图像与放大后的显示效果对比

位图具有以下特点。

- 文件所占的空间大。用位图存储高分辨率的彩色图像需要较大的储存空间，因为像素之间相互独立，所以占的硬盘空间、内存和显存比矢量图大。
- 会产生锯齿。位图是由最小的色彩单位"像素"组成的，所以位图的清晰度与像素的多少有关。位图放大到一定的倍数后，看到的便是一个一个的像素，即一个一个方形的色块，整体图像便会变得模糊且会产生锯齿。
- 位图图像在表现色彩、色调方面的效果比矢量图更加优越，尤其是在表现图像的阴影和色彩的细微变化方面效果更佳。

在平面设计方面，制作位图的软件主要是 Adobe 公司推出的 Photoshop，该软件可以说是目前平面设计中图形图像处理的首选软件。

## 二、矢量图

矢量图又称向量图，是由线条和图块组成的图像。将矢量图放大后，图形仍能保持原来的清晰度，且色彩不失真，如图 2-22 所示。

图 2-22　矢量图和放大后的显示效果对比

矢量图的特点如下。

- 文件小。由于图像中保存的是线条和图块的信息，所以矢量图形与分辨率和图像大小无关，只与图像的复杂程度有关，简单图像所占的存储空间小。
- 图像大小可以无级缩放。在对图形进行缩放、旋转或变形操作时，图形仍具有很高的显示和印刷质量，且不会产生锯齿模糊效果。
- 可采取高分辨率印刷。矢量图形文件可以在任何输出设备及打印机上以打印机或印刷机的最高分辨率打印输出。

在平面设计方面，制作矢量图的软件主要有 CorelDRAW、Illustrator、InDesign、Freehand、PageMaker 等，用户可以用它们对图形或文字等进行处理。

### 2.3.2　像素和分辨率

像素与分辨率是 Photoshop 中最常用的两个概念，对它们的设置决定了文件的大小及图像的质量。

### 一、像素

像素（Pixel）是 Picture 和 Element 两个词的缩写，是用来计算数字影像的一种单位。一个像素的大小尺寸不好衡量，它实际上只是屏幕上的一个光点。在计算机显示器、电视机、数码相机等的屏幕上都使用像素作为基本度量单位，屏幕的分辨率越高，像素的光点就越小。像素也是组成数码图像的最小单位，比如一幅标有 1024 像素 ×768 像素的图像的光点，表明这幅图像的长边有 1024 个像素，宽边有 768 个像素，1024×768=786432，即这是一幅具有近 80 万像素的图像。

### 二、分辨率

分辨率（Resolution）是数码影像中的一个重要概念，它是指在单位长度中所表达或获取像素数量的多少。图像分辨率使用的单位是 PPI（Pixel Per Inch），意思是"每英寸所表达的像素数目"。另外还有一个概念是打印分辨率，它使用的单位是 DPI（Dot Per Inch），意思是"每英寸所表达的打印点数"。

PPI 和 DPI 两个概念经常会出现混用的现象。从技术角度说，PPI 只存在于屏幕的显示领域，而 DPI 只出现于打印或印刷领域。对于初学图像处理的用户来说很难分辨清楚，这需要一个逐步理解的过程。

对于高分辨率的图像，其包含的像素多，图像文件大，能非常好地表现出图像丰富的细节，但会增加文件的大小，同时需要耗用更多的计算机内存（RAM）资源，存储时会占用更大的硬盘空间等。而对于低分辨率的图像，其包含的像素少，图像会显得非常粗糙，在排版打印后，打印出的效果会非常模糊。所以，在图像处理过程中，必须根据图像最终的用途选用合适的分辨率，在能够保证输出质量的情况下，尽量不要因为分辨率过高而占用一些计算机资源。

 要点提示

> 在 Photoshop CC 中新建文件时，默认的分辨率是"72 像素 / 英寸"。如要印刷彩色图像，分辨率一般设置为"300 像素 / 英寸"；设计报纸广告，分辨率一般设置为"120 像素 / 英寸"；发布于网络上的图像，分辨率一般设置为"72 像素 / 英寸"或"96 像素 / 英寸"；大型广告喷绘图像，分辨率一般不低于"30 像素 / 英寸"。

### 2.3.3 常用颜色模式

图像的颜色模式是指图像在显示及打印时定义颜色的不同方式。计算机软件系统为用户提供的颜色模式主要有 RGB 颜色模式、CMYK 颜色模式、Lab 颜色模式、位图颜色模式、灰度颜色模式、索引颜色模式等。每一种颜色都有自己的使用范围和优缺点，并且各模式之间可以根据处理图像的需要进行模式转换。

### 一、RGB 颜色模式

RGB 颜色模式是屏幕显示的最佳模式，该模式下的图像是由红（R）、绿（G）、蓝（B）3 种基本颜色组成，这种模式下图像中的每个像素颜色用 3 字节（24 位）来表示，每一种颜色又可以有 0 ~ 255 的亮度变化，所以能够反映出大约 16.7×106 种颜色。

RGB 颜色模式又叫光色加色模式，因为每叠加一次具有红、绿、蓝亮度的颜色，其亮度都有所增加，红、绿、蓝三色相加为白色。显示器、扫描仪、投影仪、电视等的屏幕都是采用这种加色模式。

### 二、CMYK 颜色模式

CMYK 颜色模式下的图像是由青色（C）、洋红（M）、黄色（Y）、黑色（K）4 种颜色构成，该模式下图像的每个像素颜色由 4 字节（32 位）来表示，每种颜色的数值范围为 0% ~ 100%，其中青色、洋红和黄色分别是 RGB 颜色模式中的红、绿、蓝的补色，例如用白色减去青色，剩余的就是红色。CMYK 颜色模式又叫减色模式。由于一般打印机或印刷机的油墨都是 CMYK 颜色模式的，所以这种模式主要用于彩色图像的打印或印刷输出。

### 三、Lab 颜色模式

Lab 颜色模式是 Photoshop 的标准颜色模式，也是由 RGB 模式转换为 CMYK 模式的中间模式。它的特点是在使用不同的显示器或打印设备时，所显示的颜色都是相同的。

### 四、灰度颜色模式

灰度颜色模式下图像中的像素颜色用 1 字节来表示，即每一个像素可以用 0 ~ 255 个不同的灰度值表示，其中 0 表示黑色，255 表示白色。一幅灰度图像在转变成 CMYK 模式后可以增加色彩。如果将 CMYK 模式的彩色图像转变为灰度模式，则颜色不能恢复。

### 五、位图颜色模式

位图颜色模式下的图像中的像素用一个二进制位表示，即由黑和白两色组成。

### 六、索引颜色模式

索引颜色模式下图像中的像素颜色用 1 字节来表示，像素只有 8 位，最多可以包含有 256 种颜色。当 RGB 或 CMYK 颜色模式的图像转换为索引颜色模式后，软件将为其建立一个 256 种颜色的色表存储并索引其所用颜色。这种模式的图像质量不是很高，一般适用于多媒体动画制作中的图片或 Web 页中的图像用图。

## 2.4　图像窗口的缩放与显示

在 Photoshop CC 中绘制图形或处理图像时，经常需要将图像放大、缩小或平移，以便观察图像的每一个细节或整体效果。

### 2.4.1　缩放和抓手工具

利用【缩放】工具 和【抓手】工具 可以按照不同的放大倍数查看图像的不同区域，下面分别对其进行讲解。

### 一、【缩放】工具

选择【缩放】工具 ，在图像窗口中单击，图像将以鼠标指针处为中心放大显示一级；按下鼠标左键拖曳，拖出一个矩形虚线框，释放鼠标左键后即可将虚线框中的图像放大显示，如图 2-23 所示。如果按住 Alt 键，鼠标指针形状将显示为 ，在图像窗口中单击时，图像将以鼠标指针处为中心缩小显示一级。

图 2-23　图像放大显示状态

无论在使用工具箱中的哪种工具时，按 Ctrl++ 组合键都可以放大显示图像，按 Ctrl+− 组合键可以缩小显示图像，按 Ctrl+0 组合键可以将图像适配至屏幕显示，按 Ctrl+Alt+0 组合键可以将图像以 100% 的比例正常显示。在工具箱中的【缩放】工具 上双击，可以使图像以实际像素显示。另外，在图像窗口的【缩放】文本框中直接输入要缩放的比例，然后按 Enter 键，可以直接设置图像的缩放比例。

选择工具箱中的 工具，属性栏如图 2-24 所示。

图 2-24 【缩放】工具属性栏

- 【放大】按钮 ：激活此按钮，然后在图像窗口中单击鼠标左键，可以将当前图像放大显示。
- 【缩小】按钮 ：激活此按钮，然后在图像窗口中单击鼠标左键，可以将当前图像缩小显示。
- 【调整窗口大小以满屏显示】复选框：若不勾选此复选框，对图像进行放大或缩小处理时，只改变图像的大小，图像窗口不会改变；若勾选此复选框，对图像进行放大或缩小处理时，软件会自动调整图像窗口的大小使其与当前图像的显示相适配。
- 【缩放所有窗口】复选框：勾选此复选框，当前打开的所有窗口会同时进行缩放。
- 单击 100% 按钮，图像恢复原大小，以实际像素尺寸显示，即以 100% 的比例显示。
- 单击 适合屏幕 按钮，系统根据工作区剩余空间的大小，自动调整图像窗口大小及图像的显示比例，使其在不与工具箱重叠（或同时不与控制面板重叠）的情况下，尽可能放大显示。
- 单击 填充屏幕 按钮，系统根据工作区剩余空间的大小，自动分配和调整图像窗口的大小及比例，使其在工作区中尽可能放大显示。

### 二、【抓手】工具

显示屏的大小是有限的，如果用户需要对一些图像的局部进行精细处理，有时会需要将图像放大显示到超出图像窗口的范围，图像在图像窗口内将无法完全显示。利用工具箱中的【抓手】工具 在图像中按下鼠标左键拖曳，从而在不影响图像相对位置的前提下，平移图像在窗口中的显示位置，以观察图像窗口中无法显示的图像。

（1）将鼠标指针移动至图像窗口中，当鼠标指针显示为 形状时，拖曳鼠标即可移动图像，将观察不到的部分显示出来。

（2）双击工具箱中的 工具，可以将图像满画布显示。

（3）按住 Ctrl 键，在图像上单击鼠标左键，可以对图像进行放大操作。

（4）按住 Alt 键，在图像上单击鼠标左键，可以对图像进行缩小操作。

（5）当使用工具箱中的其他工具时，按住空格键，将鼠标指针移动至图像上，可以将当前工具暂时切换至 工具，释放鼠标左键后，将还原先前的工具。

 **要点提示**

在将图像放大至图像窗口无法完全显示的状态时，图像窗口的右侧和下方会各有一个窗口滑块出现，用鼠标拖曳这两个滑块，也可以在垂直方向和水平方向上移动图像。

当在工具箱中选择 工具时，属性栏如图 2-25 所示。

图 2-25 【抓手】工具属性栏

- 【滚动所有窗口】复选框：勾选此复选框，使用工具滚动窗口时，所有打开的窗口同时被滚动。
- 其他按钮的功能与 工具属性栏中相应按钮的功能相同。

**要点提示**

*因为在实际操作中，工具和工具要根据用户的需要灵活运用，且这两种工具只是起到了方便观察的效果，对图像本身并没有影响，所以后面的练习中，将不一一介绍要在什么时候使用工具和工具，读者可以根据自己的实际情况灵活运用。*

## 2.4.2 案例 8——图像的缩放与平移

下面来学习图像文件的缩放及平移操作。

**【操作练习 2–8】缩放及平移操作。**

**STEP 1** 打开附盘中“图库 \ 第 02 章”目录下名为“风景画 .jpg”的文件。

**STEP 2** 选择【缩放】工具，在图片中按下鼠标左键向右下角拖动，出现虚线形状的矩形框，如图 2–26 所示。

**STEP 3** 释放鼠标左键后，即可把画面放大显示，如图 2–27 所示。

图 2–26 拖动时的状态

图 2–27 放大后的画面

**STEP 4** 选择【抓手】工具，在画面中鼠标光标将变成形状，按下鼠标左键并拖动，可以平移画面观察其他位置，如图 2–28 所示。

**STEP 5** 按住 Alt 键，鼠标光标变为形状，单击可以将画面缩小显示，以观察画面的整体效果，如图 2–29 所示。

图 2–28 平移图像窗口状态

图 2–29 缩小显示画面

### 2.4.3 屏幕显示工具

在做图过程中，Photoshop CC 给设计者提供了 3 种屏幕显示模式，在工具箱中最下方的【标准屏幕模式】按钮 上按住鼠标不放，将弹出图 2-30 所示的工具按钮。也可执行【视图】/【屏幕模式】命令，将弹出图 2-31 所示的命令。

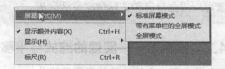

图 2-30 显示的工具按钮    图 2-31 显示的菜单命令

- 【标准屏幕模式】：可进入默认的显示模式。
- 【带有菜单栏的全屏模式】：系统会将软件的标题栏及下方 Windows 界面的工具栏隐藏。
- 【全屏模式】：选择该选项，系统会弹出【信息】询问面板，此时单击 全屏 按钮，系统会将界面中的所有工具箱和控制面板等隐藏，只保留当前图像文件的显示；单击 取消 按钮，可取消执行全屏操作。

**要点提示**

连续按 F 键，可以在这几种模式之间相互切换。按 Tab 键可将工具箱、属性栏和控制面板同时隐藏。

## 2.5 课堂实训

根据前面介绍的内容，自己动手拆分并组合控制面板，然后打开文件并对其进行修改和另存。

### 2.5.1 拆分并组合控制面板

根据本章学习的内容，自己动手把图像文件窗口及控制面板设置成图 2-32 所示的状态。

图 2-32 设置的界面窗口及控制面板

### 2.5.2　打开文件修改后另存

将随书所附光盘中"图库\第 02 章"目录下名为"儿童画 .psd"的文件打开,将"图层 1"中的儿童删除后,另命名为"儿童画修改 .psd"保存。

# 2.6　小结

本章主要介绍了有关 Photoshop CC 的一些基本知识,包括界面布局、控制面板的调整、图像文件的基本操作、图像处理基本知识以及图像窗口的缩放调整和显示等。希望读者通过本章的学习,能够对 Photoshop CC 和作品绘制过程中涉及的基础知识有一个基本的了解,为后面内容的学习打下坚实的基础。

# 2.7　习题

1. 将图像文件打开后,利用【缩放】工具 将图像放大显示,然后利用【抓手】工具 平移图像,以查看其他区域。
2. 练习图像文件的新建、打开、排列以及关闭等。
3. 熟悉界面模式的显示设置。

# Chapter
# 3

# 第3章
# 图层应用

图层是利用Photoshop进行图形绘制和图像处理的最基础和最重要的命令。可以说，每一幅图像的处理都离不开图层的应用，灵活地运用图层还可以提高做图效率，并且可以制作出很多意想不到的特殊艺术效果，因此希望读者认真学习和掌握本章介绍的内容。

**学习目标**

- 了解图层概念。
- 熟练掌握【图层】面板各选项的功能。
- 掌握编辑和调整图层的方法。
- 掌握【图层样式】的功能及应用。
- 通过本章的学习，掌握图3-1所示图像的合成方法及效果处理。

图3-1　本章制作的图像合成及效果

# 3.1 图层概念

　　图层就像一张透明的纸，透过图层透明区域可以清晰地看到下面图层中的图像。下面以一个简单的比喻来具体说明，对读者深入理解图层的概念会有帮助。例如，在纸上绘制一幅卡通太阳，首先要有画板（这个画板也就是 Photoshop 里面新建的文件，画板是不透明的），在画板上添加一张完全透明的纸绘制草地及背景颜色，绘制完成后，在画板上再添加透明纸分别来绘制小太阳的各个部分，在绘制每一部分之前，都要在画板上添加透明纸，然后在透明纸上绘制新图形。绘制完成后，通过纸的透明区域可以看到下面的图形，从而得到一幅完整的作品。在这个绘制过程中，添加的每一张纸就是一个图层。图层原理说明图如图 3-2 所示。

图 3-2　图层原理说明图

　　上面介绍了图层的概念，那么在绘制图形时为什么要建立图层呢？仍以上面的例子来说明。如果在一张纸上绘制整幅画面，当全部绘制完成后，突然发现某一图形绘制得不好，这时候往往要重新绘制这幅作品，因为对在一张纸上绘制的画面进行修改非常麻烦。而如果是分层绘制的，遇到这种情况就不必重新绘制了，只需找到图形所在的透明纸（图层），将其删除，然后重新添加一张新纸（图层），绘制图形放到刚才删除的纸（图层）的位置即可，这样可以大大节省绘图时间。另外，运用图层，除了易修改的优点外，还可以在一个图层中随意拖动、复制和粘贴图形，并能对图层中的图形制作各种特效，而这些操作都不会影响其他图层中的图形。

# 3.2 【图层】面板

　　【图层】面板主要用于管理图像文件中的所有图层、图层组和图层效果。在【图层】面板中可以方便地调整图层的混合模式和不透明度，并可以快速地创建、复制、删除、隐藏、显示、锁定、对齐或分布图层。

　　新建图像文件后，默认的【图层】面板如图 3-3 所示。

- 【图层面板菜单】按钮▤：单击此按钮，可弹出【图层】面板的下拉菜单。
- 【图层混合模式】 正常 ：用于设置当前图层中的图像与下面图层中的图像以何种模式进行混合。
- 【不透明度】：用于设置当前图层中图像的不透明程度，数值越小图

图 3-3　【图层】面板

像越透明；数值越大图像越不透明。

- 【锁定透明像素】按钮◫：单击此按钮，可使当前层中的透明区域保持透明。
- 【锁定图像像素】按钮✎：单击此按钮，在当前图层中不能进行图形绘制以及其他命令操作。
- 【锁定位置】按钮✛：单击此按钮，可以将当前图层中的图像锁定，使其不被移动。
- 【锁定全部】按钮🔒：单击此按钮，在当前层中不能进行任何编辑修改操作。
- 【填充】：用于设置图层中图形填充颜色的不透明度。
- 【显示/隐藏图层】图标👁：👁表示此图层处于可见状态。单击此图标，图标中的眼睛将被隐藏，表示此图层处于不可见状态。
- 图层缩览图：用于显示本图层的缩略图，它随着该图层中图像的变化而随时更新，以便用户在进行图像处理时参考。
- 图层名称：显示各图层的名称。

在【图层】面板底部有 7 个按钮，下面分别进行介绍。

- 【链接图层】按钮⧉：通过链接两个或多个图层，可以一起移动链接图层中的内容，也可以对链接图层执行对齐与分布以及合并图层等操作。
- 【添加图层样式】按钮*fx*：可以对当前图层中的图像添加各种样式效果。
- 【添加图层蒙版】按钮▣：可以给当前图层添加蒙版。如果先在图像中创建适当的选区，再单击此按钮，可以根据选区范围在当前图层上建立适当的图层蒙版。
- 【创建新的填充或调整图层】按钮◕：可在当前图层上添加一个调整图层，对当前图层下边的图层进行色调、明暗等颜色效果调整。
- 【创建新组】按钮🗀：可以在【图层】面板中创建一个图层组。图层组类似于文件夹，以便图层的管理和查询，在移动或复制图层时，图层组里面的内容可以同时被移动或复制。
- 【创建新图层】按钮🗋：可在当前图层上创建新图层。
- 【删除图层】按钮🗑：可将当前图层删除。

### 3.2.1 常用的图层类型

在【图层】面板中包含多种图层类型，每种类型的图层都有不同的功能和用途。利用不同的类型可以创建不同的效果，它们在【图层】面板中的显示状态也不同。

图层类型说明图如图 3-4 所示。

图 3-4 图层类型说明图

下面详细介绍常用图层的类型及其功能。

（1）背景图层。背景图层相当于绘画中最下方不透明的纸。在 Photoshop 中，一个图像文件中只有一个背景图层，它可以与普通图层进行相互转换，但无法交换堆叠次序。如果当前图层为背景图层，执行【图层】/【新建】/【背景图层】命令，或在【图层】面板的背景图层上双击，便可以将背景图层转换为普通图层。

（2）普通图层。普通图层相当于一张完全透明的纸，是 Photoshop 中最基本的图层类型。单击【图层】面板底部的 按钮，或执行【图层】/【新建】/【图层】命令，即可在【图层】面板中新建一个普通图层。

（3）文本层。在文件中创建文字后，【图层】面板会自动生成文本层，其缩览图显示为 T 。当对输入的文字进行变形后，文本图层将显示为变形文本图层，其缩览图显示为 。

（4）效果层。【图层】面板中的图层应用图层效果（如阴影、投影、发光、斜面和浮雕以及描边等）后，右侧会出现一个 fx （效果层）图标，此时，这一图层就是效果图层。注意，背景图层不能转换为效果图层。单击【图层】面板底部的 fx. 按钮，在弹出的菜单中选择任意一个命令，即可创建效果图层。

（5）形状层。使用工具箱中的矢量图形工具在文件中创建图形后，【图层】面板会自动生成形状图层。执行【图层】/【栅格化】/【形状】命令后，形状图层将被转换为普通图层。

（6）蒙版层。蒙版层是加在普通图层上的一个遮盖层，通过创建图层蒙版来隐藏或显示图像中的部分或全部。在图像中，图层蒙版中颜色的变化会使其所在图层的相应位置产生透明效果。其中，该图层中与蒙版的白色部分相对应的图像不产生透明效果，与蒙版的黑色部分相对应的图像完全透明，与蒙版的灰色部分相对应的图像根据其灰度产生相应程度的透明效果。

（7）填充层和调整层。用来控制图像颜色、亮度及饱和度等的辅助图层。单击【图层】面板底部的 . 按钮，在弹出的菜单中选择任意一个命令，即可创建填充或调整图层。

### 3.2.2　常用图层类型的转换

为了方便图像的编辑和制作，常用图层可以互相转换，本节来具体学习。

#### 一、背景层转换为普通层

在【图层】面板中选择背景层，执行【图层】/【新建】/【背景图层】命令，或在【图层】面板中双击背景层，弹出的【新建图层】对话框如图 3-5 所示。在【新建图层】对话框中进行适当的设置后，单击 确定 按钮，即可将背景层转换为普通层。

图 3-5　【新建图层】对话框

- 【名称】选项：该选项用于设置转换后普通层使用的名称。
- 【颜色】选项：该选项用于设置该层在【图层】面板中显示的颜色。【颜色】选项中设置的颜色对图像本身不产生影响，它的作用只是用来在【图层】面板显著标识某一图层，或利用各种颜色对图层进行分类。对于一般的图层，只要在【图层】面板中要设置的图层上单击鼠标右键，在弹出的快捷菜单中选择【图层属性】命令，就可在弹出的【图层属性】对话框中设置该层的颜色。
- 【模式】选项：该选项用于设置转换后图层的模式，这一选项决定当前图层与下方图层以什么方式进行结合显示。
- 【不透明度】选项：该选项用于设置转换后图层的不透明度。

## 二、普通层转换为背景层

要将一个普通层转换为背景层，首先要确认当前图像中没有背景层，因为一个图像文件中只能有一个背景层。

选择要转换的普通层，执行【图层】/【新建】/【背景图层】命令，即可将当前普通层转换为背景层。

## 三、文字层转换为普通层

如果当前图层为文字层，很多命令将不能使用，例如菜单栏中的【滤镜】命令等。如果要使用这些命令和功能就需要先将文字层转换为普通层。在 Photoshop CC 中将一些特殊的图层，如文字层、填充层、图形层、智能对象层等转换为普通可编辑内容的过程称为栅格化。选择要进行栅格化的文字层，执行【图层】/【栅格化】/【文字】命令，即可将当前文字层转换为普通层。

## 四、其他图层转换为普通层

执行【图层】/【栅格化】命令，可以看到，子菜单中除了【文字】命令外，还有【形状】、【填充内容】、【矢量蒙版】、【智能对象】、【视频】、【3D】和【图层样式】命令，这 7 个命令可以将形状层、填充层、矢量蒙版、智能对象层、视频层、3D 图层以及样式层转换为普通层。

- 执行【图层】/【栅格化】/【图层】命令，可以将当前被选择的图层转换为普通层，但不转换图层效果。
- 执行【图层】/【栅格化】/【所有图层】命令，可以将当前文件中的图层全部转换为普通层。

### 3.2.3 案例 1——图层模式应用

【图层】面板中的图层混合模式及其他相关面板中的【模式】选项，在图像处理及效果制作中被广泛应用，特别是在多个图像合成方面更有其独特的作用及灵活性，掌握好其使用方法对将来的图像合成操作有极大的帮助。

下面以案例的形式来详细讲解【图层混合模式】的功能及使用方法。原图及合成后的效果如图 3-6 所示。

图 3-6 原图及合成后的效果

### 【操作练习 3-1】图层模式应用。

**STEP 1** 按 Ctrl+O 组合键，将附盘中"图库\第 03 章"目录下名为"T 恤 .jpg"的文件打开。

**STEP 2** 选取工具，将鼠标指针移动到画面的黑色背景处单击，添加选区，然后执行【选择】/【反向】命令（或按 Ctrl+Shift+I 组合键），将选区反选，即将"T 恤"选取，如图 3-7 所示。

**STEP 3** 执行【图层】/【新建】/【通过剪切的图层】命令，将选区内的图像通过剪切生成新的图层"图层 1"。

**STEP 4** 按 D 键，将工具箱中的前景色和背景色设置为默认的黑色和白色，然后在【图层】

面板中单击"背景层"，将其设置为工作层，并按 Alt+Delete 组合键，为背景层填充黑色，【图层】面板
如图 3-8 所示。

图 3-7　反选后的选区　　　　　　　　　　　　　　　　图 3-8　填充黑色后的效果

STEP <5 单击"图层 1"，将其设置为工作层，然后按 Ctrl+O 组合键，将附盘中"图库\第
03 章"目录下名为"卡通图案 .jpg"的文件打开。

STEP <6 选取 ▶+ 工具，将鼠标指针移动到"卡通图案"文件中，按下鼠标左键并向"T
恤 .jpg"文件的选项卡上拖曳，当"T 恤"文件显示为工作状态时，移动鼠标至画面中，当鼠标显示为
▶ 图标时释放鼠标左键，将图案复制到 T 恤文件中，生成"图层 2"。

STEP <7 在【图层】面板中单击 正常 ⌄ 按钮，在弹出的下拉列表中选择【正片叠底】，设
置图层混合模式后的效果如图 3-9 所示。

STEP <8 执行【编辑】/【自由变换】命令（或按 Ctrl+T 组合键），为图形添加自由变形框，
然后将鼠标指针放置到任意角点位置，当鼠标指针显示为双向箭头时按下并向外拖曳，将图像调大。

STEP <9 将鼠标指针放置到变形框内部按下并拖曳，可调整图像的位置。

STEP <10 用以上调整图像的方法，将图像调整至图 3-10 所示的大小及位置。

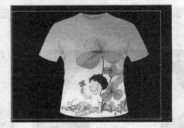

图 3-9　设置图层混合模式后的效果　　　　　　　　　　图 3-10　图像调整后的大小及位置

STEP <11 按 Enter 键，即可完成图像的调整操作。

STEP <12 至此，利用图层混合模式为 T 恤添加图案操作完成，按 Ctrl+Shift+S 组合键，将
此文件另命名为"添加图案 .psd"保存。

## 3.3　图层的基本操作

图层在 Photoshop 的应用中非常重要，它的灵活性是其重要的优势之一，用户可以方便地对图层
进行创建、移动、复制、删除等操作，下面就来学习一些图层的基本操作。

### 3.3.1　案例 2——新建图层

下面通过实例的形式来详细讲解各种新建图层的方法。

**【操作练习 3-2】新建图层。**

**STEP**  执行【图层】/【新建】命令，弹出图 3-11 所示的【新建】子菜单。

**STEP** 当选择【图层】命令时，系统将弹出图 3-12 所示的【新建图层】对话框。在此对话框中，可以对新建图层的颜色、模式和不透明度进行设置。

图 3-11 【图层】/【新建】子菜单　　　　　　　　图 3-12 【新建图层】对话框

**STEP** 当选择【背景图层】命令时，可以将背景图层更改为一个普通图层，此时【背景图层】命令会变为【图层背景】命令；选择【图层背景】命令，可以将当前图层更改为背景图层。

**STEP** 当选择【组】命令时，将弹出【新建组】对话框，在此对话框中可以创建图层组。

**STEP** 当在【图层】面板中选择除背景层外的图层时，【从图层建立组】命令才可用，选择此命令可以新建一个图层组，并将当前选择的图层放置在新建的图层组中。

**STEP** 选择【通过拷贝的形状图层】命令，可以将当前画面选区中的图像通过复制生成一个新的图层，且原画面不会被破坏。

**STEP** 选择【通过剪切的形状图层】命令，可以将当前画面选区中的图像通过剪切生成一个新的图层，而原画面被破坏。

### 3.3.2 复制图层

常用的复制图层的方法有以下 3 种。

**一、利用【图层】面板中的工具按钮复制**

在【图层】面板中，将要复制的图层拖曳至下方的 按钮上，释放鼠标左键，即可在当前层的上方复制该图层，使之成为该图层的拷贝层。在复制过程中如果按下 Alt 键，会弹出【复制图层】对话框。

**二、利用【图层】面板中的右键命令复制**

在【图层】面板中选择要复制的图层，单击鼠标右键（不要在缩览图上单击鼠标右键，否则弹出的快捷菜单中没有【复制图层】的命令），在弹出的快捷菜单中选择【复制图层】命令，弹出【复制图层】对话框，如图 3-13 所示。

* 【为】选项：该选项用来输入新复制图层的名称。　　　　　　图 3-13 【复制图层】对话框
* 单击【文档】下拉列表，弹出的下拉列表中显示当前打开的
  所有图像文件名称以及一个【新建】选项。选择一个图像文件名称，可以将新复制的图层复制至选定的图像文件中；选择【新建】选项，可以将新复制的图层作为一个新文件单独创建，选择【新建】选项后，【名称】文本框显示为可用状态，可以输入新创建文件的名称。

**三、利用菜单命令复制**

在【图层】面板中选择要复制的图层，执行【图层】/【复制图层】命令，弹出的【复制图层】对话框与利用【图层】面板中的右键命令复制图层时弹出的对话框相同。

### 3.3.3 调整图层堆叠顺序

图层的堆叠顺序决定图层内容在画面中的前后位置，即图层中的图像是出现在其他图层的前面还是后面。图层的堆叠顺序不同，产生的图像合成效果也不相同。调整图层堆叠顺序的方法主要有以下两种。

### 一、拖动鼠标调整

在【图层】面板中要调整堆叠顺序的图层上按下鼠标左键，向上或向下拖曳，将出现一个矩形框跟随鼠标指针移动，当拖动到适当位置后，释放鼠标左键，即可将工作层调整至相应的位置。

### 二、利用菜单命令调整

执行【图层】/【排列】命令，将弹出图 3-14 所示的【排列】子菜单。选择相应的命令，也可以调整图层的堆叠顺序，各种排列命令的功能如下。

- 【置为顶层】命令：可以将工作层移动至【图层】面板的最顶层，快捷键为 Ctrl+Shift+] 组合键。

| | |
|---|---|
| 置为顶层(F) | Shift+Ctrl+] |
| 前移一层(W) | Ctrl+] |
| 后移一层(K) | Ctrl+[ |
| 置为底层(B) | Shift+Ctrl+[ |
| 反向(R) | |

图 3-14 【图层】/【排列】命令子菜单

- 【前移一层】命令：可以将工作层向前移动一层，快捷键为 Ctrl+] 组合键。

- 【后移一层】命令：可以将工作层向后移动一层，快捷键为 Ctrl+[ 组合键。

- 【置为底层】命令：可以将工作层移动至【图层】面板的最底层，即背景层的上方，快捷键为 Ctrl+Shift+[ 组合键。

- 【反向】命令：当在【图层】面板中选择多个图层时，选择此命令，可以将当前选择的图层反向排列。

## 3.3.4  删除图层

常用删除图层的方法有以下 3 种。

### 一、利用【图层】面板中的工具按钮删除

在【图层】面板中选择要删除的图层，单击【图层】面板下方的【删除图层】按钮 🗑，弹出的提示框如图 3-15 所示。单击 是(Y) 按钮，即可将该图层删除。在提示框中勾选【不再显示】复选框，以后单击 🗑 按钮时将不再弹出提示框。

图 3-15  Adobe 提示框

### 二、利用【图层】面板中的工具按钮直接删除

在【图层】面板中直接拖曳要删除的图层至【删除图层】按钮 🗑 上，松开鼠标，可直接删除该图层。

### 三、利用菜单命令删除

在【图层】面板中选择要删除的图层，执行【图层】/【删除】命令，在弹出的子菜单中有以下两个命令。

- 选择【图层】命令，可将当前被选择的图层删除。

- 选择【隐藏图层】命令，可将当前图像文件中的所有隐藏图层全部删除，这一命令一般用于当图像制作完毕后，将一些不需要的图层进行删除。

## 3.3.5  对齐图层和分布图层

对齐和分布命令在绘图过程中经常用到，它可以将指定的内容在水平或垂直方向上按设置的方式对齐和分布。【图层】菜单中的【对齐】和【分布】命令与工具箱中【移动】工具属性栏中的对齐与分布按钮的作用相同。

### 一、对齐图层

当【图层】面板中至少有两个同时被选择的图层时，图层的【对齐】命令才可用。执行【图层】/【对

齐】命令,将弹出图 3-16 所示的【对齐】子菜单。执行其中的相应命令,可以将选择的图像分别进行顶边对齐、垂直居中对齐、底边对齐、左边对齐、水平居中对齐和右边对齐。

### 二、分布图层

在【图层】面板中至少有 3 个同时被选择的图层,且背景图层不处于选择状态时,图层的【分布】命令才可用。执行【图层】/【分布】命令,将弹出图 3-17 所示的【分布】子菜单。执行相应命令,可以将选择的图像按顶边、垂直居中、底边、左边、水平居中或右边进行分布。

图 3-16 【对齐】子菜单　　　　　　　　　　　　　　　　图 3-17 【分布】子菜单

### 3.3.6　图层的合并

在复杂实例制作过程中,一般将已经确定不需要再调整的图层合并,这样有利于下面的操作。图层的合并命令主要包括【向下合并】、【合并可见图层】和【拼合图像】。

- 执行【图层】/【向下合并】命令,可以将当前工作图层与其下面的图层合并。在【图层】面板中,如果有与当前图层链接的图层,此命令将显示为【合并链接图层】,执行此命令可以将所有链接的图层合并到当前工作图层中。如果当前图层是序列图层,执行此命令可以将当前序列中的所有图层合并。
- 执行【图层】/【合并可见图层】命令,可以将【图层】面板中所有的可见图层合并,并生成背景图层。
- 执行【图层】/【拼合图像】命令,可以将【图层】面板中的所有图层拼合,拼合后的图层生成为背景图层。

## 3.4　图层样式

利用图层样式可以对图层中的图像快速应用效果,通过【图层样式】对话框还可以快速地查看和修改各种预设的样式效果,为图像添加阴影、发光、浮雕、颜色叠加、图案和描边等特效。

为文字添加图层样式后的效果如图 3-18 所示。

原文字　　　　　　　　　　　　　添加样式后的效果　　　　　　　　　　添加样式后的【图层】面板

图 3-18　为文字添加样式后的效果

### 3.4.1 图层样式命令

执行【图层】/【图层样式】/【混合选项】命令，弹出【图层样式】对话框，如图3-19所示。【图层样式】对话框中左侧设置了10种效果。在此对话框中可自行为图形、图像或文字添加需要的样式。

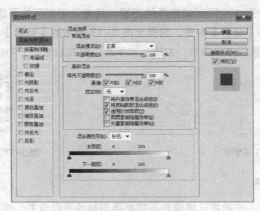

图3-19 【图层样式】对话框

【图层样式】对话框的左侧是【样式】选项区，用于选择要添加的样式类型，右侧是参数设置区，用于设置各种样式的参数及选项。

#### 一、【斜面和浮雕】

通过【斜面和浮雕】选项的设置可以使工作层中的图像或文字产生各种样式的斜面浮雕效果，同时选择【纹理】选项，然后在【图案】选项面板中选择应用于浮雕效果的图案，还可以使图形产生各种纹理效果。利用此选项添加的浮雕效果如图3-20所示。

#### 二、【描边】

通过【描边】选项的设置可以为工作层中的内容添加描边效果，描绘的边缘可以是一种颜色、一种渐变色或者图案。为图形描绘紫色的边缘的效果如图3-21所示。

图3-20 浮雕效果

图3-21 描边效果

#### 三、【内阴影】

通过【内阴影】选项的设置可以在工作层中的图像边缘向内添加阴影，从而使图像产生凹陷效果。在右侧的参数设置区中可以设置阴影的颜色、混合模式、不透明度、光源照射的角度、阴影的距离和大小等参数。利用此选项添加的内阴影效果如图3-22所示。

#### 四、【内发光】

此选项的功能与下面将要介绍的【外发光】选项的功能相似，只是此选项可以在图像边缘的内部产生发光效果。利用此选项添加的内发光效果如图3-23所示。

图3-22 内阴影效果

图3-23 内发光效果

### 五、【光泽】

通过【光泽】选项的设置可以根据工作层中图像的形状应用各种光影效果，从而使图像产生平滑过渡的光泽效果。选择此项后，可以在右侧的参数设置区中设置光泽的颜色、混合模式、不透明度、光线角度、距离和大小等参数。利用此选项添加的光泽效果如图 3-24 所示。

### 六、【颜色叠加】

【颜色叠加】样式可以在工作层上方覆盖一种颜色，并通过设置不同的混合模式和不透明度使图像产生类似于纯色填充层的特殊效果。为白色图形叠加洋红色的效果如图 3-25 所示。

图 3-24　添加的光泽效果　　　　　　　　　　　　　　图 3-25　颜色叠加

### 七、【渐变叠加】

【渐变叠加】样式可以在工作层的上方覆盖一种渐变叠加颜色，使图像产生渐变填充层的效果。为白色图形叠加渐变色的效果如图 3-26 所示。

### 八、【图案叠加】

【图案叠加】样式可以在工作层的上方覆盖不同的图案效果，从而使工作层中的图像产生图案填充层的特殊效果。为白色图形叠加图案后的效果如图 3-27 所示。

图 3-26　渐变叠加　　　　　　　　　　　　　　　　图 3-27　图案叠加

### 九、【外发光】

通过【外发光】选项的设置可以在工作层中图像的外边缘添加发光效果。在右侧的参数设置区中可以设置外发光的混合模式、不透明度、添加的杂色数量、发光颜色（或渐变色）、扩展程度、大小和品质等。利用此选项添加的外发光效果如图 3-28 所示。

### 十、【投影】

通过【投影】选项的设置可以为工作层中的图像添加投影效果，并可以在右侧的参数设置区中设置投影的颜色、与下层图像的混合模式、不透明度、是否使用全局光、光线的投射角度、投影与图像的距离、投影的扩散程度和投影大小等。利用此选项添加的投影效果如图 3-29 所示。

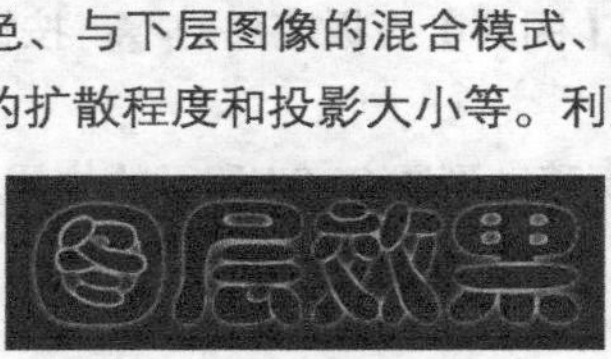

图 3-28　外发光效果 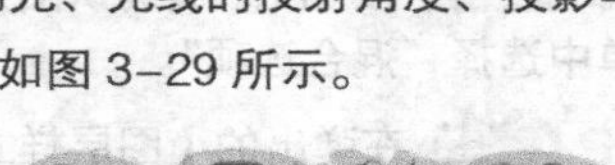　　　　　　　　　　　　　　　图 3-29　投影效果

## 3.4.2 【样式】面板

执行【窗口】/【样式】命令，即可将【样式】面板调出，如图 3-30 所示。单击面板中的任一样式，即可将其添加至当前图层中。单击【样式】面板右上角的■■按钮，在弹出的菜单中可以加载其他样式。

- 【取消】按钮 ⊘：单击此按钮，可以将应用的样式删除。
- 【新建】按钮 ▣：单击此按钮，将弹出【新建样式】对话框。
- 【删除】按钮 🗑：将需要删除的样式拖曳到此按钮上，即可删除选择的样式。

图 3-30 【样式】面板

### 3.4.3 复制和删除图层样式

选择添加了图层样式的图层后，执行【图层】/【图层样式】/【拷贝图层样式】命令或在该图层上单击鼠标右键，在弹出的快捷菜单中选择【拷贝图层样式】命令，即可将当前选中的图层样式进行复制；选择其他的图层，执行【图层】/【图层样式】/【粘贴图层样式】命令，或在该图层上单击鼠标右键，在弹出的快捷菜单中选择【粘贴图层样式】命令，即可将当前的图层样式粘贴到新的图层中。

将图层样式拖曳到【图层】面板下方的 🗑 按钮上，即可将其删除；也可以选中要删除的图层样式，然后执行【图层】/【图层样式】/【清除图层样式】命令将其删除。

### 3.4.4 案例 3——合成图像

本节将介绍灵活运用【图层样式】命令中的"混合选项"来合成图像的方法，图像合成效果如图 3-31 所示。

**【操作练习 3-3】利用混合选项合成图像。**

**STEP 🖑1** 打开附盘中"图库\第03章"目录下名为"鱼缸.jpg"和"别墅.jpg"两幅图片，如图 3-32 所示。

图 3-31 图像合成后的效果

图 3-32 打开的图片

**STEP 🖑2** 选取【移动】工具 ⊕，将"别墅"图片移动复制到"鱼缸.jpg"文件中，并按 Ctrl+T 组合键将其调整到图 3-33 所示的大小及位置。

**STEP 🖑3** 按 Enter 键确认图片的大小调整，然后单击【图层】面板底部的 *fx* 按钮，在弹出的命令菜单中选择"混合选项"。

**STEP 🖑4** 在弹出的【图层样式】对话框中，将鼠标光标移动到图 3-34 所示的位置。

图 3-33 调整大小后的图像效果

图 3-34 混合颜色条的位置

STEP 5 按住 Alt 键后按下鼠标左键并向左拖曳，调整一个滑块的位置，如图 3-35 所示。

STEP 6 用与步骤 5 相同的方法分别调整下方颜色带中的滑块，如图 3-36 所示。

图 3-35　滑块移动后的位置

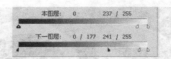

图 3-36　调整后的滑块位置

STEP 7 单击 确定 按钮，图像混合后的效果如图 3-37 所示。

STEP 8 选取【橡皮擦】工具 ，设置一个较大的虚化笔头后，根据露出下方鱼缸的外轮廓对别墅图片的边缘进行擦除，最终效果如图 3-38 所示。

图 3-37　调整后的图像混合效果

图 3-38　擦除多余图像后的效果

STEP 9 按 Ctrl+Shift+S 组合键，将此文件另命名为"合成图像 .psd"保存。

## 3.5 课堂实训

根据本章学习的内容，读者自己动手进行下面的练习。

### 3.5.1　制作环环相扣效果

下面通过制作环环相扣的手镯来学习图层的基本应用方法，图片素材及效果如图 3-39 所示。

图 3-39　图片素材及效果

【步骤解析】

1. 打开附盘中"图库 \ 第 03 章"目录下名为"玉手镯 .jpg"的图片文件。

2. 选取 工具，取消属性栏中 复选项的勾选，设置 的参数为"50"，在图片黑色背景位置单击建立选区。

3. 执行【选择】/【反向】命令将选区反选，如图3-40所示。

4. 执行【图层】/【新建】/【通过拷贝的图层】命令，将手镯复制为“图层1”。

5. 选择工具，绘制出图3-41所示的矩形选框，将右边的玉手镯选择。

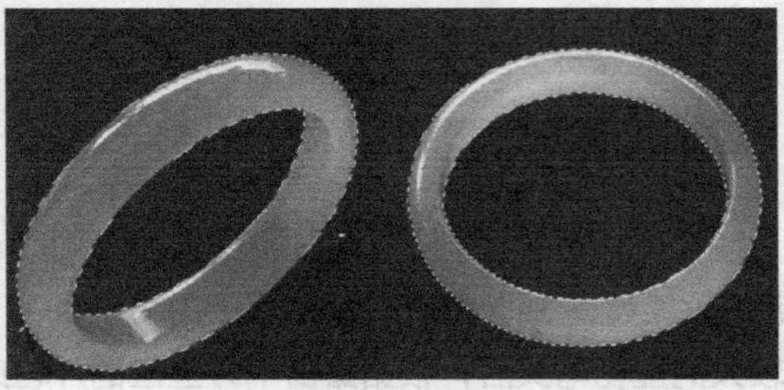

图3-40　创建的选区

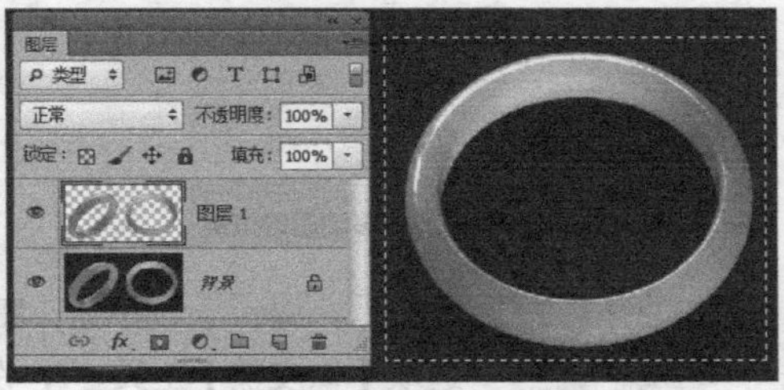


图3-41　绘制的选区

6. 执行【图层】/【新建】/【通过剪切的图层】命令（快捷键为Ctrl+Shift+J组合键），将手镯剪切生成“图层2”。

7. 分别按键盘中的D键和X键，将工具箱中的背景色设置成黑色。

8. 将“背景”层设置为工作层，执行【图像】/【画布大小】命令，在弹出的【画布大小】对话框中设置图3-42所示的参数，单击 确定 按钮。

9. 按Ctrl+Delete组合键，将“背景”层重新填充上黑色，覆盖掉“背景”层中的杂色。

10. 在【图层】面板中单击“图层1”然后按住Shift键单击“图层2”，将两个图层同时选择，然后将手镯图片移动到画面的左下角位置，如图3-43所示。

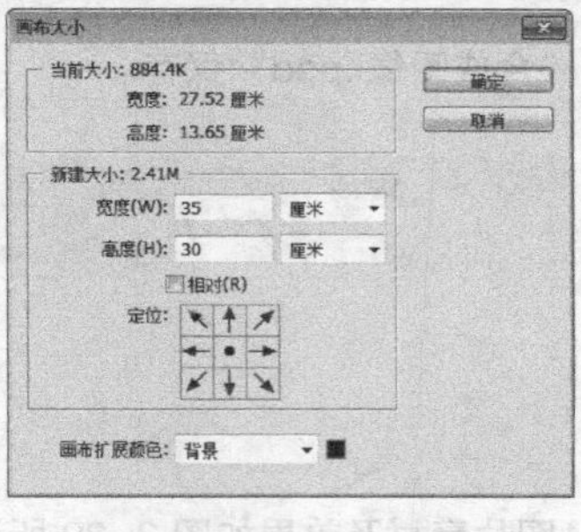


图3-42【画布大小】对话框

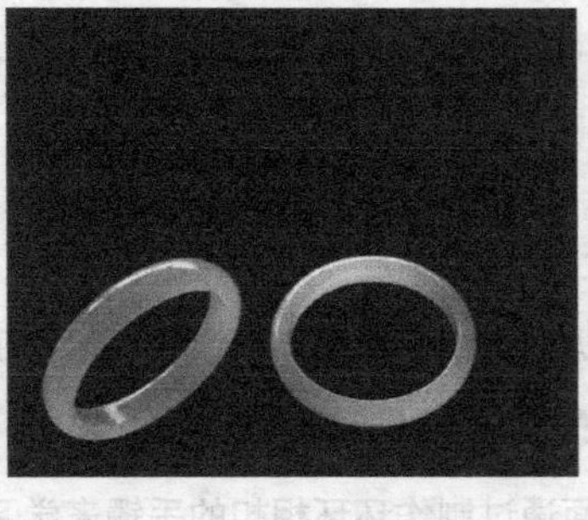

图3-43　手镯放置的位置

11. 设置“图层2”为工作层，然后利用工具移动手镯图形，将其调整至图3-44所示的交叉摆放状态。

12. 按住Ctrl键，单击“图层1”左侧的图层缩览图将手镯选择，如图3-45所示。

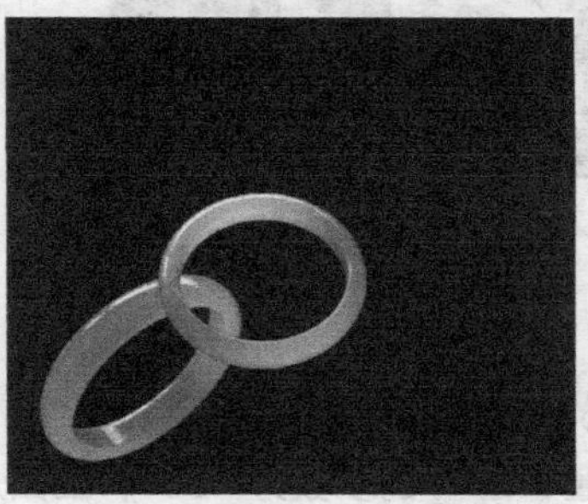

图3-44　手镯放置的位置

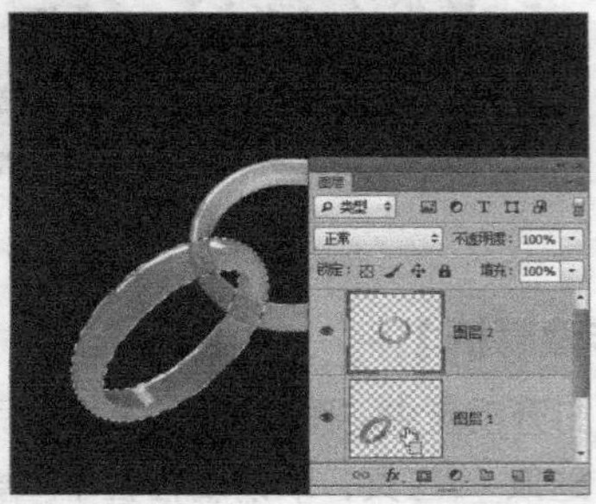


图3-45　添加选区

13. 选取 ⬇️ 工具，并激活属性栏中的 ▣ 按钮，然后在图 3-46 所示的位置绘制选区，使其与原选区相减，释放鼠标后生成的新选区如图 3-47 所示。

图 3-46　绘制的选区

图 3-47　生成的新选区

14. 按 Delete 键，删除"图层 2"中被选择的部分，得到图 3-48 所示的效果，再按 Ctrl+D 组合键，将选区去除。

15. 将鼠标光标移动至【图层】面板中的"图层 1"上按下并向下拖曳至 ▣ 按钮处，如图 3-49 所示。

图 3-48　删除后的效果

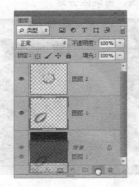

图 3-49　复制图层状态

16. 释放鼠标后，即可将"图层 1"复制为"图层 1 拷贝"层，如图 3-50 所示。

17. 将鼠标光标移动到复制出的"图层 1 拷贝"层上按下并向上拖曳，至"图层 2"的上方位置时释放鼠标，将"图层 1 拷贝"层调整至"图层 2"的上方，状态如图 3-51 所示。

图 3-50　复制出的图层

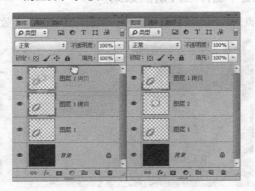

图 3-51　调整图层堆叠顺序

18. 利用 ⊞ 工具将复制出的手镯移动到图 3-52 所示的位置。

19. 按住 Ctrl 键单击"图层 2"的缩览图，加载图 3-53 所示的选区。

图 3-52　复制手镯调整的位置

图 3-53　加载的选区

20. 选取 ⊡ 工具，并激活属性栏中的 ⊡ 按钮，然后在图 3-54 所示的位置绘制选区，使其与原选区相减。

21. 按 Delete 键，删除"图层 1 拷贝"层中被选择的部分，得到图 3-55 所示的效果，再按 Ctrl+D 组合键，将选区去除。

图 3-54　修剪选区状态

图 3-55　删除后的效果

22. 至此，环环相扣效果制作完成，按 Ctrl+Shift+S 组合键，将此文件另命名为"环环相扣 .psd"保存。

### 3.5.2　制作照片拼图效果

下面灵活运用图层的基本操作，来制作照片的拼图效果。原图及制作的效果如图 3-56 所示。

图 3-56　图片及制作的拼图效果

【步骤解析】

1. 按 Ctrl+O 组合键，将附盘中"图库\第 03 章"目录下名为"小朋友 .jpg"的图片打开。

2. 执行【图层】/【新建】/【背景图层】命令，在弹出的图 3-57 所示的【新建图层】对话框中单击 确定 按钮，将"背景"层转换为"图层 0"。

图 3-57 【新建图层】对话框

3. 执行【图像】/【画布大小】命令，在弹出的【画布大小】对话框中设置参数如图 3-58 所示，然后单击 确定 按钮，调整后的画布形态如图 3-59 所示。

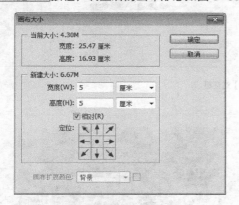

图 3-58 【画布大小】对话框

图 3-59 调整后的画布形态

4. 新建"图层 1"，将鼠标光标放置到"图层 1"上按下并向下拖曳，至图 3-60 所示的状态时释放鼠标，将"图层 1"调整至"图层 0"的下方位置。

5. 将前景色设置为浅黄色（R:255,G:235,B:185），然后按 Alt+Delete 组合键，将其填充至"图层 1"中，效果如图 3-61 所示。

图 3-60 调整图层顺序状态

图 3-61 填充颜色后的效果

6. 单击"图层 0"，将其设置为当前层，然后执行【图层】/【图层样式】/【混合选项】命令，在弹出的【图层样式】对话框中分别设置【描边】和【投影】选项的参数，如图 3-62 所示。

7. 单击 确定 按钮，添加图层样式后的图像效果如图 3-63 所示。

8. 利用 ⬚ 工具，绘制出图 3-64 所示的矩形选区。

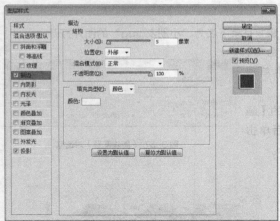 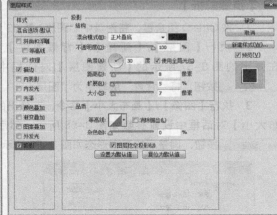

图 3-62 【图层样式】对话框

图 3-63 添加图层样式的图像效果　　　　　　　　图 3-64 绘制的选区

9. 按 Ctrl+J 组合键，将选区中的内容通过复制生成"图层 2"，复制出的图像效果如图 3-65 所示。

10. 继续利用 ⊞ 工具，绘制出图 3-66 所示的矩形选区。

图 3-65 复制出的图像　　　　　　　　　　图 3-66 绘制的选区

11. 将"图层 0"设置为当前层，然后按 Ctrl+J 组合键，将选区中的内容通过复制生成"图层 3"，复制出的图像效果如图 3-67 所示。

12. 用与步骤 10 ~ 11 相同的方法，依次复制出图 3-68 所示的图像。

图 3-67 复制出的图像　　　　　　　　　　　　图 3-68 复制出的图像

13. 将"图层 0"隐藏，然后将"图层 2"设置为当前层。

14. 按 Ctrl+T 组合键，为"图层 2"中的内容添加自由变形框，并将其调整至图 3-69 所示的形态，然后按 Enter 键，确认图像的变换操作。

15. 用与步骤 14 相同的方法，依次将各层中的图像调整至图 3-70 所示的形态。

图 3-69 调整后的图像形态　　　　　　　　　　图 3-70 调整后的图像形态

16. 按 Ctrl+Shift+S 组合键，将文件另命名为"制作拼图效果 .psd"保存。

## 3.6 小结

本章详细讲解了图层的概念以及基本操作方法和使用技巧，并插图说明了各自的特性和作用。熟练应用图层是成为 Photoshop 图像处理高手必须具备的先决条件，所以希望读者在深入理解相关命令的基础上，能够熟练掌握这些内容，以便灵活地运用图层为图像处理及合成工作带来方便。

## 3.7 习题

1. 灵活运用【图层样式】对话框中的混合选项，将两幅图片进行合成，原图及合成后的效果如图 3-71 所示。

图 3-71　原图及合成的图像效果

2. 灵活运用图层蒙版及图层混合模式来合成创意图像，原图及合成后的效果如图 3-72 所示。

图 3-72　原图及合成的创意图像

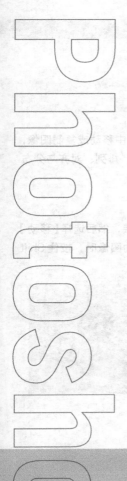

Chapter

4

第4章
图像选取和移动

在利用Photoshop处理图像时，经常会遇到需要处理图像局部的情况，此时运用选区选定图像的某个区域再进行操作是一个很好的方法。Photoshop提供的选区工具有很多种，利用它们可以按照不同的形式来选定图像的局部进行调整或添加效果，这样就可以有针对性地编辑图像了。本章主要介绍选区和【移动】工具的使用方法。

**学习目标**

● 掌握【移动】工具的应用。

● 熟悉【变换】命令的使用方法。

● 了解各选区工具的功能。

● 掌握各选区工具的使用方法。

● 掌握各选区命令的应用。

● 通过本章的学习，掌握图4-1所示各图像的处理及合成方法。

图 4-1　本章设计并制作出的图像效果

# 4.1 移动工具

　　【移动】工具 ▶⊕ 是图像处理操作中应用最频繁的工具。利用它可以在当前文件中移动或复制图像，也可以将图像由一个文件移动复制到另一个文件中，还可以对选择的图像进行变换、排列、对齐与分布等操作。

## 4.1.1　移动图像

　　利用【移动】工具 ▶⊕ 移动图像的方法非常简单。先将图像所在的图层设为工作层，然后选择【移动】工具，在要移动的图像上拖曳鼠标，即可移动图像的位置，如图 4-2 所示。在移动图像时，按住 Shift 键可以确保图像在水平、垂直或 45° 的倍数方向上移动。

图 4-2　移动图像

　　【移动】工具的属性栏如图 4-3 所示。

图 4-3　【移动】工具的属性栏

　　默认情况下，【移动】工具属性栏中只有【自动选择】复选框和【显示变换控件】复选框可用，右侧的【对齐】和【分布】按钮及 3D 模式按钮只有在满足一定条件后才可用。

　　勾选【自动选择】选项复选框，在图像文件中移动图像，软件会自动选择鼠标指针所在位置上第一个有可见像素的图层，否则 ▶⊕ 工具移动的是【图层】面板中当前选择的图层。

　　单击 组 ◦ 按钮，可在弹出的选项中选择移动图层或者图层组。选择【组】选项，在移动图层时，会同时移动该图层所在的图层组。

## 4.1.2　复制图像

　　选择【移动】工具 ▶⊕，按住 Alt 键拖曳鼠标光标，即可将图像移动复制，如图 4-4 所示。默认情况下，图像复制后会自动生成一个新的图层，如图 4-5 所示。

图 4-4　复制出的图像　　　　　　　　　　　图 4-5　生成的新图层

按住 Shift+Alt 组合键拖曳鼠标光标，可垂直或水平移动复制图像。无论当前使用的是什么工具，按住 Ctrl+Alt 组合键拖曳鼠标光标，都可以进行移动复制图像；按住 Ctrl+Alt+Shift 组合键拖曳鼠标光标，同样可在垂直或水平方向上移动复制图像。

### 4.1.3 案例 1——移动工具应用

下面以制作儿童相册为例，介绍在图像文件之间移动复制图像的操作方法，制作效果如图 4-6 所示。

【操作练习 4-1】移动工具应用。

**STEP 1** 打开附盘中"图库\第 04 章"目录下名为"儿童相册模板 .jpg"和"儿童 .jpg"的文件。

**STEP 2** 单击"儿童 .jpg"选项卡将其设置为工作状态，然后选择【移动】工具 ，在图像文件中按住鼠标左键，并向"儿童相册模板 .jpg"图像文件的选项卡中拖曳，状态如图 4-7 所示。

图 4-6 合成后的效果

图 4-7 按下鼠标并拖曳

**STEP 3** 当"儿童相册模板 .jpg"图像文件显示为工作状态时，向画面中移动鼠标，此时鼠标光标变为 形状，释放鼠标左键，所选择的图片即被移动到当前文件中，如图 4-8 所示。

**STEP 4** 执行【编辑】/【自由变换】命令，或按 Ctrl+T 组合键，为复制入的图像添加自由变形框，将鼠标光标放置到任意角点位置，当鼠标光标显示为双向箭头时按下并向画面内拖曳，将图像缩小，调整至与相册模板文件相同的高度，如图 4-9 所示。

图 4-8 复制入的图像

图 4-9 调整后的大小

**STEP 5** 将鼠标光标放置到右上角的变形框外，当鼠标光标显示为旋转图标时按下鼠标并向下拖曳，将图像调整至图 4-10 所示的状态。

**STEP 6** 按 Enter 键确认图像的调整，然后选择【魔术棒】工具 ，将鼠标光标移动到图 4-11 所示的位置单击。

图 4-10 旋转后的图像状态        图 4-11 鼠标光标放置的位置

**STEP** 7 鼠标单击后创建的选区如图 4-12 所示。

**STEP** 8 按住 Shift 键，依次单击人物图像左上角的区域，添加图 4-13 所示的选区。

图 4-12 创建的选区        图 4-13 添加的选区

**STEP** 9 按 Delete 键，将选区内的图像删除，再按 Ctrl+D 组合键去除选区，即可完成图像的合成。

**STEP** 10 按 Ctrl+Shift+S 组合键，将当前文件命名为"儿童相册 .psd"另存。

### 4.1.4 变换图像

勾选属性栏中的【显示变换控件】复选框，图像文件中会根据当前层（背景层除外）图像的大小出现虚线的定界框。定界框的四周有 8 个小矩形，称为调节点。中间的符号为调节中心。将鼠标指针放置在定界框的调节点上按住鼠标左键拖曳，可以对定界框中的图像进行变换调节。

在 Photoshop CC 中，变换图像的方法主要有 3 种。一是直接利用【移动】工具属性栏中的 ☑ 显示变换控件 复选框来变换图像；二是执行【编辑】/【自由变换】命令来变换图像；三是利用【编辑】/【变换】子菜单中的命令变换图像。但无论使用哪种方法，都可以得到相同的变换效果。各种变换形态的具体操作如下。

#### 一、缩放图像

将鼠标指针放置到变换框各边中间的调节点上，当鼠标指针显示为 ↔ 或 ↕ 形状时，按下鼠标左键左右或上下拖曳，可以水平或垂直缩放图像。将鼠标指针放置到变换框 4 个角的调节点上，当鼠标指针显示为 ↖ 或 ↗ 形状时，按下鼠标左键并拖曳，可以任意缩放图像。此时，按住 Shift 键可以等比例缩放图像；按住 Alt+Shift 键可以以变换框的调节中心为基准等比例缩放图像。以不同方式缩放图像时的形态如图 4-14 所示。

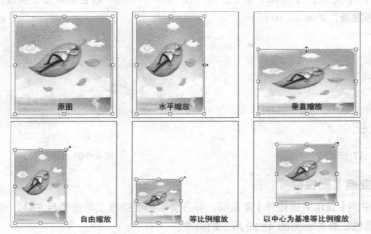

图 4-14　以不同方式缩放图像时的形态

## 二、旋转图像

将鼠标指针移动到变换框的外部，当鼠标指针显示为 ↵ 或 ↳ 形状时拖曳鼠标指针，可以围绕调节中心旋转图像，如图 4-15 所示。若按住 Shift 键旋转图像，可以使图像按 15° 角的倍数旋转。

 **要点提示**

在【编辑】/【变换】子菜单中选择【旋转180度】、【旋转90度（顺时针）】、【旋转90度（逆时针）】、【水平翻转】或【垂直翻转】命令，可以将图像旋转180°、顺时针旋转90°、逆时针旋转90°、水平翻转或垂直翻转。

## 三、斜切图像

执行【编辑】/【变换】/【斜切】命令，或按住 Ctrl+Shift 组合键调整变换框的调节点，可以将图像斜切变换，如图 4-16 所示。

　　图 4-15　旋转图像　　　　　　　　　　　　　　　　图 4-16　斜切变换图像

## 四、扭曲图像

执行【编辑】/【变换】/【扭曲】命令，或按住 Ctrl 键调整变换框的调节点，可以对图像进行扭曲变形，如图 4-17 所示。

### 五、透视图像

执行【编辑】/【变换】/【透视】命令，或按住 Ctrl+Alt+Shift 组合键调整变换框的调节点，可以使图像产生透视变形效果，如图 4-18 所示。

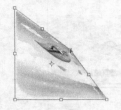

图 4-17　扭曲变形

图 4-18　透视变形

### 六、【自由变换】属性栏

勾选属性栏中的【显示变换控件】复选框，并在显示的变换框上单击鼠标左键，或执行【编辑】/【自由变换】命令，属性栏将显示为图 4-19 所示的形态。

图 4-19　【自由变换】命令属性栏

- 【参考点位置】图标▦：中间的黑点表示调节中心在变换框中的位置，在任意白色小点上单击，可以定位调节中心的位置。另外，将鼠标指针移动至变换框中间的调节中心上，待鼠标指针显示为▸形状时拖曳，可以在图像中任意移动调节中心的位置。
- 【X】、【Y】文本框：用于精确定位调节中心的坐标。
- 【W】、【H】文本框：分别控制变换框中的图像在水平方向和垂直方向缩放的百分比。激活【保持长宽比】按钮▣，可以保持图像的长宽比例来缩放。
- 【旋转】按钮◢：用于设置图像的旋转角度。
- 【H】、【V】文本框：分别控制图像的倾斜角度，【H】文本框表示水平方向，【V】文本框表示垂直方向。
- 【在自由变换和变形之间切换】按钮▨：激活此按钮，可以将自由变换模式切换为变形模式；取消其激活状态，可再次切换到自由变换模式。
- 【取消变换】按钮◙：单击◙按钮（或按 Esc 键），将取消图像的变形操作。
- 【进行变换】按钮✔：单击✔按钮（或按 Enter 键），将确认图像的变形操作。

### 七、变形图像

执行【编辑】/【变换】/【变形】命令，或激活属性栏中的【在自由变换和变形模式之间切换】按钮▨，变换框将转换为变形框，通过调整变形框来调整图像，如图 4-20 所示。

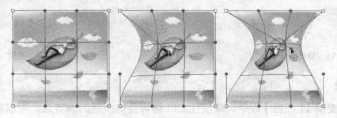

图 4-20　变形图像

此时的属性栏如图 4-21 所示。

变形:
自定
弯曲: 0.0
%
H: 0.0
%
V: 0.0
%

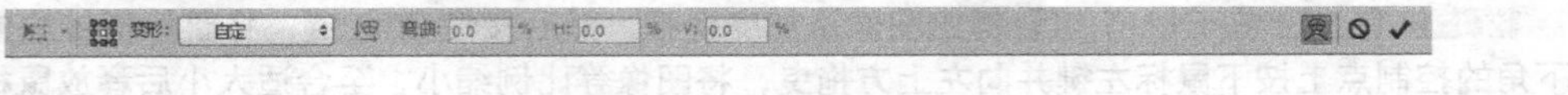

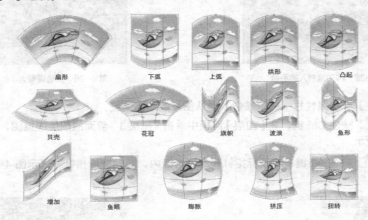

图 4-21 图像变形时的属性栏

- 【样式】按钮 自定 ：单击此按钮将弹出下拉列表，其中包含了 15 种变形样式及无样式和自定样式选项。选择不同样式产生的文字变形效果如图 4-22 所示。
- 按钮：设置图形是在水平方向还是在垂直方向上进行变形。
- 【弯曲】选项：设置图形扭曲的程度。
- 【H】和【V】选项：设置图形在水平或垂直方向上的扭曲程度。

扇形
下弧
上弧
拱形
凸起
贝壳
花冠
旗帜
波浪
鱼形
增加
鱼眼
膨胀
挤压
扭转

图 4-22 各种变形效果

### 4.1.5 案例 2——图像的变换应用

灵活运用【移动】工具的移动复制操作，制作出图 4-23 所示的花布图案效果。

**【操作练习 4-2】图像的变换应用。**

**STEP 1** 执行【文件】/【新建】命令，新建【宽度】为“30 厘米”,【高度】为“26 厘米”,【分辨率】为“150 像素 / 英寸”的文件。

**STEP 2** 设置前景色为浅蓝色（R:112,G:127,B:186），然后按 Alt+Delete 组合键将设置的前景色填充至背景层中。

**STEP 3** 打开附盘中“图库\第 04 章”目录下名为“花纹 .jpg”的图片文件，选取工具，将鼠标指针移动到蓝色背景上单击添加选区，然后按Ctrl+Shift+I组合键，将选区反选，如图4-24所示。

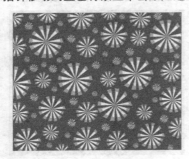

图 4-23 制作的花布图案

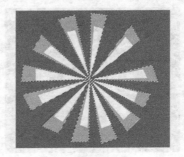

图 4-24 创建的选区

**STEP <u>4</u>** 选取【移动】工具 ，将选取的图案直接拖进新建文档中，如图 4-25 所示。

**STEP <u>5</u>** 按 Ctrl+T 组合键给图像添加变换框，然后按住 Shift 键，将鼠标指针放置到变换框右下角的控制点上按下鼠标左键并向左上方拖曳，将图像等比例缩小，至合适大小后释放鼠标左键，如图 4-26 所示。

图 4-25　移动复制入的图像

图 4-26　图像调整大小时的状态

**STEP <u>6</u>** 单击属性栏中的 按钮，确认图片的缩小调整。

**STEP <u>7</u>** 按住 Ctrl 键，在【图层】面板中单击"图层 1"前面的图层缩览图，给图片添加选区，状态如图 4-27 所示。

**STEP <u>8</u>** 按住 Alt 键，将鼠标指针移动到选区内，此时鼠标指针将显示图 4-28 所示的移动复制图标 。

图 4-27　添加选区状态

图 4-28　出现的移动复制图标

**STEP <u>9</u>** 按住鼠标左键向右下方拖曳鼠标，移动复制选区中的图案，释放鼠标左键后，图案即被移动复制到指定的位置，如图 4-29 所示。

**STEP <u>10</u>** 继续按住 Alt 键并移动复制选择的图案，得到图 4-30 所示的图案效果。

图 4-29　移动复制出的图像

图 4-30　连续移动复制出的图像

**STEP** **11** 继续复制一个图案，然后按 Ctrl+T 组合键为其添加自由变形框，并将其调整至图 4-31 所示的大小及位置。

**STEP** **12** 按 Enter 键确认图像的大小调整。然后用与以上相同的复制操作，依次复制图形，得到图 4-32 所示的效果。

图 4-31　缩小调整图形状态

图 4-32　复制出的图形

**要点提示**

注意，在整个复制和缩放的过程中，图案都是带选区进行操作的。

**STEP** **13** 用与步骤 11 ~ 12 相同的方法，依次调整复制图形的大小并继续复制，最后按 Ctrl+D 组合键去除选区，得到的效果如图 4-33 所示。

**STEP** **14** 选取 工具，根据复制图案的边界绘制出图 4-34 所示的选区。

图 4-33　调整图形大小并复制

图 4-34　绘制选区

**STEP** **15** 执行【图像】/【裁剪】命令，将选区以外的图像裁剪掉，即可得到花布图案效果。

**STEP** **16** 按 Ctrl+S 组合键，将文件命名为"花布效果 .psd"保存。

# 4.2 选择工具

在利用 Photoshop 处理图像时，对图像局部及指定位置的处理，需要先用选区将其选择出来。Photoshop CC 提供的选区工具有很多种，利用它们可以按照不同的形式来选定图像进行调整或添加效果。

### 4.2.1 选框工具

选框工具组中有4种选框工具，分别是【矩形选框】工具▭、【椭圆选框】工具◯、【单行选框】工具▭和【单列选框】工具▮。默认情况下处于选择状态的是▭工具，将鼠标指针放置到此工具上，按住鼠标左键不放或单击鼠标右键，即可展开隐藏的工具组。

#### 一、【矩形选框】工具的使用方法

【矩形选框】工具▭主要用于绘制各种矩形或正方形选区。选择▭工具后，在画面中的适当位置按下鼠标左键并拖曳，释放鼠标左键后即可创建一个矩形选区，如图4-35所示。

#### 二、【椭圆选框】工具的使用方法

【椭圆选框】工具◯主要用于绘制各种圆形或椭圆形选区。选择◯工具后，在画面中的适当位置按下鼠标左键拖曳，释放鼠标左键后即可创建一个椭圆形选区，如图4-36所示。

图4-35 绘制的矩形选区　　　　　　　　　　　　　　图4-36 绘制的椭圆形选区

#### 三、【单行选框】工具和【单列选框】工具的使用方法

【单行选框】工具▭和【单列选框】工具▮主要用于创建1像素高度的水平选区和1像素宽度的垂直选区。选择▭或▮工具后，在画面中单击即可创建单行或单列选区。

 **要点提示**

用【矩形选框】工具和【椭圆选框】工具绘制选区时，按住Shift键拖曳鼠标，可以绘制以按下鼠标左键位置为起点的正方形或圆形选区；按住Alt键拖曳鼠标，可以绘制以按下鼠标左键位置为中心的矩形或椭圆选区；按住Alt+Shift组合键拖曳鼠标，可以绘制以按下鼠标左键位置为中心的正方形或圆形选区。

选框工具组中各工具的属性栏完全相同，如图4-37所示。

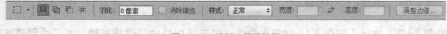

图4-37 选框工具属性栏

1. 选区运算按钮

在Photoshop CC中除了能绘制基本的选区外，还可以结合属性栏中的按钮将选区进行相加、相减和相交运算。

* 【新选区】按钮▢：默认情况下此按钮处于激活状态。即在图像文件中依次创建选区，图像文件中将始终保留最后一次创建的选区。
* 【添加到选区】按钮▣：激活此按钮或按住Shift键，在图像文件中依次创建选区，后创建的选区将与先创建的选区合并成为新的选区，如图4-38所示。

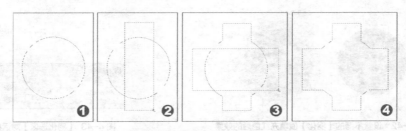

图 4-38　添加到选区操作示意图

- 【从选区减去】按钮▣：激活此按钮或按住 Alt 键，在图像文件中依次创建选区，如果后创建的
  选区与先创建的选区有相交部分，则从先创建的选区中减去相交的部分，剩余的选区作为新的
  选区，如图 4-39 所示。

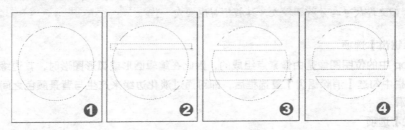

图 4-39　从选区中减去操作示意图

- 【与选区交叉】按钮▣：激活此按钮或按住 Alt+Shift 组合键，在图像文件中依次创建选区，如
  果后创建的选区与先创建的选区有相交部分，则把相交的部分作为新的选区，如图 4-40 所示；
  如果创建的选区之间没有相交部分，系统将弹出图 4-41 所示的【Adobe Photoshop CC】对话
  框，警告未选择任何像素。

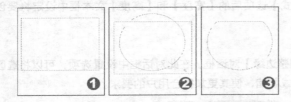

图 4-40　与选区交叉操作示意图　　　　　　　　　　图 4-41　警告对话框

2. 选区羽化设置

在绘制选区之前，在【羽化】文本框中输入数值，再绘制选区，可使创建选区的边缘变得平滑，填
色后产生柔和的边缘效果。图 4-42 所示为无羽化选区和设置羽化后填充红色的效果。

**要点提示**

*在设置【羽化】选项的参数时，其数值一定要小于要创建选区的最小半径，否则系统会弹出警告对话框，*
*提示用户将选区绘制得大一点儿，或将【羽化】选项设置得小一点儿。*

当绘制完选区后，执行【选择】【修改】【羽化】命令（快捷键为 Shift+F6 组合键），在弹出的图 4-43
所示的【羽化选区】对话框中，设置适当的【羽化半径】选项的值，单击　确定　按钮，也可对选区进
行羽化设置。

图 4-42　设置不同的【羽化】值填充红色后的效果

图 4-43　【羽化选区】对话框

**要点提示**

羽化半径值决定选区的羽化程度，其值越大，产生的平滑度越高，柔和效果也越好。另外，在进行羽化值的设置时，如文件尺寸与分辨率较大，其值相对也要大一些。

3. 【消除锯齿】选项

Photoshop 中的位图图像是由像素点组成的，因此在编辑圆形或弧形图形时，其边缘会出现锯齿现象。当在属性栏中勾选【消除锯齿】复选框后，即可通过淡化边缘来产生与背景颜色之间的过渡，使锯齿边缘得到平滑。

4. 【样式】选项

单击属性栏中【样式】选项右侧的 正常 按钮，弹出的下拉列表中有【正常】、【约束长宽比】和【固定大小】3 个选项。

- 选择【正常】选项，可以在图像文件中创建任意大小或比例的选区。
- 选择【约束长宽比】选项，可以在【样式】选项后的【宽度】和【高度】文本框中设定数值来约束所绘选区的宽度和高度比。
- 选择【固定大小】选项，可以在【样式】选项后的【宽度】和【高度】文本框中设定将要创建选区的宽度和高度值，其单位为像素。

5. 调整边缘 … 按钮

单击此按钮，将弹出图 4-44 所示的【调整边缘】对话框。在此对话框中设置选项，可以将选区调整得更加平滑和细致，还可以对选区进行扩展或收缩，使其更加符合用户的要求。

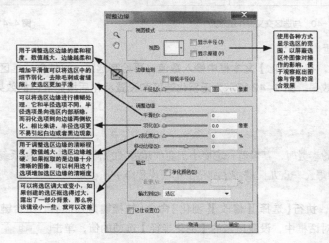

图 4-44　【调整边缘】对话框

### 4.2.2　案例 3──给照片制作边框

下面我们通过一个简单的范例来练习【矩形选框】工具的使用方法，范例原图及效果如图 4-45 所示。

图 4-45　原图及最终效果图

**【操作练习 4-3】给照片制作边框。**

**STEP 1** 打开附盘中 "图库 \ 第 04 章" 目录下名为 "儿童 01.jpg" 的文件。

**STEP 2** 选择【矩形选框】工具 （快捷键为 M 键），在绘图窗口中的左上角位置按下鼠标左键向右下角拖曳鼠标光标，绘制出图 4-46 所示的矩形选区。

**STEP 3** 执行【图像 】/【调整 】/【亮度 / 对比度】命令，弹出【亮度 / 对比度】对话框，设置【亮度】选项参数如图 4-47 所示。

**STEP 4** 单击 确定 按钮，确认画面明暗对比度的调整。

**STEP 5** 执行【选择 】/【反向】命令（快捷键为 Ctrl+Shift+I 组合键），将选区反选，效果如图 4-48 所示。

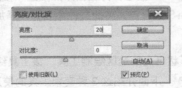

图 4-46　绘制的选区　　　　　图 4-47　设置的亮度参数（1）　　　　　图 4-48　反选后的选区

**STEP 6** 执行【图像 】/【调整 】/【亮度 / 对比度】命令，在弹出的【亮度 / 对比度】对话框中设置【亮度】选项参数如图 4-49 所示。

**STEP 7** 单击 确定 按钮，降低亮度后的图像效果如图 4-50 所示。

**STEP 8** 按 Ctrl+Shift+I 组合键，再次执行【反向】命令，将选区反转回原来状态。

**STEP 9** 执行【图层】/【新建】/【通过拷贝的图层】命令（快捷键为 Ctrl+J 组合键），将选区内的图像复制生成"图层 1"，如图 4-51 所示。

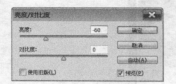

图 4-49　设置的亮度参数（2）　　　　图 4-50　调整后的效果　　　　图 4-51　生成的新图层

**STEP 10** 执行【图层】/【图层样式】/【描边】命令，弹出【图层样式】对话框，将描边颜色设置为白色，然后设置各项参数如图 4-52 所示。

**STEP 11** 勾选【投影】选项，然后设置右侧的选项参数如图 4-53 所示。

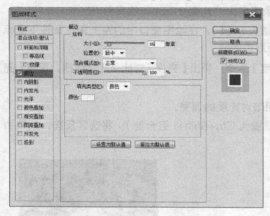

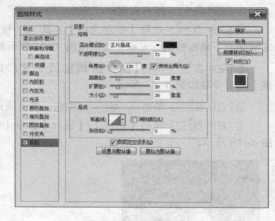

图 4-52　设置的描边参数　　　　　　　　图 4-53　设置的投影参数

**STEP 12** 单击 确定 按钮，为画面添加描边和投影效果，即可完成边框的制作。

**STEP 13** 按 Ctrl+Shift+S 组合键，将此文件命名为"添加边框 .psd"另存。

### 4.2.3　套索工具

套索工具是一种使用灵活、形状自由的选区绘制工具，该工具组包括【套索】工具 ⊘、【多边形套索】工具 ⊻ 和【磁性套索】工具 ⊠。下面介绍这 3 种套索工具的使用方法。

**一、【套索】工具的使用方法**

选择【套索】工具 ⊘，在图像轮廓边缘任意位置按下鼠标左键设置绘制的起点，拖曳鼠标到任意位置后释放鼠标左键，即可创建出形状自由的选区，如图 4-54 所示。套索工具的自由性很大，在利用套索工具绘制选区时，必须对鼠标有良好的控制能力，才能绘制出满意的选区。此工具一般用于修改已经存在的选区或绘制没有具体形状要求的选区。

图 4-54 【套索】工具操作示意图

## 二、【多边形套索】工具的使用方法

选择【多边形套索】工具，在图像轮廓边缘任意位置单击设置绘制的起点，拖曳鼠标到合适的位置，再次单击设置转折点，直到鼠标指针与最初设置的起点重合（此时鼠标指针的下面多了一个小圆圈），然后在重合点上单击即可创建出选区，如图 4-55 所示。

图 4-55 【多边形套索】工具操作示意图

**要点提示**

在利用【多边形套索】工具绘制选区时，按住 Shift 键，可以控制在水平方向、垂直方向或成 45° 倍数的方向绘制；按 Delete 键，可逐步撤销已经绘制的选区转折点；双击可以闭合选区。

## 三、【磁性套索】工具的使用方法

选择【磁性套索】工具，在图像边缘单击设置绘制的起点，然后沿图像的边缘拖曳鼠标，选区会自动吸附在图像中对比最强烈的边缘，如果选区的边缘没有吸附在想要的图像边缘，可以通过单击添加一个紧固点来确定要吸附的位置，再拖曳鼠标，直到鼠标指针与最初设置的起点重合时，单击即可创建选区，如图 4-56 所示。

图 4-56 【磁性套索】工具操作示意图

套索工具组的属性栏与选框工具组的属性栏基本相同，只是【磁性套索】工具的属性栏增加了几个新的选项，如图 4-57 所示。

图4-57　【磁性套索】工具属性栏

- 【宽度】选项：决定使用【磁性套索】工具时的探测范围。数值越大，探测范围越大。
- 【对比度】选项：决定【磁性套索】工具探测图形边界的灵敏度。该数值过大时，将只能对颜色分界明显的边缘进行探测。
- 【频率】选项：在利用【磁性套索】工具绘制选区时，会有很多的小矩形对图像的选区进行固定，以确保选区不被移动。此选项决定这些小矩形出现的次数。数值越大，在拖曳过程中出现的小矩形越多。
- 【压力】按钮：当安装了绘图板和驱动程序后此选项才可用，它主要用来设置绘图板的笔刷压力。设置此选项时，钢笔的压力增加，会使套索的宽度变细。

### 4.2.4　案例4——选取图像

下面利用【磁性套索】工具选取图像并移动到新的背景文件中，制作出艺术照效果，素材图片及合成后的效果如图4-58所示。

图4-58　素材图片及合成后的效果

【操作练习4-4】选取图像。

**STEP ⟦1⟧** 打开附盘中"图库\第04章"目录下名为"婚纱背景.jpg"和"婚纱照.jpg"的图片文件。

**STEP ⟦2⟧** 确认"婚纱照.jpg"文件处于工作状态，选取工具，在画面中人物图像的轮廓边缘处单击，确定绘制选区的起始点，如图4-59所示。

**STEP ⟦3⟧** 沿着图像轮廓边缘移动鼠标指针，会发现选区自动吸附在图像的轮廓边缘，且自动生成吸附在图像边缘的紧固点，如图4-60所示。

图4-59　确定起始点　　　　　　　　　　　　　　　　　　图4-60　沿图像轮廓边缘移动鼠标

**要点提示**

在拖曳鼠标时，如果出现的线形没有吸附在想要的图像边缘位置，可以通过单击手工添加紧固点来确定
要吸附的位置。另外，按 Backspace 键或 Delete 键可逐步撤销已生成的紧固点。

**STEP 4** 当鼠标指针移动到图像下方图 4-61 所示的边缘位置时，按住 Alt 键单击可将当前工
具切换为【多边形套索】工具 ，向左移动鼠标至图像左下角位置单击，可绘制直线边界。

**STEP 5** 释放 Alt 键沿图像边缘单击，然后再移动鼠标，当前工具即还原为 工具，拖动
鼠标，直到鼠标指针和最初设定的起始点重合，此时鼠标指针的右下角会出现一个小圆圈提醒，如图
4-62 所示。

**STEP 6** 按下鼠标左键，随即建立封闭选区，如图 4-63 所示。

图 4-61　鼠标位置

图 4-62　鼠标指针形状

图 4-63　生成的选区

**STEP 7** 按住 Ctrl 键将选区中的图像移动复制到"婚纱背景 .jpg"文件中，然后按 Ctrl+T 组
合键，为人物图像添加自由变形框。

**STEP 8** 将人物图像调整至图 4-64 所示的大小及位置，然后按 Enter 键确认。

下面为了让人物图像与背景很好地融合，再利用【图层样式】命令为其添加一个深绿色的外发光
效果。

**STEP 9** 执行【图层】/【图层样式】/【外发光】命令，在弹出的【图层样式】对话框中，单
击【杂色】选项下方的色块，在弹出的【拾色器】对话框中将颜色设置为深绿色（R:3,G:46,B:6），单击
　确定　按钮。

**STEP 10** 设置【图层样式】对话框中的选项参数如图 4-65 所示。

图 4-64　图像调整后的大小及位置

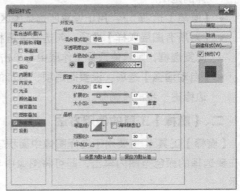
图 4-65　【图层样式】对话框

STEP 11 单击 确定 按钮，即完成图像的合成效果，按 Ctrl+Shift+S 组合键，将当前文件另命名为"艺术照.psd"保存。

### 4.2.5 快速选择和魔棒工具

对于图像轮廓分明、背景颜色单一的图像来说，利用【快速选择】工具和【魔棒】工具选择图像是非常不错的方法。下面介绍这两种工具的使用方法。

#### 一、【快速选择】工具

【快速选择】工具是一种非常直观、灵活和快捷的选择工具，主要用于选择图像中面积较大、颜色相近的区域。其使用方法为，在需要添加选区的图像位置按下鼠标左键，然后移动鼠标，即可将鼠标指针经过的区域及与其颜色相近的区域添加为一个选区，如图 4-66 所示。

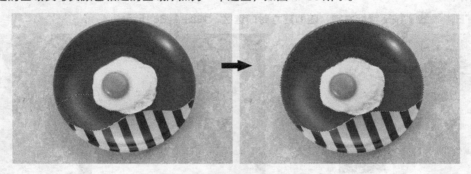

图 4-66 【快速选择】工具操作示意图

【快速选择】工具的属性栏如图 4-67 所示。

图 4-67 【快速选择】工具属性栏

- 【新选区】按钮：默认状态下此按钮处于激活状态，此时在图像中按下鼠标左键拖曳可以绘制新的选区。
- 【添加到选区】按钮：当使用按钮添加选区后，此按钮会自动切换为激活状态，按下鼠标左键在图像中拖曳，可以增加图像的选择范围。
- 【从选区减去】按钮：激活此按钮，可以将图像中已有的选区按照鼠标拖曳的区域来减少被选择的范围。
- 【画笔】选项：用于设置所选范围区域的大小。
- 【对所有图层取样】选项：勾选此复选框，在绘制选区时，将应用到所有可见图层中。若不勾选此复选框，则只能选择工作层中与单击处颜色相近的部分。
- 【自动增强】选项：设置此选项，添加的选区边缘会减少锯齿的粗糙程度，且自动将选区向图像边缘进一步扩展调整。

#### 二、【魔棒】工具的使用方法

【魔棒】工具主要用于选择图像中面积较大的单色区域或相近的颜色。其使用方法非常简单，只需在要选择的颜色范围内单击，即可将图像中与鼠标指针落点相同或相近的颜色全部选择，如图 4-68 所示。

图 4-68　【魔棒】工具操作示意图

【魔棒】工具的属性栏如图 4-69 所示。

图 4-69　【魔棒】工具属性栏

- 【容差】文本框：决定创建选区的精度。数值越大，选择精度越小，创建选区的范围就越大。
- 【连续】复选框：勾选此复选框，只能选择图像中与鼠标单击处颜色相近且相连的部分；若不勾选此复选框，则可以选择图像中所有与鼠标单击处颜色相近的部分，如图 4-70 所示。

图 4-70　勾选与不勾选【连续】复选框时创建的选区

- 【对所有图层取样】复选框：勾选此复选框，可以选择所有可见图层中与鼠标单击处颜色相近的部分；若不勾选此复选框，则只能选择工作层中与鼠标单击处颜色相近的部分。

## 4.2.6　案例 5——合成图像

利用🔍和✍工具将两幅图像进行合成，原图片及合成后的效果如图 4-71 所示。

图 4-71　原图像及合成后的效果

**【操作练习 4-5】合成图像。**

**STEP 1** 打开附盘中"图库\第 04 章"目录下名为"扇子.jpg"和"荷花.jpg"的图片文件。

**STEP 2** 选择🔲工具，将鼠标指针移动到"荷花.jpg"文件的白色背景中单击，生成的选区如图 4-72 所示。

我们只需要选取白色的背景，但从图示中发现荷花中的白色也被选取了，出现这种情况是由于【容差】选项的值设置得太大，读者可以试着设小一些。注意，也不能设置得太小，如果太小，白色背景又会选取得不完全。

**STEP 3** 将属性栏中的【容差】选项设置为"12"，然后再次在白色背景中单击，生成的选区形态如图 4-73 所示。

图 4-72　创建的选区（1）

图 4-73　创建的选区（2）

**STEP 4** 执行【选择】/【反向】命令（快捷键为 Ctrl+Shift+I 组合键），将选区反选，即只选择荷花图像。

**STEP 5** 将选取的图像移动复制到"扇子.jpg"文件中，生成"图层 1"，然后按 Ctrl+T 组合键，添加自由变形框，并激活属性栏中的 🔗 按钮，再设置选项参数 W: 45.00% 🔗 H: 45% 。

**STEP 6** 将鼠标指针移动到变形框的外侧，当鼠标指针显示为旋转符号时按下并拖曳，可旋转图像，将其调整至图 4-74 所示的形态。

**STEP 7** 按 Enter 键确认图像的调整，然后在【图层】面板中单击"背景"层，将其设置为工作层。

**STEP 8** 选取🔲工具，将鼠标指针移动到扇面图形位置按下并拖曳，可将扇面区域选择，如图 4-75 所示。

图 4-74　调整后的形态

图 4-75　创建的选区

**STEP 9** 在【图层】面板中单击"图层 1"层，将其设置为工作层，然后执行【选择】/【反向】命令，将选区反选，再按 Delete 键，将超出扇面以外的图像删除，如图 4-76 所示。

**STEP 10** 执行【选择】/【取消选择】命令（快捷键为 Ctrl+D 组合键），将选区去除，然后在【图层】面板中单击左上方的 正常 选项。

**STEP 11** 在弹出的下拉列表中选择【线性加深】选项，效果如图 4-77 所示。

图 4-76 删除多余图像后的效果　　　　　　图 4-77 设置混合模式后的效果

**STEP 12** 至此，扇子图像合成完毕，按 Ctrl+Shift+S 组合键，将当前文件另命名为"扇子合成 .psd"保存。

# 4.3 【选择】命令

除了可以利用工具按钮创建选区外，还可以利用【选择】菜单命令来编辑选区。【选择】菜单如图 4-78 所示。

- 【全部】命令：用于选择整幅图像。
- 【取消选择】命令：将图像中的选区取消。
- 【重新选择】命令：恢复图像中上一次被取消的选区。
- 【反向】命令：将图像层中的选区和非选区进行互换。
- 【所有图层】命令：可以选择图像中的所有图层。
- 【取消选择图层】命令：可以取消图层的选择。
- 【查找图层】命令：可以在【图层】面板中以查找图层名的方式选择图层。
- 【隔离图层】命令：可以将选择的图层单独显示在【图层】面板中，方便快速选择。

图 4-78 【选择】菜单命令

- 【色彩范围】命令：用于选择使用指定颜色的图像区域。
- 【调整边缘】命令：可以提高选区边缘的品质并允许对照不同的背景查看选区，以实现轻松编辑选区的目的。
- 【修改】命令：用于对选区的边缘进行选择或对原选区的边缘光滑、扩展选区、缩小选区等进行修改。
- 【扩大选取】命令：将选区在图像上延伸，将与当前选区内像素相连且颜色相近的像素点一起扩充到选区中。
- 【选取相似】命令：使选区在图像上延伸，将图像中所有与选区内像素颜色相近的像素都扩充到选区内。

- 【变换选区】命令：对选区进行缩放、旋转等变形。
- 【在快速蒙版模式下编辑】命令：可以使用任何 Photoshop 工具或滤镜来修改蒙版，它是最为灵活的选区编辑功能之一。
- 【载入选区】命令：调用存放在通道中的选区。
- 【存储选区】命令：将图像的选区存放到通道中。
- 【新建 3D 模型】命令：可以将选区中的图像转换为 3D 模型，同时可将当前工作区切换为 3D 工作区。

### 4.3.1　移动选区和取消选区

在图像中创建选区后，无论当前使用哪一种选区工具，将鼠标指针移动到选区内，此时鼠标指针变为 形状，按下鼠标左键拖曳即可移动选区的位置。按键盘上的→、←、↑或↓键，可以按照 1 像素单位来移动选区的位置；如果按住 Shift 键再按方向键，可以一次以 10 像素单位来移动选区的位置。

当图像编辑完成，不再需要当前的选区时，可以通过执行【选择】/【取消选择】命令将选区取消，最常用的还是通过按 Ctrl+D 组合键来取消选区，此快捷键在处理图像时会经常用到。

### 4.3.2　案例 6——【色彩范围】命令的应用

【色彩范围】命令与【魔棒】工具相似，也可以根据容差值与选择的颜色样本来创建选区。使用【色彩范围】命令创建选区的优势在于，它可以根据图像中色彩的变化情况设定选择程度的变化，从而使选择操作更加灵活准确。

利用【选择】菜单下的【色彩范围】命令，选择指定的图像并为其修改颜色，调整颜色前后的图像效果对比如图 4-79 所示。

图 4-79　花朵颜色调整前后的效果对比

### 【操作练习 4-6】修改花朵的颜色。

**STEP 1** 打开附盘中 "图库 \ 第 04 章" 目录下名为 "郁金香 .jpg" 的文件。

**STEP 2** 执行【选择】/【色彩范围】命令，弹出【色彩范围】对话框，将鼠标光标移动到图像中图 4-80 所示的位置单击，吸取色样。

**STEP 3** 在【颜色容差】文本框中输入数值（或拖动其下方的三角按钮）调整选择的色彩范围，如图 4-81 所示。

- 在下拉菜单中选择 "取样颜色" 时将光标放到图像上单击即可对颜色进行取样（当需要添加颜色时可以单击  按钮，当需要减去颜色时可以单击  按钮）；当选择颜色选项时，可以选择出特定的颜色；当选择 "高光" "中间调" "阴影" 时，可以选择图像中的特定色调；当选择 "溢色" 时，可在图像中选择出现的溢色。

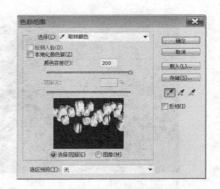

图 4-80　吸取色样　　　　　　　　　　　图 4-81　调整的【颜色容差】值

- 【本地化颜色簇】、【范围】选项：勾选【本地化颜色簇】选项后，其下的【范围】选项即可使用，拖动范围滑块可调整蒙版中颜色与取样点的最大和最小距离。
- 【颜色容差】：该项用来控制颜色的选择范围，该值越高，包含的颜色范围越广。
- 【选区预览】：该选项用来设置选区在文档窗口中的预览方式。选择【灰度】可以按照选区在灰度通道中的外观来显示选区；选择【黑色杂边】可在未选择的区域上覆盖一层黑色；选择【白色杂边】可在未选择的区域上覆盖一层白色；选择【快速蒙版】可显示选区在快速蒙版状态下的效果。
- 存储(S)... ：单击此按钮，可以将当前的状态保存为选区预设。
- 载入(L)... ：单击此按钮，可以载入存储的选区预设文件。
- 【反相】：勾选该选项时可以反转选区。

STEP 4 单击 确定 按钮，此时图像文件中生成的选区如图 4-82 所示。

STEP 5 执行【图像】/【调整】/【色相／饱和度】命令，在弹出的【色相／饱和度】对话框中设置选项及参数如图 4-83 所示。

图 4-82　生成的选区　　　　　　　　　　图 4-83　【色相／饱和度】对话框

STEP 6 单击 确定 按钮，然后按 Ctrl+D 组合键去除选区，即可完成花朵颜色的调整。

STEP 7 按 Ctrl+Shift+S 组合键，将此文件命名为"修改花朵颜色 .psd"另存。

### 4.3.3　案例 7 ——制作图像虚化效果

下面利用【椭圆选框】工具 选取图像并移动到新的背景文件中，制作出图像在花朵中的效果。素材图片及合成后的效果如图 4-84 所示。

图 4-84　素材图片及合成后的效果

**【操作练习 4-7】制作图像虚化效果。**

**STEP 1** 按 Ctrl+O 组合键，将素材文件中名为"花朵 .jpg"和"儿童 02.jpg"的文件打开。

**STEP 2** 确认"儿童 02.jpg"的文件处于工作状态，选取 ▣ 工具，然后按住 Shift 键拖曳鼠标，绘制圆形选区，将人物的头像位置选取。

**STEP 3** 将鼠标指针移动到选区中按下并拖曳，可调整选区的位置，绘制的选区如图 4-85 所示。

在拖曳鼠标绘制选区，且没有释放鼠标时，按空格键的同时移动选区，也可调整绘制选区的位置。如要调整选区的大小，可执行【选择】/【变换选区】命令，然后再进行选区大小的调整。

**STEP 4** 执行【选择】/【修改】/【羽化】命令（快捷键为 Shift+F6 组合键），弹出【羽化选区】对话框，设置参数如图 4-86 所示。

图 4-85　创建的选区

图 4-86　设置的羽化参数

**STEP 5** 单击 确定 按钮，将选区设置为羽化性质，即选区的边缘将产生柔和的过渡。

**STEP 6** 按住 Ctrl 键，将鼠标指针移动到选区中，此时鼠标指针显示为 ▶ 图标，按下鼠标并向"花朵 .jpg"文件中拖曳，可将选区内的图像移动复制到"花朵 .jpg"文件中，效果及生成的【图层】面板如图 4-87 所示。

**STEP 7** 按 Ctrl+T 组合键，为人物图像添加自由变形框，然后在属性栏中激活 ▣ 按钮，并设置选项参数 W: 65% ▣ H: 65.00% 。

**STEP 8** 将鼠标指针移动到变形框内按下并拖曳，可调整图像的位置，如图 4-88 所示。

**STEP 9** 单击属性栏中的 ✓ 按钮，或按 Enter 键，完成图像的合成操作，然后按 Ctrl+Shift+S 组合键，将此文件另命名为"合成图像 .psd"保存。

图 4-87　移动复制入的图像

图 4-88　图像调整后的大小及位置

# 4.4　课堂实训

根据本章学习的内容，读者自己动手进行下面的练习。

## 4.4.1　合成装饰画

下面灵活运用【移动】工具，将两幅图像进行合成，制作装饰画效果，原图及合成后的效果如图 4-89 所示。

图 4-89　打开的图片及合成后的效果

**【步骤解析】**

1. 打开附盘中"图库\第 04 章"目录下名为"画框 .jpg"和"风景画 .jpg"的文件。

2. 将"画框 .jpg"文件设置为当前工作状态，再选择 工具，并将属性栏中【连续】选项的勾选取消，设置【容差】的参数为"32"，然后将鼠标光标移动到画面中的白色区域单击鼠标左键，创建图 4-90 所示的选区。

3. 执行【选择】/【反向】命令（快捷键为 Ctrl+Shift+I 组合键），将创建的选区反选。

4. 按 D 键，将工具箱中的背景色设置为白色。

5. 执行【图层】/【新建】/【通过剪切的图层】命令（快捷键为 Ctrl+Shift+J 组合键），将选择的画框通过剪切生成新的图层"图层 1"，此时的【图层】面板如图 4-91 所示。

　要点提示

执行【通过剪切的图层】命令后，剪切后的图形下面将显示与工具箱中的背景色相同的颜色。在使用【图层】/【新建】/【通过剪切的图层】命令进行操作之前，设置背景色为白色，是为了使剪切后画框下面的背景位置也显示为白色。

图 4-90　创建的选区

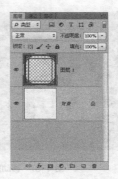

图 4-91　生成的新图层

6. 将鼠标光标移动到"风景画 .jpg"文件的文档名称位置单击，将此文件设置为工作状态。

7. 选取 工具，将鼠标光标放置到风景画上按住鼠标左键，并将其拖曳到"画框 .jpg"文件的文档名称处，如图 4-92 所示。

图 4-92　拖曳鼠标状态

8. 当"画框 .jpg"文件显示为当前工作状态时，将鼠标光标向下移动至文档窗口中，此时鼠标光标的显示状态如图 4-93 所示。

9. 释放鼠标左键，"风景画"图片即移动复制到"画框"图片中，如图 4-94 所示。

图 4-93　移动复制图片时的光标显示形态

图 4-94　移动复制入的图片

10. 此时在【图层】面板中将自动生成一个新的图层"图层 2"，如图 4-95 所示。

11. 执行【图层】/【排列】/【后移一层】命令，将"图层 2"调整至"图层 1"的下方，如图 4-96 所示，此时的画面效果如图 4-97 所示。

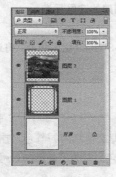

图 4-95　生成的新图层

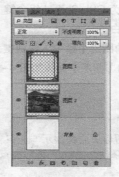

图 4-96　调整顺序后的效果

图 4-97　调整图层位置后的画面

12. 确认工具箱中的背景色为白色，执行【图像】/【画布大小】命令（快捷键为 Ctrl+Alt+C 组合键），弹出【画布大小】对话框，设置【宽度】选项的参数为"12"，然后单击图 4-98 所示的定位点，即向右侧增加画布的大小。

13. 单击 确定 按钮，扩展画布后的文件如图 4-99 所示。

图 4-98　【画布大小】对话框中的参数设置　　　　　　图 4-99　扩展画布后的文件

此时可以看到，"风景画"与"画框"图片的大小不适合，下面利用移动复制画框的方法来调整画框与画面的大小。

14. 在【图层】面板中单击"图层 1"将其设置为工作层，然后选取▣工具，并在画面中绘制图 4-100 所示的矩形选区。

15. 选择▣工具，按住 Shift 键，将鼠标光标放置到选区内，按住鼠标左键并向右拖曳，将选区内的画框向右水平移动到图 4-101 所示的位置。

图 4-100　绘制出的矩形选区　　　　　　　　　　　图 4-101　移动选区内的画框放置的位置

16. 在【图层】面板中将背景层设置为工作层，然后按 Ctrl+Delete 组合键，为其填充一次白色，去除移动画框时所留下的边缘痕迹。

17. 将"图层 1"设置为工作层，然后继续利用▣工具绘制出图 4-102 所示的矩形选区。

18. 选择▣工具，按住 Alt+Shift 组合键，将鼠标光标放置到选区内，此时鼠标光标显示为▶状态。

19. 按住鼠标左键并向右拖曳，将选区内的画框向右水平移动复制，使画框变为一个整体，状态如图 4-103 所示。

图 4-102　绘制出的矩形选区　　　　　　　　　　　　图 4-103　移动复制画框时的状态

 **要点提示**

利用【移动】工具移动图像时，按住 Shift 键，可以确保图像在水平、垂直或 45°角的倍数上移动；按
住 Alt 键，可以对图像移动复制；同时按住 Alt+Shift 组合键，可以将图像在水平、垂直或 45°角的倍
数上移动复制。当前选择的不是【移动】工具时，按住 Ctrl+Alt 组合键移动图像，也可以进行图像的移
动复制。

20.　利用 ▣ 工具，根据画框的大小绘制出图 4-104 所示的选区，然后执行【图像】/【裁剪】命令，
将选区以外的区域裁剪掉。

21.　执行【选择】/【取消选择】命令（快捷键为 Ctrl+D 组合键），将选区去除。

22.　在【图层】面板中将"图层 2"设置为工作层，然后执行【编辑】/【自由变换】命令（快捷
键为 Ctrl+T 组合键），此时将在风景画的周围显示图 4-105 所示的变换框。

图 4-104　绘制的选区　　　　　　　　　　　　　　图 4-105　显示的变换框

23.　按住 Shift 键，将鼠标光标移动到变换框左下角的控制点上，当鼠标光标显示为双向箭头时，
按下鼠标左键并向右上方拖曳，等比例缩小风景画。

24.　当风景画的下边缘与画框中间框的下边框对齐时，释放鼠标左键。

25.　将鼠标光标移动到变换框左侧中间的控制点上，当鼠标光标显示为双向箭头时按下鼠标左键并
向右拖曳，将风景画调整至图 4-106 所示的大小。

26.　单击属性栏中的【进行变换】按钮 ✓，确认图片的大小调整，效果如图 4-107 所示。

27.　至此，画面组合完成，按 Ctrl+Shift+S 组合键，将当前文件另命名为"合成装饰画 .psd"保存。

图 4-106　风景画调整后的大小及位置

图 4-107　组合后的画面效果

### 4.4.2　装饰照片

下面灵活运用移动工具、选区工具和【变换】命令对人物像片进行装饰，制作出图 4-108 所示的效果。

【步骤解析】

1. 将附盘中"图库\第 04 章"目录下名为"美女 .jpg"和"蝴蝶 .jpg"的文件打开，如图 4-109 所示。

图 4-108　制作的图像效果

图 4-109　打开的图片

2. 将"蝴蝶 .jpg"文件设置为工作状态，然后利用 ⊻ 工具选取图 4-110 所示的蝴蝶图形。
3. 利用 ▶╋ 工具，将选取的蝴蝶移动复制到"美女 .jpg"文件中，如图 4-111 所示。

图 4-110　选取的蝴蝶

图 4-111　移动复制到另一文件中

4. 选取  工具，将鼠标光标移动到蝴蝶图形上的白色背景上单击，添加选区，然后按 Delete 键删除白色背景，去除选区后的效果如图 4-112 所示。

5. 用与步骤 2～步骤 4 相同的方法，将其他两只蝴蝶也移动复制到"美女 .jpg"文件中，效果如图 4-113 所示。

图 4-112　去除背景后的效果

图 4-113　移动复制的图片

6. 按 Ctrl+Alt+Shift+E 组合键盖印图层，生成"图层 4"，然后按 Ctrl+J 组合键，将"图层 4"复制为"图层 4 副本"。

7. 隐藏"图层 4 副本"层，然后将"图层 4"设置为工作层，并利用  工具绘制出图 4-114 所示的矩形选区。

8. 按 Ctrl+Alt+T 组合键，将选区中的内容复制并添加自由变形框，然后将其调整至图 4-115 所示的角度。

图 4-114　绘制的选区

图 4-115　变换的角度

9. 调整完成后，按 Enter 键确认图像的旋转变形调整。

10. 新建"图层 5"，执行【编辑】/【描边】命令，弹出【描边】对话框，设置参数与选项如图 4-116 所示。

11. 单击 确定 按钮，描边效果如图 4-117 所示。

12. 执行【图层】/【图层样式】/【投影】命令，各参数和选项设置如图 4-118 所示。

13. 单击 确定 按钮，给画面边框添加的投影效果如图 4-119 所示。

14. 将"图层 4"设置为工作层，按 Ctrl+Shift+I 组合键，将选区反选，然后执行【图像】/【调整】/【去色】命令，效果如图 4-120 所示，再按 Ctrl+D 组合键，取消选区。

图 4-116　【描边】对话框

图 4-117　添加描边效果

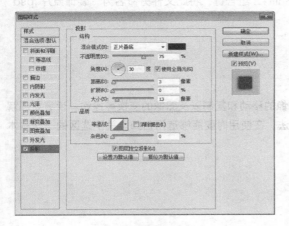

图 4-118　【图层样式】对话框

图 4-119　添加的投影效果

15. 将"图层 4 副本"层显示，然后用与步骤 7 ~ 步骤 13 相同的方法，制作出蝴蝶的边框效果，如图 4-121 所示。

图 4-120　去色后的效果

图 4-121　蝴蝶边框效果

16. 将"图层 4 副本"隐藏，然后将制作好的蝴蝶边框，按住 Alt 键移动复制出另外两个，并将其分别放置到图 4-122 所示的位置。

图4-122　复制出的蝴蝶图形

17．至此，人物图像照片修饰完成，按 Ctrl+Shift+S 组合键，将此文件另命名为"装饰照片 .psd"保存。

# 4.5　小结

　　本章主要介绍了图像的选择、选区的编辑、图像的移动和复制以及图像的变换等操作。读者要理解不同选区工具的特性、各功能之间的区别和基本用法，在使用时要能够运用自如。关于选区的一些基本操作，读者要灵活掌握。

# 4.6　习题

1．认识选区的作用。
2．利用【椭圆选框】工具及羽化功能对图像进行合成，效果如图 4-123 所示。
3．灵活运用移动复制操作制作出图 4-124 所示的图案效果。

图4-123　合成后的画面效果

图4-124　制作的图案效果

# Chapter
# 5

## 第5章
## 辅助菜单命令

本章主要介绍Photoshop CC菜单中辅助工作的几个命令。在图像处理过程中，将工具和菜单命令配合使用，可以大大提高工作效率。熟练掌握这些命令，也是进行图像特殊艺术效果处理的关键。

### 学习目标

- 掌握【剪切】和【拷贝】命令的操作。
- 掌握【粘贴】及【贴入】命令的运用。
- 理解图像大小与画布大小的调整。
- 了解标尺、网格和参考线的功能。
- 通过本章的学习，掌握图5-1所示大头贴及墙面广告的制作方法。

图 5-1　制作的大头贴及墙面广告效果

## 5.1 图像的复制和粘贴

图像的复制和粘贴主要包括【剪切】、【拷贝】和【粘贴】等命令，它们在实际工作中被频繁使用。在使用时要注意配合使用，如果要复制图像，就必须先将复制的图像通过【剪切】或【拷贝】命令保存到剪贴板上，然后再通过各种粘贴命令将剪贴板上的图像粘贴到指定的位置。

### 5.1.1 命令讲解

#### 一、【剪切】命令

【剪切】命令的作用是将图像中被选择的区域保存至剪贴板上，并删除原图像中被选择区域的图像，此命令适用于任何图形图像设计软件。

在 Photoshop 中，剪切图像的方法有两种，菜单命令法和键盘快捷键输入法。

（1）使用菜单命令剪切图像的方法：在画面中绘制一个选区，然后执行【编辑】/【剪切】命令，即可将选区中的图像剪切到剪贴板中。

（2）使用键盘快捷键剪切图像的方法：在画面中绘制一个选区，然后按 Ctrl+X 组合键，即可将选区中的图像剪切到剪贴板中。

#### 二、【拷贝】命令

【拷贝】命令的作用是将图像中被选择的区域保存至剪贴板上，原图像保留，此命令适用于任何图形图像设计软件。

【拷贝】命令的两种操作方法介绍如下。

（1）使用菜单命令复制图像的方法：在画面中绘制一个选区，然后执行【编辑】/【拷贝】命令，即将选区内的图像复制到剪贴板中。

（2）使用键盘快捷键复制图像的方法：在画面中绘制一个选区，然后按 Ctrl+C 组合键，即可将选区中的图像复制到剪贴板中。

 **要点提示**

【拷贝】命令与【剪切】命令相似，只是这两种命令复制图像的方法有所不同。【剪切】命令是将所选择的图像在原图像中剪掉后，复制到剪贴板中，原图像中删除选择的图像，原图像被破坏；而【拷贝】命令是在原图像不被破坏的情况下，将选择的图像复制到剪贴板中。

#### 三、【合并拷贝】命令

【合并拷贝】命令主要用于图层文件，其作用是将选区中所有图层的内容复制到剪贴板中，在粘贴时将其合并为一个图层进行粘贴。

#### 四、【粘贴】命令

【粘贴】命令的作用是将剪贴板中的内容作为一个新图层粘贴到当前图像文件中。

粘贴文件的方法也有两种，如下所述。

（1）使用菜单命令粘贴图像的方法：执行【编辑】/【粘贴】命令，可以将剪贴板中的图像粘贴到所需要的图像文件中。

（2）使用键盘快捷键粘贴图像的方法：按 Ctrl+V 组合键，同样可以将剪贴板中的图像粘贴到所需要的文件中。

### 五、【选择性粘贴】命令

该命令包括【原位粘贴】、【贴入】和【外部粘贴】命令，运用这些命令可将图像粘贴至原位置、指定的选区内或选区以外。

### 六、【清除】命令

该命令可将选区中的图像删除。

### 5.1.2　案例 1——【拷贝】和【贴入】命令应用

下面灵活运用【拷贝】和【贴入】命令来制作图 5-2 所示的大头贴效果。

**【操作练习 5-1】**【拷贝】和【贴入】命令应用。

**STEP** 　1　打开附盘中"图库\第 05 章"目录下名为"照片 .jpg"的文件，如图 5-3 所示。

图 5-2　制作的大头贴效果　　　　　　　　　　　　　图 5-3　打开的图像文件

**STEP** 　2　执行【选择】/【全部】命令（或按 Ctrl+A 组合键），将打开的图像选择，即沿图像的边缘添加选区。

**STEP** 　3　执行【编辑】/【拷贝】命令（或按 Ctrl+C 组合键），将选区中的图像复制。

**STEP** 　4　打开附盘中"图库\第 05 章"目录下名为"贴图 .jpg"的图片文件，选取 工具，在图像的黄色区域单击，添加图 5-4 所示的选区。

**要点提示**

此处在利用 工具创建选区时，要注意属性栏中的【连续】选项不要被勾选，否则会选择米老鼠图像中的黄色。

**STEP** 　5　执行【编辑】/【选择性粘贴】/【贴入】命令（或按 Ctrl+Alt+Shift+V 组合键），将复制的图像贴入选区中，此时的画面效果及【图层】面板如图 5-5 所示。

图 5-4　创建的选区　　　　　　　　　　　　　　　　图 5-5　贴入图像效果

STEP ✦6 利用 ▣ 工具对人物图像的位置进行调整，使其头部显示在选区位置，即可完成大头贴的制作。

STEP ✦7 按 Ctrl+Shift+S 组合键，将此文件命名为"贴入练习.psd"另存。

# 5.2 图像尺寸调整

在进行平面设计或处理图像时，图像文件大小的概念必须要清楚，如果不了解，将会影响到两个图像文件之间的合成比例关系以及作品的输出质量。下面介绍图像大小和画布大小的调整方法。

## 5.2.1 如何查看图像文件大小

打开附盘中"图库\第05章"目录下名为"贝海藏爱.psd"的文件，在图像文件的左下角会有一组数字，如图 5-6 所示。其中左侧的"文档：2.56M"表示图像文件的原始大小；右侧的数字"27.4M"表示当前图像文件的虚拟操作大小，也就是包含图层和通道中图像的综合大小。这组数字读者一定要清楚，在处理图像和设计作品时通过这里可以随时查看图像文件的大小，以便决定该图像文件大小是否能满足设计的需要。

图 5-6　查看图像大小

图像文件的大小以千字节（KB）、兆字节（MB）和吉字节（GB）简称（K、M、G）为单位，它们之间的换算为 1MB=1024KB、1GB=1024MB。

单击"文档：2.56M"右侧的 ▶ 按钮，弹出图 5-7 所示的【文件信息】菜单，选择【显示】/【文档尺寸】命令，▶ 按钮左侧将显示图像文件的打印尺寸，也就是图像的长、宽值以及分辨率，如图 5-8 所示。

图 5-7　弹出的菜单

图 5-8　显示的图像尺寸信息

　　图像文件左下角的数字"66.67%"，显示的是当前图像的显示百分比，用户可以通过直接修改这个数值来改变图像的显示比例。图像文件窗口显示比例的大小与图像文件大小是没有关系的，显示的大小影响的只是视觉效果，而不能决定图像文件打印输出后的大小。

## 5.2.2　图像大小调整

　　在新建文件时，图像文件的大小是由图像尺寸（宽度、高度）和分辨率共同决定的，图像的宽度、高度和分辨率数值越大，图像文件也越大，如图 5-9 所示。

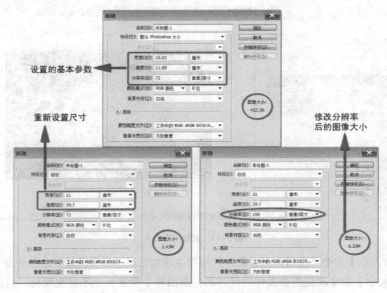

图 5-9　新建图像文件尺寸与修改后的尺寸对比

　　当打开的图像尺寸和分辨率不符合设计要求时，可以利用【图像大小】命令重新设置。执行【图像】/【图像大小】命令，弹出【图像大小】对话框，在此对话框中勾选【重新采样】复选框，然后调整图像的宽度、高度或分辨率，即可改变当前图像文件的大小，如图 5-10 所示。

图 5-10　修改图像大小

 **要点提示**

在【图像大小】对话框中修改图像尺寸时，启用【限制长宽比】功能，即 ⬚ 按钮上下两侧显示有线形，可以保持图像宽度和高度之间的比例不产生变化，从而避免图像变形；单击此按钮，可分别修改图像的宽度和高度。

### 5.2.3 画布大小调整

在设计作品的过程中，有时候需要增加或减小画布的尺寸来得到合适的版面，利用【图像】/【画布大小】命令，就可以根据用户需要来改善设计作品的版面尺寸。执行【图像】/【画布大小】命令或在图像文件的标题栏上单击鼠标右键，再在弹出的右键菜单中执行【画布大小】命令，都可以弹出【画布大小】对话框，在此对话框中的【新建大小】栏中输入新的宽度值和高度值，即可改变当前图像文件的画布大小，如图 5-11 所示。

图 5-11　调整画布大小

利用【画布大小】命令可在当前图像文件的版面中增加或减小画布区域。此命令与【图像大小】命令不同，【画布大小】命令改变图像文件的尺寸后，原图像中像素大小不发生变化，只是图像文件的版面增大或缩小了。而【图像大小】命令改变图像文件的尺寸后，原图像会被拉长或缩短，即图像中每个像素的尺寸都发生了变化。

## 5.3 标尺、网格、参考线

标尺、网格和参考线是 Photoshop 软件中的帮助工具，在绘制和移动图形过程中，可以帮助用户精确地对图形进行定位和对齐。

### 5.3.1 案例 2——标尺应用

标尺的主要作用是度量当前图像的尺寸，同时对图像进行辅助定位，使设计更加准确。

下面以实例的形式来介绍标尺的有关操作。

【操作练习 5-2】标尺应用。

STEP 1 接上面操作。

STEP 2 执行【视图】/【标尺】命令，在图像文件的左侧和上方将显示标尺，如图 5-12 所示。

STEP 3 将鼠标指针移动放置到标尺水平与垂直的交叉点上，按下鼠标左键沿对角线向下拖动，将出现一组十字线，如图 5-13 所示。

STEP 4 到适当位置后释放鼠标左键，标尺的原点（0,0）将设置在释放鼠标左键的位置，如图 5-14 所示。

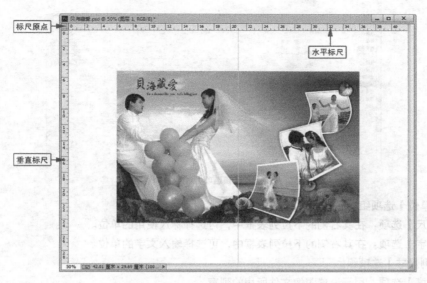

标尺原点

水平标尺

垂直标尺

图 5-12　显示的标尺

图 5-13　拖动鼠标状态　　　　　　　　　　图 5-14　调整标尺原点后的位置

要点提示

*按住 Shift 键拖动鼠标，可以将标尺原点与标尺的刻度对齐。将标尺的原点位置改变后，双击标尺的交叉点，可将标尺原点位置还原到默认状态。*

**STEP** 执行【编辑】/【首选项】/【单位与标尺】命令，弹出【首选项】对话框，如图 5-15 所示。

要点提示

*在图像窗口中的标尺上双击，同样可以弹出【首选项】对话框。在标尺上单击鼠标右键，可以弹出标尺的单位选择列表。*

图 5-15 【首选项】对话框（1）

（1）【单位】选项组。

- 【标尺】选项：在其右侧的下拉列表框中，可选择标尺使用的单位。
- 【文字】选项：在其右侧的下拉列表框中，可选择输入文字的单位。

（2）【列尺寸】选项组。

- 【宽度】选项：用于设置图像文件所用的列宽。
- 【装订线】选项：用于设置装订线的宽度。

**要点提示**

如果希望将 Photoshop 图像文件导入到其他应用程序中，图像正好占据特定数量的列，可使用【列尺寸】选项设置图像的宽度及装订线的宽度值。

（3）【新文档预设分辨率】选项组。

- 【打印分辨率】选项：设置用于打印的预设分辨率。
- 【屏幕分辨率】选项：设置用于新建文件的屏幕预设分辨率。

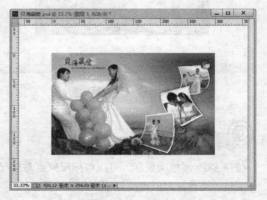

（4）【点 / 派卡大小】选项组。

- 【PostScript（72 点 / 英寸）】选项：如果打印到 PostScript 设备，可选择此选项。
- 【传统（72.27 点 / 英寸）】选项：点选此选项，将使用打印机的 72.27 点 / 英寸。

**STEP** 在【首选项】对话框的【单位】下拉列表中将标尺的单位设置为"毫米"，单击 确定 按钮，设置单位为毫米后的标尺如图 5-16 所示。

图 5-16 设置为毫米后的标尺形态

### 5.3.2 案例 3——网格应用

网格是由显示在文件上的一系列相互交叉的虚线所构成的，其间距可以在【首选项】对话框中进行设置。下面进行网格的设置练习。

**【操作练习 5-3】网格应用。**

**STEP** 接上例。执行【视图】/【显示】/【网格】命令，在当前文件的页面中显示出图 5-17 所示的网格。

图 5-17 显示的网格

**STEP 2** 执行【编辑】/【首选项】/【参考线、网格和切片】命令,弹出【首选项】对话框,如图 5-18 所示。

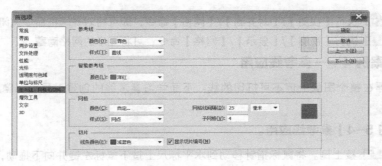

图 5-18 【首选项】对话框(2)

(1)【参考线】选项组。

• 【颜色】选项:可以设置参考线的显示颜色。

• 【样式】选项:可以选择参考线的样式。样式包括直线和虚线。

(2)【智能参考线】选项组。

其下的【颜色】选项,用于设置智能参考线的显示颜色。

(3)【网格】选项组。

• 【颜色】选项:可以选择网格的显示颜色。

• 【样式】选项:可以选择网格的样式,包括直线、虚线和网点。

• 【网格线间隔】选项:可以在其右侧的文本框中设置网格线与网格线之间的距离,在文本框右侧的下拉列表框中可以选择数值的单位。

• 【子网格】选项:设置大网格中包含子网格的数量。

(4)【切片】选项组。

• 【线条颜色】选项:可以选择切片的显示颜色。

• 【显示切片编号】选项:决定在图像文件中创建切片后是否显示切片编号。

**STEP 3** 在【首选项】对话框的【网格线间隔】选项中,将单位设置为"毫米",【网格线间隔】设置为"30"、【子网格】设置为"2",网格【样式】选项设置为"直线"。

**STEP 4** 选项及参数设置完成后单击 确定 按钮,新设置的网格如图 5-19 所示。

STEP 5　执行【视图】/【对齐到】/【网格】命令。利用【矩形选框】工具在文件中绘制矩形选区，其选区将自动对齐到网格上面，如图 5-20 所示。

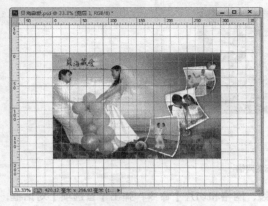

图 5-19　新设置的网格　　　　　　　　　　　　　　图 5-20　对齐到网格上面的选区

STEP 6　执行【视图】/【对齐到】/【网格】命令，即可将对齐网格命令关闭。

STEP 7　执行【视图】/【显示】/【网格】命令，可将显示的网格隐藏。

### 5.3.3　案例 4——参考线应用

参考线是浮在整个图像上但不可打印的线。下面学习参考线的创建、显示、隐藏、移动和清除方法。

【操作练习 5-4】参考线应用。

STEP 1　接上例。将鼠标指针移动到水平标尺上按下鼠标左键并向下拖动，状态如图 5-21 所示。

STEP 2　释放鼠标左键，即可在释放处添加一条水平参考线，如图 5-22 所示。

图 5-21　拖曳鼠标状态　　　　　　　　　　　　　　图 5-22　添加的水平参考线

STEP 3　将鼠标指针移动到垂直标尺上按下鼠标左键并向右拖动，同样可以添加一条垂直的参考线，依次拖曳鼠标添加的参考线如图 5-23 所示。

一般在使用参考线进行辅助做图时，讲究参考线的精密性，此时就需要利用准确的参考线添加方法。

STEP 4　执行【视图】/【清除参考线】命令，可以将文件窗口中的参考线删除。

STEP 5　执行【视图】/【新参考线】命令，弹出【新建参考线】对话框，如图 5-24 所示，在【新建参考线】对话框中点选【水平】单选项，在【位置】文本框中输入"3 毫米"。

图 5-23　添加的垂直参考线

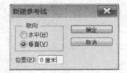

图 5-24　【新建参考线】对话框

**STEP　6**　单击 确定 按钮，在文件中添加参考线，使用相同的方法，在文件的四周距离边缘各"3 毫米"位置添加上参考线，该参考线即为印刷输出的出血线。

- 【水平】选项：点选此选项，将在水平方向上添加参考线。
- 【垂直】选项：点选此选项，将在垂直方向上添加参考线。
- 【位置】选项：在其右侧的文本框中输入数值，可以设置参考线添加的位置。

下面介绍参考线的移动方法。

**STEP　7**　选择【移动】工具，将鼠标指针移动到要移动的参考线上，当鼠标指针显示为┿或┿双向箭头时，按下鼠标左键拖动，可以移动参考线的位置，当拖动参考线到文件窗口之外时，释放鼠标左键，可将参考线删除。

　**要点提示**

*按住 Alt 键拖动或单击参考线时，可将参考线从水平改为垂直，或从垂直改为水平。按住 Shift 键拖动参考线时，可使参考线与标尺上的刻度对齐。*

# 5.4　课堂实训

灵活运用前面学过的知识，制作出下面的墙面广告效果并为图像文件添加参考线。

## 5.4.1　制作墙面广告效果

利用【拷贝】命令和【贴入】命令及【自由变换】命令，制作出图 5-25 所示的墙面广告效果。

【步骤解析】

1. 打开附盘中"图库\第 05 章"目录下名为"海报 .jpg"和"墙体 .jpg"的文件。

2. 用与第 5.1.2 节制作大头贴相同的方法，制作出本例的墙面广告效果。

图 5-25　制作的墙面广告效果

### 5.4.2　创建一个封面印刷文件

要求封面最终为 32 开本，即成品尺寸为宽度 14 厘米，高度 21 厘米，书脊厚度 0.5 厘米，勒口 6 厘米。利用本章所学习的设置参考线的方法，在已有封面图像的基础上添加参考线，如图 5-26 所示。

图 5-26　添加的参考线

**【步骤解析】**

1. 打开附盘中"图库\第 05 章"目录下名为"封面 .jpg"的文件。由于要添加 3 毫米的出血线，因此封面文件的宽度是 41.1 厘米，高度是 21.6 厘米。

2. 计算得到在文件垂直方向的 3 毫米、63 毫米、203 毫米、208 毫米、348 毫米和 408 毫米分别设置参考线。在文件水平方向的 3 毫米和 213 毫米处分别设置参考线。

## 5.5　小结

本章主要介绍了 Photoshop CC 中常用的图像编辑命令，包括图像的拷贝和粘贴命令、图像尺寸调整及标尺、网格和参考线的添加及应用。其中，图像的【拷贝】和【粘贴】命令是本章的重点，也是在实际工作中最基本、最常用的命令，希望读者能够认真学习，并能做到灵活运用。

## 5.6　习题

1. 灵活运用图像的【拷贝】命令和【贴入】命令将照片贴入照片模版中，制作出图 5-27 所示的艺术照效果。

图 5-27　设计的艺术照

2. 练习设置网格、标尺和参考线。

# 第6章
# 设置颜色与绘画工具

本章主要介绍颜色的设置与填充及各种绘画工具的应用，希望读者通过本章的学习，能将这些工具熟练掌握，以便能够灵活地绘制出漂亮的画面，并且能够利用这些工具熟练地编辑各种图像，掌握不同的处理方法。

## 学习目标

- 掌握颜色的设置与填充方法。
- 熟悉【填充】命令的运用。
- 掌握【渐变】工具的应用。
- 掌握各种绘画工具的不同功能及使用方法。
- 了解【画笔】面板的运用。
- 通过本章的学习，掌握图6-1所示图形的绘制方法及图像的处理方法。

图6-1 绘制的图形及处理后的图像

## 6.1 前景色与背景色

在工具箱底部有两个颜色色块，上方的色块代表前景色，下方的色块代表背景色。默认情况下，前景色和背景色分别为黑色和白色，如图6-2所示。

- 单击【切换前景色和背景色】按钮或按X键可以交换前景色和背景色。
- 单击【默认前景色和背景色】按钮或按D键可以设置为默认的前景色和背景色，即将前景色设置为黑色、背景色设置为白色。

图6-2 前景色与背景色

## 6.2 设置颜色

颜色设置的方法有3种，分别为在【拾色器】对话框中设置颜色，在【颜色】面板中设置颜色和在【色板】面板中设置颜色，下面分别来详细介绍。

### 6.2.1 【拾色器】对话框

单击工具箱中的前景色色块或背景色色块，将弹出图6-3所示的【拾色器】对话框。

- 在【拾色器】对话框的颜色域或颜色滑条内单击，可以将单击位置的颜色设置为需要的颜色。
- 在对话框右侧的参数设置区中选择一组选项并设置相应的参数值，也可得到所需要的颜色。

图6-3 【拾色器】对话框

**要点提示**

*在设置颜色时，如最终作品用于彩色印刷，通常选择CMYK模式设置颜色，即通过设置【C】、【M】、【Y】、【K】4种颜色值来设置；如最终作品用于网络，即在电脑屏幕上观看，通常选择RGB颜色模式，即通过设置【R】、【G】、【B】3种颜色值来设置。*

设置颜色后，单击 确定 按钮，即可将当前的前景色或背景色修改为设置的颜色。

### 6.2.2 【颜色】面板

执行【窗口】/【颜色】命令，将【颜色】面板显示在工作区中。确认【颜色】面板中的前景色块处于选择状态，利用鼠标任意拖动右侧【R】、【G】、【B】颜色滑块，即可改变前景色的颜色。

将鼠标指针移动到下方的颜色条中，鼠标指针将显示为吸管形状，在颜色条中单击，即可将单击处的颜色设置为前景色，如图6-4所示。

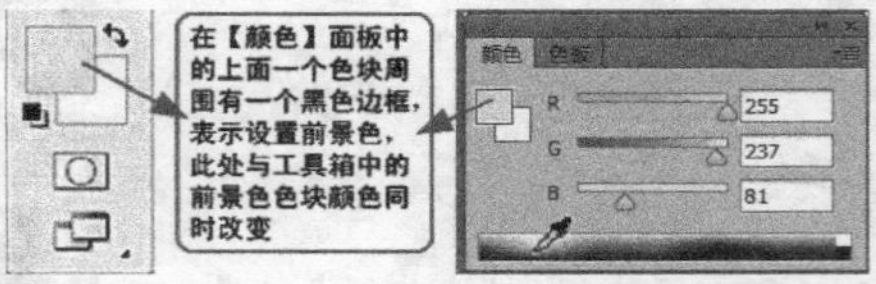

在【颜色】面板中的上面一个色块周围有一个黑色边框，表示当前设置前景色，此处与工具箱中的前景色色块颜色同时改变

在【颜色】面板中单击背景色色块，使其处于选择状态，然后利用与设置前景色相同的方法即可设置背景色，如图6-5所示。

图6-4 利用【颜色】面板设置前景色时的状态

在【颜色】面板的右上角单击按钮，在弹出的选项列表中选择【CMYK滑块】选项，【颜色】面板中的 RGB 颜色滑块即会变为 CMYK 颜色滑块，如图 6-6 所示。拖动【C】、【M】、【Y】、【K】颜色滑块，就可以用 CMYK 模式设置背景颜色。

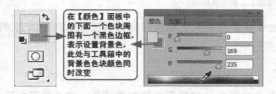

图 6-5 利用【颜色】面板设置背景色时的状态

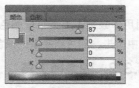

图 6-6 CMYK 颜色面板

 **要点提示**

> 在设置颜色时，如按住 Alt 键在颜色条中单击，可将单击处的颜色设置为背景色；同理，设置背景色时，按住 Alt 键在颜色条中单击，可将单击处的颜色设置为前景色。

### 6.2.3 【色板】面板

在【颜色】面板中单击【色板】选项卡，显示【色板】面板。将鼠标指针移动至【色板】面板中，鼠标指针变为图 6-7 所示的吸管形状，单击即可将前景色设置为选择的颜色。按住 Ctrl 键单击某颜色块，可将该颜色块代表的颜色设置为背景色。

图 6-7 吸管形状

 **要点提示**

> 在【色板】面板中，按住 Alt 键单击某颜色块，可以将其删除；在空白位置单击，可以将工具箱中的前景色添加到色板中。当删除某一色块后，单击【色板】面板右上角的小三角形按钮，在弹出的菜单中选择【复位色板】命令，即可将默认的色板颜色恢复。

## 6.3 吸管与填充

本节来讲解【吸管】工具 ✐ 及用于填充的【油漆桶】工具 ♨ 和【填充】命令。

### 6.3.1 吸管工具

【吸管】工具 ✐ 主要用于吸取颜色，并将其设置为前景色或背景色。具体操作为：选择 ✐ 工具，然后在图像中的任意位置单击，即可将该位置的颜色设置为前景色；如果按住 Alt 键单击，单击处的颜色将被设置为背景色。

【吸管】工具 ✐ 的属性栏如图 6-8 所示。其中【取样大小】下拉列表用于设置吸管工具的取样范围，在该下拉列表中选择【取样点】，可将鼠标指针所在位置的精确颜色吸取为前景色或背景色；选择【3×3平均】等其他选项时，可将鼠标指针所在位置周围 3 个（或其他选项数值）区域内的平均颜色吸取为前景色或背景色。

图6-8 【吸管】工具的属性栏

利用【吸管】工具吸取颜色后，可选择【油漆桶】工具 ，然后将鼠标指针移动到要填充该颜色的图形中单击，即可将吸取的颜色填充至单击的图形中。

### 6.3.2 油漆桶工具

利用【油漆桶】工具 可以在图像中填充颜色或图案。其使用方法非常简单，在工具箱中设置好前景色或在属性栏中的图案选项中选择需要的图案，再设置好属性栏中的【模式】【不透明度】和【容差】等选项，然后移动鼠标指针到需要填充的图像区域内单击，即可完成填充操作。

【油漆桶】工具 的属性栏如图6-9所示。

图6-9 【油漆桶】工具的属性栏

- 前景 按钮：用于设置向画面或选区中填充的内容，包括【前景】和【图案】两个选项。选择【前景】选项，向画面中填充的内容为工具箱中的前景色；选择【图案】选项，并在右侧的图案窗口中选择一种图案后，可向画面中填充选择的图案。为蝴蝶图形填充单色和图案后的效果如图6-10所示。

图6-10 填充的单色及图案效果

- 【模式】：用于设置填充颜色后与下面图层混合产生的效果。
- 【不透明度】选项：用于设置填充颜色的不透明度。
- 【容差】文本框：控制图像中填充颜色或图案的范围，数值越大，填充的范围越大，如图6-11所示。

图6-11 设置不同容差值后的填充效果

- 【连续的】复选框：勾选此复选框，利用【油漆桶】工具填充时，只能填充与鼠标单击处颜色相近且相连的区域；若不勾选此复选框，则可以填充与鼠标单击处颜色相近的所有区域，如图6-12所示。

图 6-12 勾选与不勾选【连续的】复选框后的填充效果

- 【所有图层】复选框：勾选此复选框，填充的范围是图像文件中的所有图层。

### 6.3.3 利用快捷键填充颜色

（1）按 Alt+Delete 组合键，可以填充前景色

（2）按 Ctrl+Delete 组合键，可以填充背景色。

（3）按 Alt+Shift+Delete 组合键，可以填充前景色，而透明区域仍保持透明。

（4）按 Ctrl+Shift+Delete 组合键，可以在画面中不透明区域填充背景色。

### 6.3.4 【填充】命令

执行【编辑】/【填充】命令，弹出图 6-13 所示的【填充】对话框，利用此对话框也可以完成填充操作。各选项的功能介绍如下。

- 【使用】选项：单击右侧的下拉列表框，将弹出图 6-14 所示的下拉列表。

图 6-13 【填充】对话框      图 6-14 【使用】下拉列表

选择【颜色】，可在弹出的【拾色器】对话框中设置其他的颜色来填充当前的画面或选区；选择【图案】，对话框中的【自定图案】选项即为可用状态，单击此选项右侧的图案，可在弹出的选项面板中选择需要的图案；选择【历史记录】，可以将当前的图像文件恢复到图像所设置的历史记录状态或快照状态。

- 【模式】选项：在其右侧的下拉列表框中可选择填充颜色或图案与其下画面之间的混合形式。
- 【不透明度】选项：在其右侧的文本框中设置不同的数值可以设置填充颜色或图案的不透明度。此数值越小，填充的颜色或图案越透明。
- 【保留透明区域】选项：勾选此选项，将锁定当前层的透明区域。即再对画面或选区进行填充颜色或图案时，只能在不透明区域内进行填充。

### 6.3.5 案例1——自定图案并填充

下面以实例操作的形式来介绍填充图案的方法。

**【操作练习6-1】自定图案并填充。**

**STEP ☞1** 打开附盘中"图库\第06章"目录下的"花卉.jpg"文件，如图6-15所示。

**STEP ☞2** 选取【魔棒】工具，将鼠标指针移动到图像的白色背景区域单击，添加图6-16所示的选区。

图6-15 打开的文件

图6-16 创建的选区

**STEP ☞3** 利用【缩放】工具将左侧花朵区域放大显示，然后选取【多边形套索】工具。

**STEP ☞4** 按住Alt键将鼠标指针移动到图6-17所示的位置单击，然后依次移动鼠标并单击，将多选取的区域选择，如图6-18所示。

图6-17 鼠标指针放置的位置

图6-18 选择的图像

**STEP ☞5** 闭合选区后，生成的选区形态如图6-19所示。

**STEP ☞6** 执行【图层】/【新建】/【背景图层】命令，在弹出的【新建图层】对话框中单击 确定 按钮，将"背景"层转换成普通层"图层0"。

**STEP ☞7** 按Delete键将白色背景去除，按Ctrl+D组合键去除选区，效果如图6-20所示。

**STEP ☞8** 执行【图像】/【图像大小】命令，弹出【图像大小】对话框，通过此对话框先把文件的尺寸参数改小，如图6-21所示，单击 确定 按钮。这样当后面操作步骤中定义并填充图案后，会在较小的文件中填充出多个图案。

**STEP ☞9** 执行【编辑】/【定义图案】命令，在弹出的【图案名称】对话框中单击 确定 按钮，将花定义为图案。然后关闭该文件，注意不要存储文件。

图 6-19　修改后的选区

图 6-20　删除背景后的效果

**STEP　10** 新建一个【宽度】为"25 厘米"、【高度】为"3.5 厘米"、【分辨率】为"150 像素/英寸"、【颜色模式】为"RGB 颜色"、【背景内容】为"白色"的文件。

**STEP　11** 选择【油漆桶】工具，在属性栏中选择 图案 选项，单击 按钮，在弹出的图案选项面板中选择定义的图案。

**STEP　12** 单击【图层】面板中的 按钮，新建"图层 1"，然后在文件中单击，即可用自定义的花图案填充画面，如图 6-22 所示。

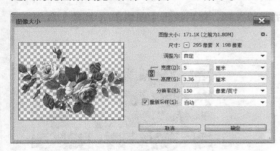

图 6-21　修改后的尺寸

图 6-22　填充的图案

**STEP　13** 确认背景色为白色，执行【图像】/【画布大小】命令，在弹出的【画布大小】对话框中设置选项参数如图 6-23 所示。

**STEP　14** 单击 确定 按钮，将画布调大，然后单击前景色块，在弹出的【拾色器】对话框中将颜色设置为浅黄色（R:255,G:250,B:160），如图 6-24 所示。

图 6-23　设置的画布大小

图 6-24　设置的前景色

**STEP　15** 单击 确定 按钮，然后将"背景层"设置为工作层，按 Alt+Delete 组合键，将设置的颜色填充到文件的背景层中。

**STEP 16** 将"图层 1"设置为工作层，按 Ctrl+J 组合键将其复制为"图层 1 拷贝"层，利用 工具调整复制出图像的位置，如图 6-25 所示。

**STEP 17** 依次按 Ctrl+J 组合键复制图像，并利用 工具调整各图像的位置，最终效果如图 6-26 所示。

图 6-25　移动图像

图 6-26　复制出的图像

**STEP 18** 选取 工具，将图 6-27 所示的区域选择，然后执行【图像】/【裁剪】命令将选区以外的图像裁剪掉。

制作的花布图案效果如图 6-28 所示。

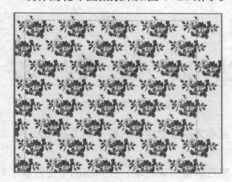

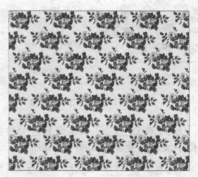

图 6-27　绘制的选区

图 6-28　制作的花布图案效果

**STEP 19** 按 Ctrl+S 组合键，将文件命名为"花布效果 .psd"保存。

# 6.4 【渐变】工具

【渐变】工具 可以在图像文件或选区中填充渐变颜色，是表现渐变背景或绘制立体图形的主要工具。利用此工具可以制作出许多独特美丽的效果。

## 6.4.1 基本选项设置

在工具箱中选择【渐变】工具 ，其属性栏如图 6-29 所示。

图 6-29　【渐变】工具属性栏

- 【点按可编辑渐变】按钮▇▇▇▇▇▇：单击颜色条部分，将弹出【渐变编辑器】对话框，用于编辑渐变色；单击右侧的▾按钮，将会弹出【渐变】选项面板，用于选择已有的渐变选项。

- 【线性渐变】按钮▣：在图像中拖曳鼠标，渐变颜色自鼠标指针落点至终点产生直线渐变效果。其中鼠标指针落点之外以渐变的第 1 种颜色填充，终点之外以渐变的最后一种颜色填充。

- 【径向渐变】按钮▣：在画面中填充以鼠标指针的起点为中心，鼠标拖曳距离为半径的环形渐变效果。

- 【角度渐变】按钮▣：可以在画面中填充以鼠标指针起点为中心，自鼠标拖曳方向起旋转一周的锥形渐变效果。

- 【对称渐变】按钮▣：可以产生以经过鼠标指针起点与拖曳方向垂直的直线为对称轴的轴对称直线渐变效果。

- 【菱形渐变】按钮▣：可以在画面中填充以鼠标指针的起点为中心，鼠标拖曳的距离为半径的菱形渐变效果。

- 【模式】选项：用来设置填充颜色与原图像所产生的混合效果。

- 【不透明度】选项：用来设置填充颜色的不透明度。

- 【反向】复选框：勾选此复选框，在填充渐变时，将颠倒设置的渐变颜色排列的顺序，如设置的渐变颜顺序为红、绿、蓝、黄，勾选此复选框后，渐变的颜色顺序为黄、蓝、绿、红。

- 【仿色】复选框：勾选此复选框，可以使渐变颜色之间的过渡更加柔和。

- 【透明区域】复选框：勾选此复选框，【渐变编辑器】对话框中渐变选项的不透明度才会生效。否则，将不支持渐变选项中的透明效果。

选择不同渐变类型时产生的渐变效果如图 6-30 所示。

图 6-30　各种渐变效果

## 6.4.2 【渐变编辑器】窗口

在【渐变】工具属性栏中单击【点按可编辑渐变】按钮▇▇▇▇▇▇的颜色条部分，将会弹出图 6-31所示的【渐变编辑器】窗口。

- 【预设窗口】：预设窗口中提供了多种渐变样式，单击缩略图即可选择该渐变样式。

- 【渐变类型】：此下拉列表中提供了"实底"和"杂色"两种渐变类型。

- 【平滑度】：此选项用于设置渐变颜色过渡的平滑程度。

- 【不透明度】色标：色带上方的色标称为不透明度色标，它可以根据色带上该位置的透明效果显示相应的灰色。当色带完全不透明时，不透明度色标显示为黑色；色带完全透明时，不透明度色标显示为白色。

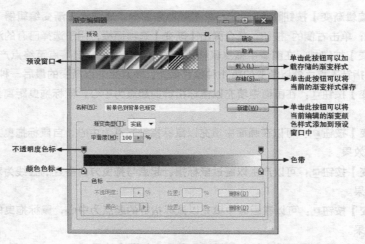

图 6-31 【渐变编辑器】窗口

- 【颜色】色标：左侧的色标，表示该色标使用前景色；右侧的色标，表示该色标使用背景色；当色标显示为状态时，则表示使用的是自定义的颜色。
- 【不透明度】：当选择一个不透明度色标后，在下方的【不透明度】选项可以设置该色标所在位置的不透明度，【位置】用于控制该色标在整个色带上的百分比位置。
- 【颜色】：当选择一个颜色色标后，【颜色】色块显示的是当前使用的颜色，单击该颜色块或在色标上双击，可在弹出的【拾色器】对话框中设置色标的颜色；单击【颜色】色块右侧的▶按钮，可以在弹出的菜单中将色标设置为前景色、背景色或用户颜色。
- 【位置】：可以设置色标在整个色带上的百分比位置；单击 删除(D) 按钮，可以删除当前选择的色标。在需要删除的【颜色】色标上按下鼠标左键，然后向上或向下拖曳，可以快速地删除【颜色】色标。

### 6.4.3 案例2——编辑渐变

Photoshop CC 提供了一些渐变项供用户选用，但是系统自带的几种渐变色远远不能满足实际工作的需求，很多情况下需要对渐变颜色重新编辑。下面通过球体的绘制过程来学习编辑渐变颜色的具体方法。

**【操作练习 6-2】编辑渐变。**

**STEP ⬇1** 新建一个【宽度】为"15 厘米"，【高度】为"12 厘米"，【分辨率】为"200 像素 /英寸"，【颜色模式】为"RGB 颜色"，【背景内容】为"白色"的文件。

**STEP ⬇2** 按 D 键，将工具箱中的前景色和背景色设置为默认的黑色和白色。

**STEP ⬇3** 选择 工具，然后在属性栏中 按钮的颜色条处单击，弹出【渐变编辑器】对话框，将鼠标指针移动到图 6-32 所示的颜色色标上单击，将该颜色色标选择。

**STEP ⬇4** 单击下方【颜色】色块 ▶，弹出【选择色标颜色】对话框，设置颜色参数如图 6-33 所示。

**STEP ⬇5** 单击 确定 按钮，然后单击【渐变编辑器】对话框中的 确定 按钮，即可完成渐变颜色的设置。

**STEP ⬇6** 按住 Shift 键，将鼠标指针移动到画面中的上方位置按下鼠标左键并向下拖曳，为新建文件的"背景层"填充渐变色，状态如图 6-34 所示；填充渐变色后的画面效果如图 6-35 所示。

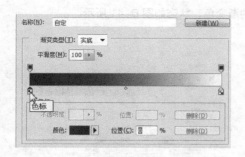

图 6-32 【渐变编辑器】对话框

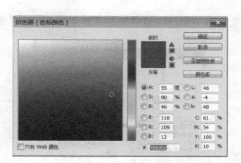

图 6-33 设置的颜色

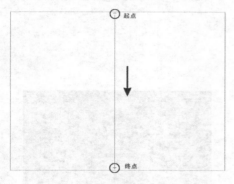

图 6-34 拖曳鼠标状态

图 6-35 填充渐变色后的画面效果

背景绘制完成后，下面来调制球体所用的渐变色，并绘制球体。

**STEP 7** 单击【图层】面板底部的 按钮，新建"图层 1"，然后在【渐变】工具属性栏中 按钮的颜色条处单击，弹出【渐变编辑器】对话框，并选择【前景色到背景色渐变】渐变颜色类型。

**STEP 8** 在色带下面图 6-36 所示的位置单击，添加一个颜色色标。添加的颜色色标如图 6-37 所示。

图 6-36 鼠标单击的位置

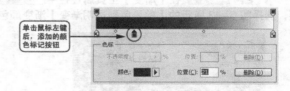

图 6-37 添加的颜色色标

**STEP 9** 将【位置】设置为"25%"，如图 6-38 所示。

**STEP 10** 在色带右侧"50%"和"80%"位置再添加两个颜色色标，然后从左到右分别将颜色设置为白色、灰色（R:230,G:230,B:230）、灰色（R:160,G:160,B:160）、灰色（R:62,G:58,B:57）和灰色（R:113,G:113,B:113），如图 6-39 所示。

**STEP 11** 单击 新建(W) 按钮，将设置的渐变颜色存储到【预设】栏中，这样以后使用类似的渐变颜色时可以不用再去设置，直接在【预设】栏中选用就可以了，如图 6-40 所示。

**STEP 12** 单击 确定 按钮，然后在属性栏中单击 按钮，设置"径向渐变"类型。

**STEP 13** 利用 工具绘制一个圆形选区，然后选择 工具，并将鼠标指针移动到选区的左上方，按下鼠标左键并向右下方拖曳，为选区填充设置的渐变色，状态如图 6-41 所示。

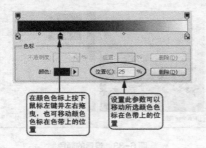

在颜色色标上按下鼠标左键并左右拖曳，也可移动颜色色标在色带上的位置

设置此参数可以移动所选颜色色标在色带上的位置

图 6-38 【位置】参数设置

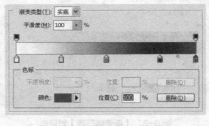

图 6-39 添加的颜色色标和设置的颜色

图 6-40 新建的渐变颜色

图 6-41 填充渐变色时的状态

**STEP 14** 释放鼠标左键后，按 Ctrl+D 组合键去除选区，填充渐变色后的效果如图 6-42 所示。至此，球体就绘制完成了，下面为球体制作投影效果。

**STEP 15** 在【渐变】工具属性栏中 选项右侧的 按钮上单击，弹出【渐变样式】面板，选择图 6-43 所示的【前景色到透明渐变】渐变颜色类型。

图 6-42 填充渐变色后的效果

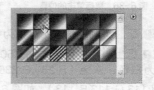

图 6-43 选择的渐变颜色类型

**STEP 16** 新建"图层 2"，然后利用 工具绘制出图 6-44 所示的椭圆形选区。

**STEP 17** 选择 工具，单击属性栏中的 按钮，设置"线性渐变"类型，并勾选 透明区域 复选框，然后在选区中由左向右拖曳鼠标，为选区填充渐变颜色，效果如图 6-45 所示。

图 6-44 绘制的选区

图 6-45 填充渐变色后的效果

**STEP 18** 按 Ctrl+D 组合键去除选区，然后执行【图层】/【排列】/【后移一层】命令，将"图层 2"调整至"图层 1"的下方。

**STEP 19** 执行【编辑】/【变换】/【扭曲】命令，为"图层 2"中的投影添加自由变换框，然后将变换框右边中间的控制点向上拖动，状态如图 6-46 所示。

**STEP 20** 调整变形后，单击属性栏中的 ✓ 按钮，确认图形的变形调整。

**STEP 21** 执行【滤镜】/【模糊】/【高斯模糊】命令，弹出【高斯模糊】对话框，将【半径】选项的参数设置为"5 像素"，单击 确定 按钮，制作的投影效果如 6-47 所示。

图 6-46 调整图形时的状态

图 6-47 制作的投影效果

**STEP 22** 按 Ctrl+S 组合键，将此文件命名为"绘制球体 .psd"保存。

### 6.4.4 案例 3——绘制彩虹

下面通过绘制彩虹效果来进一步学习【渐变】工具 ■ 的使用方法，范例结果如图 6-48 所示。

**【操作练习 6-3】绘制彩虹。**

**STEP 1** 打开附盘中"图库 \ 第 06 章"目录下名为"天空 .jpg"的文件，如图 6-49 所示。

图 6-48 绘制的彩虹效果

图 6-49 打开的图片

**STEP** 选取 工具，然后在属性栏中单击颜色条按钮右侧的 按钮，在弹出的渐变颜色选项面板中选择图 6-50 所示的渐变颜色。

**STEP** 单击属性栏中的 按钮，在弹出的【渐变编辑器】对话框中设置渐变颜色如图 6-51 所示。

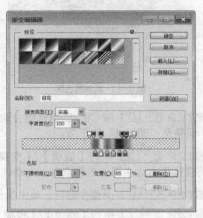

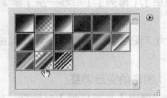

图 6-50　选择的渐变颜色　　　　　　　　　　　　图 6-51　编辑后的渐变颜色

**STEP** 新建"图层 1"，单击属性栏中的 按钮，然后在画面中拖曳鼠标，绘制出图 6-52 所示的渐变效果。

**STEP** 选取【多边形套索】工具 ，并绘制图 6-53 所示的选区。

图 6-52　创建的渐变效果　　　　　　　　　　　　图 6-53　绘制的选区

**STEP** 执行【选择】/【修改】/【羽化】命令，并将【羽化半径】选项设置为"60"，单击 确定 按钮，效果如图 6-54 所示。

**STEP** 按 Delete 键删除选区中的部分，效果如图 6-55 所示。

图 6-54　羽化选区后的效果　　　　　　　　　　　图 6-55　删除后的效果

**STEP** **8** 按 Ctrl+D 组合键去除选区，并将图层的【图层混合模式】设置为【滤色】模式，效果如图 6-56 所示。

**STEP** **9** 按 Ctrl+T 组合键调整彩虹的位置及大小，效果如图 6-57 所示。

图 6-56 更改混合模式后的效果

图 6-57 调整位置后的效果

**STEP** **10** 按 Enter 键确认图像的调整，然后选取【橡皮擦】工具 ，单击属性栏中的 按钮，在弹出的【笔头】设置面板中，选择图 6-58 所示的笔头。

**STEP** **11** 将鼠标光标移动到"彩虹"的右下角位置拖曳，将此处多余的图像擦除，效果如图 6-59 所示。

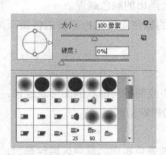

图 6-58 选择的画笔笔头

图 6-59 擦除图像后的效果

**STEP** **12** 按 Ctrl+Shift+S 组合键，将文件另命名为"绘制彩虹 .psd"保存。

# 6.5 【画笔】工具组

画笔工具组中包括【画笔】工具 、【铅笔】工具 、【颜色替换】工具 和【混合器画笔】工具 ，这 4 个工具的主要功能是用来绘制图形和修改图像颜色，灵活运用好绘画工具，可以绘制出各种各样的图像效果，使设计者的思想最大限度地表现出来。

## 6.5.1 【画笔】工具

选择 工具，在工具箱中设置前景色的颜色，即画笔的颜色，并在【画笔】对话框中选择合适的笔头，然后将鼠标指针移动到新建或打开的图像文件中单击并拖曳，即可绘制不同形状的图形或线条。

【画笔】工具 的属性栏如图 6-60 所示。

图 6-60 【画笔】工具的属性栏

- 【画笔】选项：用来设置画笔笔头的形状及大小，单击右侧的 按钮，会弹出图6-61所示的【画笔】设置面板。
- 【切换画笔调板】按钮 ：单击此按钮，可弹出【画笔】面板。
- 【模式】选项：可以设置绘制的图形与原图像的混合模式。
- 【不透明度】选项：用来设置画笔绘画时的不透明度，可以直接输入数值，也可以通过单击此选项右侧的 按钮，再拖动弹出的滑块来调节。使用不同的数值绘制出的颜色效果如图6-62所示。

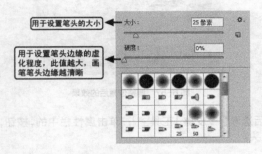

图6-61 【画笔】设置面板　　　　　　　　　　图6-62 不同【不透明度】值绘制的颜色效果

- 【流量】选项：决定画笔在绘画时的压力大小，数值越大画出的颜色越深。
- 【喷枪】按钮 ：激活此按钮，使用画笔绘画时，绘制的颜色会因鼠标指针的停留而向外扩展，画笔笔头的硬度越小，效果越明显。

### 6.5.2 【铅笔】工具

【铅笔】工具 与【画笔】工具类似，也可以在图像文件中绘制不同形状的图形及线条，只是在属性栏中多了一个【自动抹掉】选项，这是【铅笔】工具所具有的特殊功能。

【铅笔】工具 的属性栏如图6-63所示。

如果勾选了【自动抹除】复选框，在图像内与工具箱中的前景色相同的颜色区域绘画时，铅笔会自动擦除此处的颜色而显示背景色；在与前景色不同的颜色区绘画时，将以前景色的颜色显示，如图6-64所示。

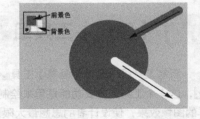

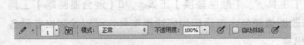

图6-63 【铅笔】工具的属性栏　　　　　　　　图6-64 勾选【自动抹除】复选框时绘制的图形

### 6.5.3 【颜色替换】工具

利用【颜色替换】工具 可以对特定的颜色进行快速替换，同时保留图像原有的纹理。颜色替换后的图像颜色与工具箱中当前的前景色有关，所以在使用该工具时，首先要在工具箱中设定需要的前景色，或按住Alt键，在图像中直接设置色样，然后在属性栏中设置合适的选项后，在图像中拖曳鼠标光标，即可改变图像的色彩效果。如图6-65所示。

图 6-65　颜色替换效果对比

【颜色替换】工具的属性栏如图 6-66 所示。

图 6-66　【颜色替换】工具的属性栏

- 【取样】按钮：用于指定替换颜色取样区域的大小。激活【连续】按钮，将连续取样来对拖曳鼠标指针经过的位置替换颜色；激活【一次】按钮，只替换第一次单击取样区域的颜色；激活【背景色板】按钮，只替换画面中包含有背景色的图像区域。
- 【限制】：用于限制替换颜色的范围。选择【不连续】选项，将替换出现在鼠标指针下任何位置的颜色；选择【连续】选项，将替换与紧挨鼠标指针下的颜色邻近的颜色；选择【查找边缘】选项，将替换包含取样颜色的连接区域，同时更好地保留图像边缘的锐化程度。
- 【容差】：指定替换颜色的精确度，此值越大替换的颜色范围越大。
- 【消除锯齿】：可以为替换颜色的区域指定平滑的边缘。

## 6.5.4　【混合器画笔】工具

【混合器画笔】工具可以借助混色器画笔和毛刷笔尖，创建逼真、带纹理的笔触，轻松地将图像转变为绘图或创建独特的艺术效果。图 6-67 所示为原图片及处理后的绘画效果。

图 6-67　【混合器画笔】工具的绘画效果

【混合器画笔】工具的使用方法非常简单：选取工具，然后设置合适的笔头大小，并在属性栏中设置好各选项参数后，在画面中拖动鼠标，即可将照片涂抹成水粉画效果。

【混合器画笔】工具的属性栏如图 6-68 所示。

图 6-68　【混合器画笔】工具的属性栏

- 【当前画笔载入】按钮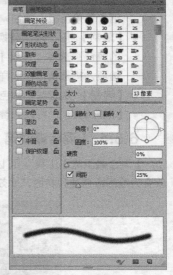：可重新载入画笔、清理画笔或只载入纯色，让它和涂抹的颜色进行混合。具体的混合结果可通过后面的设置值进行调整。

- 【每次描边后载入画笔】按钮和【每次描边后清理画笔】按钮：控制每一笔涂抹结束后对画笔是否更新和清理。类似于在绘画时，一笔过后是否将画笔在水中清洗。

- 下拉列表：在此下拉列表中可以选择预先设置好的混合选项。当选择某一种混合选项时，右边的 4 个选项设置值会自动调节为预设值。

- 【潮湿】选项：设置从画布拾取的油彩量。

- 【载入】选项：设置画笔上的油彩量。

- 【混合】选项：设置颜色混合的比例。

- 【流量】选项：设置描边的流动速率。

### 6.5.5 【画笔】面板

按 F5 键或单击属性栏中的按钮，打开图 6-69 所示的【画笔】面板。该面板由 3 部分组成，左侧部分主要用于选择画笔的属性；右侧部分用于设置画笔的具体参数；最下面部分是画笔的预览区域。

在设置画笔时，先选择不同的画笔属性，然后在其右侧的参数设置区中设置相应的参数，就可以将画笔设置为不同的形状。

- 画笔预设：用于查看、选择和载入预设画笔。拖动画笔笔尖形状窗口右侧的滑块可以浏览其他形状。

- 【画笔笔尖形状】选项：用于选择和设置画笔笔尖的形状，包括角度、圆度等。

- 【形状动态】选项：用于设置随着画笔的移动笔尖形状的变化情况。

- 【散布】选项：决定是否使绘制的图形或线条产生一种笔触散射效果。

- 【纹理】选项：可以使【画笔】工具产生图案纹理效果。

- 【双重画笔】选项：可以设置两种不同形状的画笔来绘制，首先通过【画笔笔尖形状】选项设置主笔刷的形状，再通过【双重画笔】选项设置次笔刷的形状。

- 【颜色动态】选项：可以将前景色和背景色进行不同程度的混合，通过调整颜色在前景色和背景色之间的变化情况以及色相、饱和度和亮度的变化，绘制出具有各种颜色混合效果的图形。

图 6-69 【画笔】面板

- 【传递】选项：用于设置画笔的不透明度和流量的动态效果。

- 【画笔笔势】选项：用于设置画笔笔头的不同倾斜状态及压力效果。

- 【杂色】选项：可以使画笔产生细碎的噪声效果，即产生一些小碎点效果。

- 【湿边】选项：可以使画笔绘制出的颜色产生中间淡四周深的润湿效果，用来模拟加水较多的颜料产生的效果。

- 【建立】选项：相当于激活属性栏中的按钮，使画笔具有喷枪的性质。即在图像中的指定位置按下鼠标后，画笔颜色将加深。

- 【平滑】选项：可以使画笔绘制出的颜色边缘较平滑。

- 【保护纹理】选项：当使用复位画笔等命令对画笔进行调整时，保护当前画笔的纹理图案不改变。

### 6.5.6　案例 4——自定义画笔并应用

除了系统自带的笔头形状外，用户还可以将自己喜欢的图像或图形定义为画笔笔头。下面来讲解自定义画笔的方法。

**【操作练习 6-4】自定义画笔并应用。**

**STEP 1** 打开附盘中 "图库 \ 第 06 章" 目录下名为 "蝴蝶 .jpg" 的图片。

**STEP 2** 利用【魔棒】工具 将白色背景选取，然后按 Ctrl+Shift+I 组合键将选区反选，反选后的选区状态如图 6-70 所示。

**STEP 3** 执行【编辑】/【定义画笔预设】命令，弹出图 6-71 所示的【画笔名称】对话框，单击 确定 按钮，即可将选区内的图像定义为画笔。

图 6-70　反选后的选区形态

图 6-71　【画笔名称】对话框

　**要点提示**

在定义画笔笔头之前最好将文件大小改小，否则定义的画笔笔头会很大。

**STEP 4** 选取【画笔】工具 ，并单击属性栏中的 按钮，在弹出的【画笔】面板中选择定义的 "蝴蝶" 图案，并设置【大小】和【间距】选项的参数如图 6-72 所示。

**STEP 5** 单击【形状动态】选项，然后设置右侧的选项参数如图 6-73 所示。

**STEP 6** 单击【散布】选项，然后设置右侧的选项参数如图 6-74 所示。

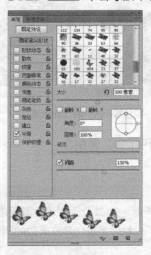

图 6-72　选择的图案及设置的参数

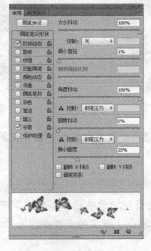

图 6-73　设置的【形状动态】参数

图 6-74　设置的【散布】参数

**STEP 7** 单击【颜色动态】选项，然后设置右侧的选项参数如图 6-75 所示。

**STEP 8** 将前景色设置为洋红色（R:255,B:255），背景色设置为黄色（R:255,G:255）。

**STEP 9** 打开附盘中"图库\第 06 章"目录下名为"蝴蝶背景 .jpg"的文件，如图 6-76 所示。

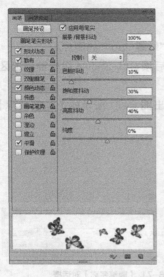

图 6-75　设置的【颜色动态】参数　　　　　　　　　　　图 6-76　打开的图像

**STEP 10** 新建图层"图层 1"，然后在图像中单击或拖曳鼠标，即可喷绘定义的图像，效果如图 6-77 所示。

**STEP 11** 在【图层】面板中将"图层 1"的【图层混合模式】选项设置为【减去】模式，效果如图 6-78 所示。

图 6-77　喷绘的图像　　　　　　　　　　　　　　　图 6-78　设置图层混合模式后的效果

**STEP 12** 按 Ctrl+S 组合键将此文件命名为"自定义画笔应用 .psd"保存。

 要点提示

在定义画笔笔头时，也可使用选区工具在图像中选择部分图像来定义画笔，如果希望创建的画笔带有锐边，则应当将选区工具属性栏中【羽化】选项的参数设置为"0 像素"；如果要定义具有柔边的画笔，可适当设置选区的【羽化】选项值。

## 6.6 课堂实训

本节通过两个实训，来检验读者对本章知识内容的掌握情况。

### 6.6.1 填充渐变背景

灵活运用 ■ 工具为画面添加渐变背景，效果如图 6-79 所示。

**【步骤解析】**

1. 打开附盘中"图库 \ 第 06 章"目录下名为"花 .jpg"的文件，然后将背景层转换为普通层，并利用 工具将白色的背景选择，按 Delete 键删除。

2. 新建图层，并调整至"图层 0"的下方。

3. 选取 ■ 工具，然后单击颜色条 右侧的 按钮，在弹出的【渐变颜色】选项面板中选择图 6-80 所示的渐变色。

图 6-79　添加的渐变背景　　　　　　　　　　　　　图 6-80　选择的渐变色

4. 单击属性栏中的 ■ 按钮，然后在画面中心位置按下鼠标并向右下方拖曳，释放鼠标后，即可为画面添加渐变背景。

### 6.6.2 利用【画笔】给模特化妆

主要为利用【画笔】工具 为模特面部化妆，原图及化妆后的效果如图 6-81 所示。

图 6-81　化妆前后的对比效果

【步骤解析】

1. 打开附盘中"图库\第06章"目录下名为"人物.jpg"的文件,利用 🔍 工具将人物的嘴部位置放大显示。

2. 选取 ✏️ 工具,设置合适的笔头大小,并将属性栏中的 不透明度: 30% 参数设置为"30%"。

3. 在【图层】面板中新建"图层1",然后将前景色设置为红色(R:255)。

4. 在画面中按照人物嘴部的轮廓形状,拖曳鼠标光标喷绘红色,并将"图层1"的【图层混合模式】选项设置为【颜色】选项。

5. 用相同的方法对人物的腮部进行处理,制作腮红效果,即可完成人物的化妆练习。

## 6.7 小结

本章主要介绍了颜色的设置与填充及各种绘画工具的应用,其中【画笔】工具 ✏️ 是最重要的绘画工具,灵活设置【画笔】面板中的选项,可以绘制出多种特殊的艺术效果。同时,也希望读者能多练习【渐变】工具 ▦ 的应用,以制作出更加逼真的立体图形或质感效果。

## 6.8 习题

1. 利用【椭圆选框】工具 ⬭ 和【渐变】工具 ▦ 来绘制透明泡泡效果,如图6-82所示。

2. 灵活运用 ✏️ 工具并结合【画笔】面板,来绘制图6-83所示的梅花效果。

图6-82 制作的泡泡效果

图6-83 绘制的梅花效果

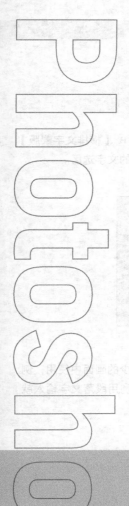

# 7

## 第7章
## 文字工具

文字的运用是平面设计中非常重要的一部分。在实际工作中，很多作品都需要文字内容来说明主题，或通过特殊编排的文字来衬托整个画面。本章将通过文字的基本输入，字符及段落的基本设置，文字的转换、变形、跟随路径等编辑方法，来介绍文字工具的编辑功能。

### 学习目标

- 掌握各文字工具的功能及使用方法。
- 学习美术文字的基本输入方法。
- 学习段落文字的输入方法。
- 了解【字符】面板和【段落】面板的使用。
- 学习沿路径输入文字以及调整路径上的文字的方法。
- 掌握文字的变形操作。
- 了解文字的转换操作。
- 通过本章的学习，掌握图7-1所示文字的输入及编排操作。

图 7-1 文字工具应用

# 7.1 【文字】工具

文字工具组中共有 4 种文字工具，包括【横排文字】工具 T.、【直排文字】工具 IT.、【横排文字蒙版】工具 T.和【直排文字蒙版】工具 IT.，分别用于输入水平、垂直文字以及水平和垂直的文字选区。

创建的文字和文字形状的选区如图 7-2 所示。

图 7-2　输入的文字及选区

利用文字工具可以在文件中输入点文字或段落文字。点文字适合在文字内容较少的画面中使用，例如标题或需要制作特殊效果的文字；当作品中需要输入大量的说明性文字内容时，利用段落文字输入就非常适合。以点文字输入的标题和以段落文字输入的文本内容如图 7-3 所示。

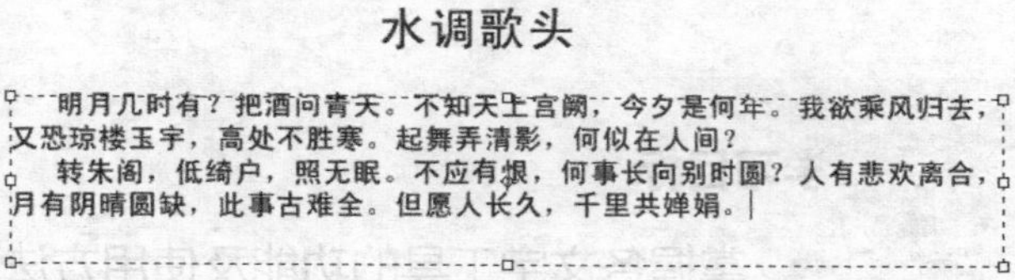

**水调歌头**

　　明月几时有？把酒问青天，不知天上宫阙，今夕是何年。我欲乘风归去，又恐琼楼玉宇，高处不胜寒。起舞弄清影，何似在人间？
　　转朱阁，低绮户，照无眠。不应有恨，何事长向别时圆？人有悲欢离合，月有阴晴圆缺，此事古难全。但愿人长久，千里共婵娟。

图 7-3　输入的点文字和段落文字

创建文字和文字选区的操作非常简单，下面进行简要的介绍。

## 7.1.1　创建点文字

利用文字工具输入点文字时，每行文字都是独立的，行的长度随着文字的输入不断增加，无论输入多少文字都是在一行内，只有按 Enter 键才能切换到下一行输入文字。

输入点文字的操作方法为，在【文字】工具组中选择 T.或 IT.工具，鼠标指针将显示为文字输入光标 或 符号，在文件中单击，指定输入文字的起点，然后在属性栏或【字符】面板中设置相应的文字选项，再输入需要的文字即可。按 Enter 键可使文字切换到下一行；单击属性栏中的 ✓ 按钮，可完成点文字的输入。

## 7.1.2　创建段落文字

在图像中添加文字，很多时候需要输入一段内容，如一段商品介绍等。输入这种文字时，可利用定界框来创建段落文字，即先利用文字工具绘制一个矩形定界框，以限定段落文字的范围，然后在输入文字时，系统将根据定界框的宽度自动换行。

输入段落文字的具体操作方法为，在【文字】工具组中选择 T.或 IT.工具，然后在文件中拖曳鼠标绘制一个定界框，并在属性栏、【字符】面板或【段落】面板中设置相应的选项，即可在定界框中输入需要的文字。文字输入到定界框的右侧时将自动切换到下一行。输入完一段文字后，按 Enter 键可以切换到下一段文字。如果输入的文字太多以致定界框中无法全部容纳，定界框右下角将出现溢出标记符号，此时可以通过拖曳定界框四周的控制点，以调整定界框的大小来显示全部的文字内容。文字输入完成后，单击属性栏中的✓按钮，即可完成段落文字的输入。

 **要点提示**

*在绘制定界框之前，按住 Alt 键单击或拖曳鼠标，将会弹出【段落文字大小】对话框，在对话框中设置定界框的宽度和高度，然后单击　　确定　　按钮，可以按照指定的大小绘制界框。按住 Shift 键，可以创建正方形的文字定界框。*

### 7.1.3　创建文字选区

用【横排文字蒙版】工具Ｔ和【直排文字蒙版】工具ＩＴ可以创建文字选区，文字选区具有其他选区相同的性质。创建文字选区的操作方法为，选择【文字】工具组中的Ｔ工具或ＩＴ工具，并设置文字选项，再在文件中单击，此时图像暂时转换为快速蒙版模式，画面中会出现一个红色的蒙版，即可开始输入需要的文字，在输入文字过程中，如要移动文字的位置，可按住 Ctrl 键，然后将鼠标指针移动到变形框内按下并拖曳即可。单击属性栏中的✓按钮，即可完成文字选区的创建。

### 7.1.4　点文字与段落文本相互转换

在实际操作中，经常需要将点文字转换为段落文字，以便在定界框中重新排列字符，或者将段落文字转换为点文字，使各行文字独立地排列。

转换方法非常简单，在【图层】面板中选择要转换的文字层，并确保文字没有处于编辑状态，然后执行【类型】菜单命令中的【转换为点文本】或【转换为段落文本】命令，即可完成点文字与段落文字之间的相互转换。

## 7.2　【文字】工具的选项

在工具箱中选择【文字】工具时，其属性栏如图 7-4 所示。在图像中创建和编辑文字时，属性栏右侧还会出现✓按钮和○按钮。单击属性栏中的✓按钮，可以确认添加或修改文字的操作；单击属性栏中的○按钮，撤销操作。

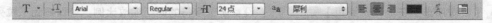

图 7-4　【文字】工具属性栏

【文字】工具的选项可以分为几大类，下面分类介绍这些选项。

#### 一、转换文字方向

单击【文字】工具属性栏中的【切换文本取向】按钮Ｔ，可以将水平文字转换为垂直文字，或将垂直文字转换为水平文字。

执行【类型】/【文本排列方向】/【横排】或【竖排】命令，也可转换文字的方向。

#### 二、设置文字字符格式

在【文字】工具属性栏中可以直接设置字符格式。

- 【设置字体系列】Arial ▾：此下拉列表中的字体用于设置输入文字的字体，也可以将输入的文字选择后再在字体列表中重新设置字体。
- 【设置字体样式】Regular ▾：在此下拉列表中可以设置文字的字体样式，包括 Regular（规则）、Italic（斜体）、Bold（粗体）和 Bold Italic（粗斜体）4 种字型。注意，当在字体列表中选择英文字体时，此列表中的选项才可用。
- 【设置字体大小】T 24点 ▾：用于设置文字的大小。
- 【设置消除锯齿的方法】犀利 ▾：决定文字边缘消除锯齿的方式，包括【无】、【锐利】、【犀利】、【浑厚】和【平滑】5 种方式。

### 三、设置文字对齐方式

- 在使用【横排文字】工具输入水平文字时，对齐方式按钮显示为 ▤ ▤ ▤，分别为"左对齐""水平居中对齐"和"右对齐"；
- 当使用【直排文字】工具输入垂直文字时，对齐方式按钮显示为 ▥ ▥ ▥，分别为"顶对齐""垂直居中对齐"和"底对齐"。

### 四、设置文字颜色

单击【文字颜色】色块可以修改选择文字的颜色。

### 五、设置文字的变形效果

单击【创建文字变形】按钮 工，将弹出【变形文字】对话框，用于设置文字的变形效果。具体操作详见第 7.4 节的讲解。

## 7.2.1 【字符】面板

执行【窗口】/【字符】命令或【类型】/【面板】/【字符面板】命令，以及单击文字工具属性栏中的 ▤ 按钮，都将弹出【字符】面板，如图 7-5 所示。

在【字符】面板中设置字体、字号、字型和颜色的方法与在属性栏中设置相同，在此不再赘述。下面介绍设置字间距、行间距和基线偏移等选项的功能。

图 7-5 【字符】面板

- 【设置行距】 ⏋自动 ▾：设置文本中每行文字之间的距离。
- 【设置字距微调】 V/A 0 ▾：设置相邻两个字符之间的距离。在设置此选项时不需要选择字符，只需在字符之间单击以指定插入点，然后设置相应的参数即可。
- 【设置字距】 V/A 0 ▾：用于设置文本中相邻两个文字之间的距离。
- 【设置所选字符的比例间距】 0% ▾：设置所选字符的间距缩放比例。可以在此下拉列表中选择 0% ~ 100% 的缩放数值。
- 【垂直缩放】 T 100% 和【水平缩放】 T 100%：设置文字在垂直方向和水平方向的缩放比例。
- 【基线偏移】 A 0点：设置文字由基线位置向上或向下偏移的高度。在文本框中输入正值，可使横排文字向上偏移，直排文字向右偏移；输入负值，可使横排文字向下偏移，直排文字向左偏移，效果如图 7-6 所示。

图 7-6 文字偏移效果

- 【语言设置】：在此下拉列表中可选择不同国家的语言，主要包括美国、英国、法国及德国等。
- 【字符】面板中各按钮的含义分述如下，激活不同按钮时文字效果如图 7-7 所示。

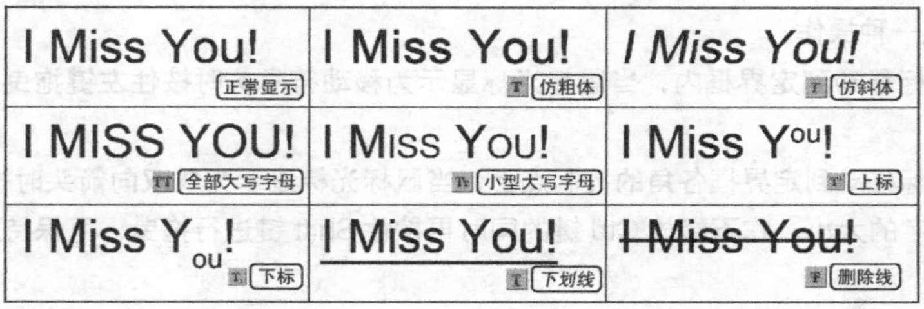

| I Miss You! 正常显示 | I Miss You! 仿粗体 | *I Miss You!* 仿斜体 |
|---|---|---|
| I MISS YOU! 全部大写字母 | I Miss You! 小型大写字母 | I Miss Y<sup>ou</sup>! 上标 |
| I Miss Y<sub>ou</sub>! 下标 | I Miss You! 下划线 | ~~I Miss You!~~ 删除线 |

图 7-7　文字效果

- 【仿粗体】按钮：可以将当前选择的文字加粗显示。
- 【仿斜体】按钮：可以将当前选择的文字倾斜显示。
- 【全部大写字母】按钮：可以将当前选择的小写字母变为大写字母显示。
- 【小型大写字母】按钮：可以将当前选择的字母变为小型大写字母显示。
- 【上标】按钮：可以将当前选择的文字变为上标显示。
- 【下标】按钮：可以将当前选择的文字变为下标显示。
- 【下划线】按钮：可以在当前选择的文字下方添加下划线。
- 【删除线】按钮：可以在当前选择的文字中间添加删除线。

## 7.2.2 【段落】面板

【段落】面板的主要功能是设置文字对齐方式以及缩进量。在【字符】面板中单击 段落 选项卡，或执行【窗口】/【段落】命令，都可以弹出【段落】面板。

当选择横向的文本时，【段落】面板如图 7-8 所示。

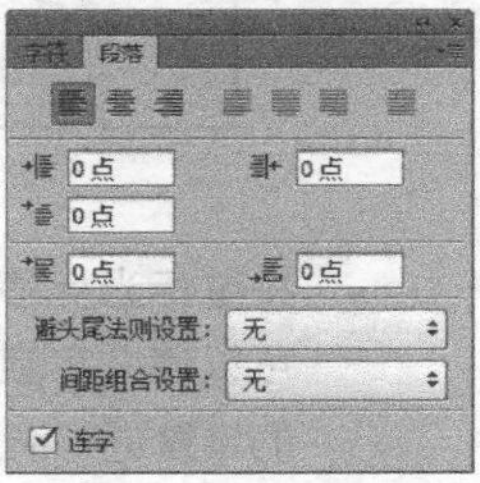

- ■■■ 按钮：这 3 个按钮的功能是设置横向文本的对齐方式，分别为左对齐、居中对齐和右对齐。
- ■■■■ 按钮：只有在图像文件中选择段落文本时，这 4 个按钮才可用。它们的功能是调整段落中最后一行的对齐方式，分别为左对齐、居中对齐、右对齐和两端对齐。

当选择竖向的文本时，【段落】面板最上一行各按钮的功能分述如下。

图 7-8　【段落】面板

- ■■■ 按钮：这 3 个按钮的功能是设置竖向文本的对齐方式，分别为顶对齐、居中对齐和底对齐。
- ■■■■ 按钮：只有在图像文件中选择段落文本时，这 4 个按钮才可用。它们的功能是调整段落中最后一列的对齐方式，分别为顶对齐、居中对齐、底对齐和两端对齐。
- 【左缩进】：用于设置段落左侧的缩进量。
- 【右缩进】：用于设置段落右侧的缩进量。
- 【首行缩进】：用于设置段落第一行的缩进量。
- 【段前添加空格】：用于设置每段文本与前一段之间的距离。
- 【段后添加空格】：用于设置每段文本与后一段之间的距离。
- 【避头尾法则设置】和【间距组合设置】：用于编排日语字符。
- 【连字】：勾选此复选框，允许使用连字符连接单词。

### 7.2.3 调整段落文字

在编辑模式下，通过调整文字定界框可以调整段落文字的位置、大小和形态，具体操作为按住 Ctrl 键并执行下列的某一种操作。

- 将鼠标光标移动到定界框内，当鼠标光标显示为移动符号 ▶ 时按住左键拖曳鼠标，可调整文字的位置。
- 将鼠标光标移动到定界框各角的控制点上，当鼠标光标显示为 ↖ 双向箭头时按住左键拖曳鼠标，可调整文字的大小；在不释放 Ctrl 键的同时再按住 Shift 键进行拖曳，可保持文字的缩放比例。

 **要点提示**

在段落文字的编辑模式下，将鼠标光标放置在定界框任意的控制点上，当鼠标光标显示为双向箭头时按住左键拖曳鼠标，可直接调整定界框的大小，此时文字的大小不会发生变化，只会在调整后的定界框内重新排列。

直接缩放定界框及按住 Ctrl 键缩放定界框的段落文字效果如图 7-9 所示。

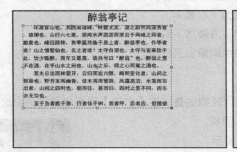

图 7-9 缩放前后的段落文字效果对比

- 将鼠标光标移动到定界框外的任意位置，当鼠标光标显示为 ↻ 旋转符号时按住左键拖曳鼠标，可以使文字旋转。在不释放 Ctrl 键的同时再按住 Shift 键进行拖曳，可将旋转限制为按 15° 角的增量进行调整，如图 7-10 所示。

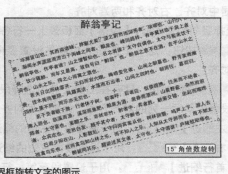

图 7-10 使用定界框旋转文字的图示

 **要点提示**

在按住 Ctrl 键的同时将鼠标光标移动到定界框的中心位置，当鼠标光标显示为 ▶ 符号时按住左键拖曳鼠标，可调整旋转中心的位置。

- 按住 Ctrl 键将鼠标光标移动到定界框的任意控制点上，当鼠标光标显示为 ▶ 倾斜符号时按住左键拖曳鼠标，可以使文字倾斜，如图 7–11 所示。

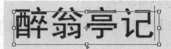

图 7–11　使用定界框斜切文字的图示

　　对文字进行变形操作除可利用定界框外，还可利用【编辑】/【变换】菜单中的命令，但不能执行【扭曲】和【透视】变形，只有将文字层转换为普通层后才可用。

### 7.2.4　案例 1——输入文字并编辑

　　下面通过为画面添加文字，学习文字的基本输入方法以及利用【字符】面板设置文字属性的操作方法。

**【操作练习 7–1】输入文字并编辑。**

**STEP ➊** 打开附盘中"图库 \ 第 07 章"目录下名为"铭城 .jpg"的文件。

**STEP ➋** 选取【横排文字】工具  T，在画面中依次输入图 7–12 所示的文字。

图 7–12　输入的文字

**STEP ➌** 将鼠标指针移动到"铭"字的左侧向右拖曳鼠标，至"际"字后释放鼠标左键，将图 7–13 所示的文字选择。

图 7–13　选择的文字

　　在文字输入完成后若想更改个别文字的格式，必须先选择这些文字。选择文字的具体操作如下。

- 在要选择字符的起点位置按下鼠标左键，然后向前或向后拖曳鼠标。
- 在要选择字符的起点位置单击，然后按住 Shift 键或 Ctrl+Shift 组合键不放，再按键盘中的→或←键。
- 在要选择字符的起点位置单击，然后按住 Shift 键并在选择字符的终点位置再次单击，可以选择某个范围内的全部字符。

- 执行【选择】/【全部】命令或按 Ctrl+A 组合键，可选择该图层中的所有字符。
- 在文本的任意位置双击鼠标，可以选择该位置的一句文字；快速单击鼠标 3 次，可以选择整行文字；快速单击鼠标 5 次，可以选择该图层中的所有字符。

**STEP 4** 单击属性栏中的 回 按钮，在弹出的【字符】面板中修改文字的颜色为白色，然后修改【字体】、【大小】及【行间距】参数如图 7-14 所示。

图 7-14　修改的字体及大小参数

**STEP 5** 用与步骤 3 相同的方法，将第 2 行文字选择，然后在【字符】面板中设置【字体】、【大小】参数及颜色如图 7-15 所示。

图 7-15　设置的文字字体及大小

**STEP 6** 单击属性栏中的 ✓ 按钮完成文字的设置，然后单击 ≡ 按钮将输入的文字居中对齐，再按住 Ctrl 键将当前工具暂时切换为 ➕ 工具，在文字上按下鼠标并拖曳，将调整后的文字移动到图 7-16 所示的位置。

图 7-16　文字移动的位置

**STEP 7** 执行【图层】/【图层样式】/【外发光】命令为文字添加外发光效果，参数设置及生成的效果如图 7-17 所示。

图 7-17　外发光参数设置及生成的效果

**STEP 8** 将前景色设置为深蓝色（G:60,B:113），然后利用 T 工具在文字的下方输入图 7-18 所示的文字，完成文字的输入练习。

图 7-18　输入的文字

**STEP 9** 按 Ctrl+Shift+S 组合键，将此文件另命名为"文字输入 .psd"保存。

### 7.2.5　案例 2——输入段落文字

下面通过输入作品中的文字，来学习段落文字的输入方法以及利用【字符】和【段落】面板设置文字属性的操作。

**【操作练习 7-2】输入段落文字。**

**STEP 1** 打开附盘中的"图库 \ 第 07 章"目录下名为"图版 .jpg"的文件，如图 7-19 所示。

**STEP 2** 选择【横排文字】工具 T，单击 按钮，在弹出的【字符】面板中设置选项及参数如图 7-20 所示，其中文字的颜色为绿色（R:56,G:96,B:4）。

图 7-19　打开的图片

图 7-20　【字符】面板

**STEP ** 在画面的左上方位置单击，输入图 7-21 所示的文字。然后在其下方拖曳鼠标光标，绘制出图 7-22 所示的文本定界框。

图 7-21 输入的文字

图 7-22 绘制的文本定界框

**STEP ** 在【字符】面板中设置图 7-23 所示的参数，文字颜色为黑色，然后输入图 7-24 所示的文字，并单击✔按钮确认。

图 7-23 设置的参数

图 7-24 输入的文字

**STEP ** 单击【段落】选项卡，然后设置参数如图 7-25 所示。设置文字首行缩进和段落前间距后的形态如图 7-26 所示。

图 7-25 设置的参数

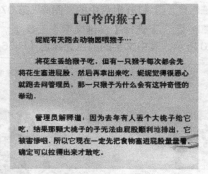

图 7-26 设置段落属性后的效果

**STEP ** 至此，段落文本输入完成，整体效果如图 7-27 所示，然后按 Ctrl+Shift+S 组合键，将文件命名为"输入段落文字 .psd"另存。

图 7-27　最后效果

# 7.3　文字转换

利用 Photoshop 中的文字工具在作品中输入文字后，将文字进行相应的转换操作，再通过 Photoshop 强大的编辑功能，可以对文字进行多姿多彩的特效制作和样式编辑，使设计出的作品更加生动有趣。文字转换的具体操作分别如下。

### 一、将文字转换为路径

执行【类型】/【创建工作路径】命令，可以将文字转换为路径，转换后将以临时路径"工作路径"出现在【路径】面板中。在文字图层中创建的工作路径可以像其他路径那样存储和编辑，但不能将此路径形态的文字作为文本再进行编辑。将文字转换为工作路径后，原文字图层保持不变并可继续进行编辑。

### 二、将文字转换为形状

执行【类型】/【转换为形状】命令，可以将文字图层转换为具有矢量蒙版的形状图层，此时可以编辑矢量蒙版来改变文字的形状，或者为其应用图层样式，但是，无法在图层中将字符再作为文本进行编辑了。

### 三、将文字层转换为工作层

许多编辑命令和编辑工具无法在文字层中使用，必须先将文字层转换为普通层才可使用相应的命令，其转换方法有以下 3 种。

- 将要转换的文字层设置为工作层，然后执行【类型】/【栅格化文字图层】命令，即可将其转换为普通层。
- 在【图层】面板中要转换的文字层上单击鼠标右键，在弹出的快捷菜单中选择【栅格化文字】命令。
- 在文字层中使用编辑工具或命令时，例如【画笔】工具、【橡皮擦】工具和各种【滤镜】命令等，将会弹出【Adobe Photoshop】询问对话框，直接单击　确定　按钮，也可以将文字栅格化。

# 7.4　文字变形

利用文字的变形命令，可以扭曲文字以生成扇形、弧形、拱形或波浪等各种不同形态的特殊文字效果。对文字应用变形后，还可随时更改文字的变形样式以改变文字的变形效果。

### 7.4.1 【变形文字】对话框

单击属性栏中的⬜按钮，或执行【类型】/【文字变形】命令，将弹出【变形文字】对话框，在此对话框中可以设置输入文字的变形效果。注意，此对话框中的选项默认状态都显示为灰色，只有在【样式】下拉列表中选择除【无】以外的其他选项后才可调整，如图 7-28 所示。

- 【样式】：设置文本最终的变形效果，单击其右侧窗口的▾按钮，可弹出文字变形下拉列表，选择不同的选项，文字的变形效果也各不相同。
- 【水平】和【垂直】选项：设置文本的变形是在水平方向上，还是在垂直方向上进行。
- 【弯曲】：设置文本扭曲的程度。
- 【水平扭曲】：设置文本在水平方向上的扭曲程度。
- 【垂直扭曲】：设置文本在垂直方向上的扭曲程度。

选择不同的样式，文本变形后的不同效果如图 7-29 所示。

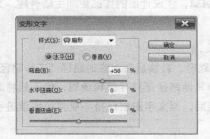

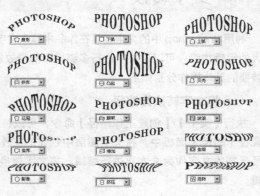

图 7-28 【变形文字】对话框　　　　　　　　　　　　　　　　图 7-29 文本变形效果

### 7.4.2 案例 3——制作变形效果字

下面通过范例操作来介绍应用文字变形的方法。制作的变形效果字如图 7-30 所示。

**【操作练习 7-3】制作变形效果字。**

**STEP** 1️⃣ 打开附盘中"图库\第 07 章"目录下名为"POP 底图 .jpg"和"文字 .jpg"的文件。

**STEP** 2️⃣ 利用【魔棒】工具🪄将"文字 .jpg"文件中的文字选择，然后移动复制到"POP 底图"文件中，并调整至图 7-31 所示的大小及位置。

图 7-30 制作的变形效果字　　　　　　　　　　　　　　　　图 7-31 文字调整的大小及位置

**STEP 3** 将前景色设置为白色，选择【横排文字】工具，将字体设置为"文鼎特粗黑简"，字号设置为"40 点"，然后在画面的左上方位置输入图 7-32 所示的文字。

图 7-32　输入的文字

**STEP 4** 单击属性栏中的按钮，弹出【变形文字】对话框，设置变形样式及参数如图 7-33 所示。

**STEP 5** 单击　确定　按钮，文字变形后的效果如图 7-34 所示。

图 7-33　【变形文字】对话框

图 7-34　变形后的效果

**STEP 6** 利用【图层样式】命令为文字添加描边、渐变叠加和投影效果，各项参数设置如图 7-35 所示。

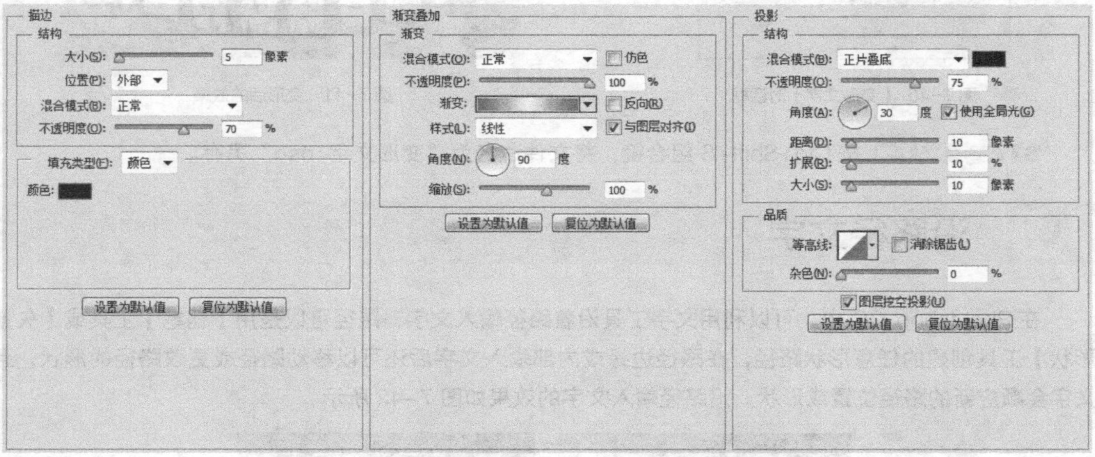

图 7-35　设置的图层样式参数

**STEP 7** 单击　确定　按钮，添加图层样式后的效果如图 7-36 所示。

图 7-36　添加图层样式后的效果

**STEP 8** 利用【横排文字】工具 T 在画面的右下角输入白色"青岛音像数码世界"文字，然后将左上方文字的图层样式复制到该文字层上。

**STEP 9** 将鼠标光标移动到图 7-37 所示的"渐变叠加"样式上，按下鼠标左键并向下方的 🗑 按钮上拖曳，将其删除，如图 7-38 所示，添加图层样式后的文字效果如图 7-39 所示。

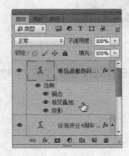

图 7-37　鼠标光标放置的位置

图 7-38　删除后的状态

图 7-39　文字添加的图层样式

**STEP 10** 单击属性栏中的 按钮，弹出【变形文字】对话框，设置变形样式及参数如图 7-40 所示。

**STEP 11** 单击 确定 按钮，文字变形后的效果如图 7-41 所示。

图 7-40　【变形文字】对话框

图 7-41　变形后的效果

**STEP 12** 按 Ctrl+Shift+S 组合键，将文件命名为"变形文字.psd"另存。

# 7.5　沿路径文字

在 Photoshop CC 中，可以利用文字工具沿着路径输入文字，路径可以是用【钢笔】工具或【矢量形状】工具创建的任意形状路径，在路径边缘或内部输入文字后还可以移动路径或更改路径的形状，且文字会顺应新的路径位置或形状。沿路径输入文字的效果如图 7-42 所示。

图 7-42　沿路径输入文字的效果

### 7.5.1 创建沿路径排列文字

沿路径排列的文字可以沿开放路径排列，也可以沿闭合路径排列。在闭合路径内输入文字相当于创建段落文字，具体操作如下。

#### 一、在开放路径上输入文字

沿路径输入文字的方法为，首先在画面中绘制路径，然后选取 T 工具，将鼠标指针移动到路径上，当鼠标指针显示为 ↓ 形状时单击，此时在路径的单击处会出现一个闪烁的插入点光标，此处为文字的起点，路径的终点会变为一个小圆圈，此圆圈表示文字的终点，从起点到终点就是路径文字的显示范围，然后输入需要的文字，文字即会沿路径排列，输入完成后，单击属性栏中的 ✓ 按钮，即可完成沿路径文字的输入。

#### 二、在闭合路径内输入文字

在闭合路径内输入文字的方法为，选择 T 或 IT 工具，将鼠标指针移动到闭合路径内，当鼠标指针显示为 ① 形状时单击，指定插入点，此时在路径内会出现闪烁的光标，且在路径外出现文字定界框，即可输入文字，如图 7-43 所示。

图 7-43 在闭合路径内输入文字

### 7.5.2 编辑沿路径文字

文字沿路径排列后，还可对其进行编辑，包括调整路径上文字的位置、显示隐藏文字和调整路径的形状等。

#### 一、编辑路径上的文字

利用 ▶ 或 ▶ 工具可以移动路径上文字的位置，其操作方法为，选择 ▶ 或 ▶ 工具，将鼠标指针移动到路径上文字的起点位置，此时鼠标指针会变为 ↳ 形状，在路径的外侧沿着路径拖曳鼠标指针，即可移动文字在路径上的位置，如图 7-44 所示。

图 7-44 移动文字在路径上的位置

当鼠标指针显示 形状时，在圆形路径内侧单击或拖曳鼠标指针，文字将会跨越到路径的另一侧，如图7-45所示。通过设置【字符】面板中的【设置基线偏移】选项，可以调整文字与路径之间的距离，如图7-46所示。

图7-45　文字跨越到路径的另一侧　　　　　　　　　　　　　图7-46　文字与路径的距离

### 二、隐藏和显示路径上的文字

选择 或 工具，将鼠标指针移动到路径文字的起点或终点位置，当鼠标指针显示为 形状时，顺时针或逆时针方向拖曳鼠标指针，可以在路径上隐藏部分文字，此时文字终点图标显示为 形状，当拖曳至文字的起点位置时，文字将全部隐藏，再拖曳鼠标，文字又会在路径上显示。

### 三、改变路径的形状

当路径的形状发生变化后，路径上的文字将跟随路径一起变化。利用 、 、 或 工具都可以调整路径的形状，如图7-47所示。

图7-47　改变路径的形状

## 7.5.3　案例4——沿路径输入文字

下面来学习沿路径输入文字的方法。

**【操作练习7-4】沿路径输入文字。**

**STEP** 打开附盘中的"图库\第07章"目录下名为"广告画面.jpg"的文件，如图7-48所示。

**STEP** 利用【钢笔】工具 和【转换点】工具 绘制出图7-49所示的路径。

**STEP** 选择【横排文字】工具 ，将鼠标光标移动到路径的左侧单击，插入沿路径输入文字的起始点光标，如图7-50所示。

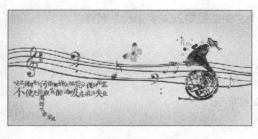

图 7-48　打开的图片

图 7-49　绘制的路径

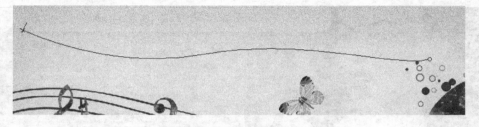

图 7-50　插入的文字输入光标

**STEP**  设置文字的字体为"创艺简黑体"，字号为"15 点"，文字颜色为绿色（R:26,G:120,B:58），然后输入需要的文字，文字即会沿路径排列，如图 7-51 所示。

图 7-51　输入的文字

**STEP** 单击属性栏中的✓按钮，即可完成文字输入，隐藏路径后的效果如图 7-52 所示。

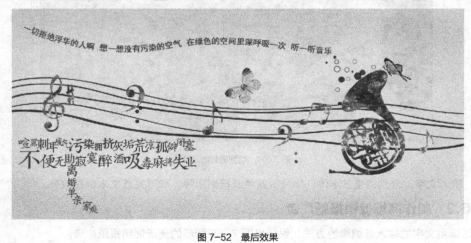

图 7-52　最后效果

STEP 16 按 Ctrl+Shift+S 组合键，将文件命名为"沿路径输入文字 .psd"另存。

## 7.6 课堂实训

灵活运用【文字】工具制作文本绕图效果以及商场促销报纸广告。

### 7.6.1 制作文本绕图效果

灵活运用在封闭的路径中输入文字的方法，制作出图 7-53 所示的文本绕图效果。

图 7-53 制作的文本绕图效果

【步骤解析】

1. 打开附盘中"图库 \ 第 07 章"目录下名为"肖像 .jpg"的文件，然后利用 和 工具沿画面中的人物边缘绘制出图 7-54 所示的路径。

图 7-54 绘制的封闭路径

2．输入文字，分别调整其字体、字号、颜色及行间距等，即可完成文本绕图效果。

### 7.6.2 制作商场促销报纸广告

灵活运用文字的输入与编辑的方法，设计出图 7-55 所示的商场促销报纸广告。

图 7-55　制作的商场促销广告

**【步骤解析】**

新建文件后，添加素材图片，并绘制底图图形，然后依次输入文字并进行编辑，即可完成报纸广告的设计。

## 7.7 小结

本章主要讲述了文字工具的使用方法，包括美术文本和段落文本的输入及编排、文字的相互转换、文字的变形及跟随路径文字的输入等操作。其中文字的变形及跟随路径排列操作对今后的排版、字体创意设计和制作特效字等工作是非常重要的，因此希望读者能熟练掌握这些功能，并在实际工作过程中灵活运用。

## 7.8 习题

1. 灵活运用本章学习的【文字】工具设计出图 7-56 所示的牛奶包装画面。
2. 综合运用本章学习的【文字】工具设计出图 7-57 所示的电子杂志。

图 7-56　设计的包装画面

图 7-57　设计的电子杂志

Chapter

# 8

# 第8章
# 图像处理

本章主要介绍图像处理的各种工具，包括裁剪工具、修复工具、图像修饰工具等。利用图像修复工具可以轻松修复破损或有缺陷的图像，比如去除照片中多余或不完整的区域。修饰工具是为照片制作各种特效比较快捷的工具，包括模糊、锐化、减淡和加深处理等工具。另外，在处理数码照片或其他各类图像时，色彩或明暗对比度等的调整是必不可少的工作，因此本章还对【调整】菜单命令进行了详细介绍。

## 学习目标

- 掌握裁剪工具的使用方法
- 了解图像的修复原理。
- 掌握橡皮擦工具的应用。
- 了解历史记录工具。
- 了解各修饰工具的功能及应用。
- 掌握利用调整命令调整图像的方法。
- 通过本章的学习，掌握图8-1所示图像的处理及个性色调调整的方法。

图 8-1 处理的图像及调整的个性色调

# 8.1 裁剪工具

在 Photoshop CC 软件中，【裁剪】工具分为【裁剪】工具 ⴏ 和【透视裁剪】工具 ▦ 。

**一、使用【裁剪】工具裁切图像。**

使用裁剪工具对图像进行裁切的操作步骤为，打开需要裁切的图像文件，然后选择【裁剪】工具 ⴏ 或【透视裁剪】工具 ▦ ，在图像文件中要保留的图像区域按住左键拖曳鼠标创建裁剪框，并对裁剪框的大小、位置及形态进行调整，确认后，单击属性栏中的 ☑ 按钮，即可完成裁切操作。

 **要点提示**

除可利用单击 ☑ 按钮来确认对图像的裁剪外，还可以将鼠标光标移动到裁剪框内双击或按 Enter 键确认来完成裁剪操作。单击属性栏中的 ⊘ 按钮或按 Esc 键，可取消裁剪框。

**二、调整裁剪框**

当在图像文件中创建裁剪框后，可对其进行调整，具体操作如下。

- 将鼠标指针放置在裁剪框内，按住左键拖曳鼠标可调整裁剪框的位置。
- 将鼠标指针放置到裁剪框的各角控制点上，按住左键拖曳可调整裁剪框的大小；如按住 Shift 键，将鼠标指针放置到裁剪框各角的控制点上，按住左键拖曳可等比例缩放裁剪框；如按住 Alt 键，可按照调节中心为基准对称缩放裁剪框；如按住 Alt+Shift 键，可按照调节中心为基准等比例缩放裁剪框。
- 将鼠标指针放置在裁剪框外，当鼠标指针显示为旋转符号时按住左键拖曳鼠标，可旋转裁剪框。将鼠标指针放置在裁剪框内部的中心点上，按住左键拖曳可调整中心点的位置，以改变裁剪框的旋转中心。注意，如果图像的模式是位图模式，则无法旋转裁切选框。

 **要点提示**

将鼠标指针放置到透视裁剪框各角点位置，按住左键并拖曳，可调整裁剪框的形态。在调整透视裁剪框时，无论裁剪框调整得多么不规则，当确认后，系统都会自动将保留下来的图像调整为规则的矩形图像。

## 8.1.1 案例1——重新构图裁剪图像

在照片处理过程中，经常会遇到照片中的主要景物太小，而周围不需要的多余空间较大；或周围照上一些多余人物的情况，此时就可以利用【裁剪】工具对其进行裁剪处理，使照片的主题更为突出，并将多余的人物裁剪。

原素材图片及裁剪后的效果对比如图 8-2 所示。

**【操作练习 8-1】重新构图裁剪图像。**

**STEP** ⴏ➊ 按 Ctrl+O 组合键，打开附盘中"图库\第08章"目录下名为"照片 .jpg"的图片文件。

**STEP** ⴏ➋ 选取 ⴏ 工具，单击属性栏中的 ⚙ 按钮，在弹出的面板中设置选项如图 8-3 所示。

图 8-2 原素材图片及裁剪后的效果对比

**要点提示**

如果不勾选属性栏中的【删除裁剪的像素】选项，裁切图像后并没有真正将裁切框外的图像删除，只是将其隐藏在画布之外，如果在窗口中移动图像还可以看到被隐藏的部分。这种情况下，图像裁切后，背景层会自动转换为普通层。

**STEP** 3 将鼠标指针移动到画面中的人物周围拖曳鼠标，即可绘制出裁剪框，如图 8-4 所示。

图 8-3 设置的选项 图 8-4 绘制的裁剪框

**STEP** 4 对裁剪框的大小进行调整，效果如图 8-5 所示。

**STEP** 5 单击属性栏中的☑按钮，确认图片的裁剪操作，裁剪后的画面如图 8-6 所示。

图 8-5 调整后的裁剪框 图 8-6 裁剪后的图像文件

**STEP** 6 按 Ctrl+Shift+S 组合键将此文件另命名为"裁剪图像 .jpg"保存。

## 8.1.2 案例 2——拉直倾斜的照片

在 Photoshop CC 中，【裁剪】工具还有一个"拉直"功能，该功能可以直接将倾斜的照片旋转矫正，以达到更加理想的效果。

原素材图片与裁剪后的效果对比如图 8-7 所示。

图 8-7　原素材图片与裁剪后的效果对比

**【操作练习 8-2】**拉直倾斜的照片。

**STEP 1** 按 Ctrl+O 组合键，将附盘中"图库＼第 08 章"目录下名为"大海 .jpg"的图片文件打开。

**STEP 2** 选择 工具，并激活属性栏中的 按钮，然后沿着海平线位置拖曳出图 8-8 所示的裁剪线。

**STEP 3** 释放鼠标左键后，即根据绘制的裁剪线生成图 8-9 所示的裁剪框。

图 8-8　绘制的裁剪线　　　　　　　　　　　　　　　图 8-9　生成的裁剪框

**STEP 4** 单击属性栏中的 按钮，确认图片的裁剪操作，此时倾斜的海平面即被矫正过来。

**STEP 5** 按 Ctrl+Shift+S 组合键，将此文件另命名为"拉直图像 .jpg"保存。

## 8.2　修复工具

Photoshop 工具箱中的修复工具从推出之日起，就一直备受广大用户的欢迎。其中包括【污点修复画笔】工具 、【修复画笔】工具 、【修补】工具 、【内容感知移动】工具 和【红眼】工具 。

### 8.2.1　【污点修复画笔】工具

【污点修复画笔】工具 可以快速移去照片中的污点和其他不理想的部分。它可以自动从修复位置的周围取样，然后将取样像素复制到当前要修复的位置，并将取样像素的纹理、光照、透明度和阴影与所修复的像素相匹配，从而达到自然的修复效果。

在工具箱中选择【污点修复画笔】工具 ，属性栏如图 8-10 所示。

图 8-10　【污点修复画笔】工具属性栏

- 单击【画笔】选项右侧的 按钮，弹出【笔头】设置面板。此面板主要用于设置 工具使用画笔的大小和形状，其参数与前面所讲的【画笔】面板中的笔尖选项的参数相同，在此不再赘述。
- 【模式】选项：选择用来修补的图像与原图像以何种模式进行混合。
- 【类型】选项：点选【近似匹配】单选按钮，将自动选择相匹配的颜色来修复图像的缺陷；点选【创建纹理】单选按钮，在修复图像缺陷后会自动生成一层纹理。点选【内容识别】单选按钮，系统将自动搜寻附近的图像内容，不留痕迹地填充修复区域，同时保留图像的关键细节。
- 【对所有图层取样】复选框：勾选此复选框，可以在所有可见图层中取样；不勾选此复选框，将只能在当前层中取样。

## 8.2.2 【修复画笔】工具

【修复画笔】工具 与【污点修复画笔】工具 的修复原理基本相似，都是将没有缺陷的图像部分与被修复位置有缺陷的图像进行融合，得到理想的匹配效果。但使用【修复画笔】工具 时需要先设置取样点，即按住 Alt 键，用鼠标在取样点位置单击（单击处的位置为复制图像的取样点），松开 Alt 键，然后在需要修复的图像位置按住鼠标左键拖曳，即可对图像中的缺陷进行修复，并使修复后的图像与取样点位置图像的纹理、光照、阴影和透明度相匹配，从而使修复后的图像不留痕迹地融入图像中。

在工具箱中选择【修复画笔】工具 ，属性栏如图 8-11 所示。

图 8-11 【修复画笔】工具属性栏

- 【源】：点选【取样】单选项，然后按住 Alt 键在适当的位置单击，可以将该位置的图像定义为取样点，以便用定义的样本来修复图像；点选【图案】单选项，可以单击其右侧的图案按钮，然后在打开的图案列表中选择一种图案来与图像混合，得到图案混合的修复效果。
- 【对齐】：勾选此复选框，将进行规则图像的复制，即多次单击或拖曳鼠标指针，最终将复制出一个完整的图像，若想再复制一个相同的图像，必须重新取样；若不勾选此项，则进行不规则复制，即多次单击或拖曳鼠标指针，每次都会在相应位置复制一个新图像。
- 【样本】：设置从指定的图层中取样。选择【当前图层】选项时，是在当前图层中取样；选择【当前和下方图层】选项时，是从当前图层及其下方图层中的所有可见图层中取样；选择【所有图层】选项时，是从所有可见图层中取样；如激活右侧的【忽略调整图层】按钮 ，将从调整图层以外的可见图层中取样。选择【当前图层】选项时此按钮不可用。

## 8.2.3 【修补】工具

利用【修补】工具 可以用图像中相似的区域或图案来修复有缺陷的部位或制作合成效果。与【修复画笔】工具 一样，【修补】工具会将设定的样本纹理、光照和阴影与被修复图像区域进行混合，从而得到理想的效果。

【修补】工具 的属性栏如图 8-12 所示。

图 8-12 【修补】工具属性栏

- 【新选区】按钮 、【添加到选区】按钮 、【从选区减去】按钮 和【与选区交叉】按钮 的功能，与【选框】工具属性栏中相应按钮的功能相同。
- 【修补】选项：点选【源】单选按钮，将用图像中指定位置的图像来修复选区内的图像，即将鼠标指针放置在选区内，将其拖曳到用来修复图像的指定区域，释放鼠标左键后会自动用指定区域的图像来修复选区内的图像；点选【目标】单选按钮，将用选区内的图像修复图像中的其他区域，即将鼠标指针放置在选区内，将其拖曳到需要修补的位置，释放鼠标左键后会自动用选区内的图像来修补鼠标指针停留处的图像。

- 【透明】复选框：勾选此复选框，在复制图像时，复制的图像将产生透明效果；不勾选此复选框，复制的图像将覆盖原来的图像。
- 使用图案 按钮：创建选区后，在右侧的图案列表 中选择一种图案类型，然后单击此按钮，可以用指定的图案修补源图像。

### 8.2.4 【内容感知移动】工具

利用【内容感知移动】工具 移动选择的图像，释放鼠标后，系统会自动进行合成，生成完美的移动效果。

【内容感知移动】工具的属性栏如图 8-13 所示。

图 8-13 【内容感知移动】工具的属性栏

- 【模式】：用于设置图像在移动过程中是移动还是复制。
- 【适应】：用于设置图像合成的完美程度，包括【非常严格】【严格】【中】【松散】和【非常松散】选项。

### 8.2.5 【红眼】工具

在夜晚或光线较暗的房间里拍摄人物照片时，由于视网膜的反光作用，往往会出现"红眼"效果。利用【红眼】工具 可以迅速地修复这种红眼效果。

【红眼】工具 的属性栏如图 8-14 所示。

- 【瞳孔大小】选项：用于设置增大或减小受【红眼】工具影响的区域。

图 8-14 【红眼】工具属性栏

- 【变暗量】选项：用于设置校正的暗度。

### 8.2.6 案例 3——去除照片中的多余内容

在旅游景点、公共场合以及人群较为密集的地方拍摄照片，往往会拍摄上一些不需要的人物或景物。本节来学习去除照片中多余人物的方法，图片素材及去除多余图像后的效果如图 8-15 所示。

图 8-15 图片素材及处理后的效果

【操作练习 8-3】去除照片中多余的人物。

**STEP** 🖱️**1** 打开附盘中"图库\第 08 章"目录下名为"人物 01.jpg"的文件。

**STEP** 🖱️**2** 利用【缩放】工具 🔍 将有多余人物的区域放大显示，然后选择【修补】工具 ▦，再根据多余人物的轮廓绘制出图 8-16 所示的选区。

**STEP** 🖱️**3** 确认在属性栏中点选【源】单选按钮，将鼠标光标移动到选区内，按住鼠标左键并向左拖曳，此时即可用左边的图像替换选区内的图像，状态如图 8-17 所示。

图 8-16  创建的选区

图 8-17  替换图像时的状态

**STEP** 🖱️**4** 释放鼠标左键后，效果如图 8-18 所示。

**STEP** 🖱️**5** 用同样的方法将 下方多余的图像部分选择，然后移动到图 8-19 所示的位置，用目标处的图像替换原图像。

图 8-18  去除多余部分后的效果

图 8-19  最后的效果

**STEP** 🖱️**6** 按 Ctrl+D 组合键去除选区，完成多余图像的去除操作，再按 Ctrl+Shift+S 组合键，将此文件命名为"去除多余图像 .jpg"另存。

 要点提示

由于利用【修补】工具 ▦ 修复图像是利用复制的图像来覆盖被修复的图像，且它们之间经过颜色重新匹配混合后得到的混合效果，所以有时会出现一次覆盖不能得到理想效果的情况，这时重复几次修复操作即可。

# 8.3 图章工具

本节主要介绍图章工具的基本应用。图章工具包括【仿制图章】工具 ▣ 和【图案图章】工具 ▣，它们主要通过在图像中选择印制点或设置图案来对图像进行复制。

【仿制图章】工具 ▣ 和【图案图章】工具 ▣ 的快捷键为 S 键，反复按 Shift+S 组合键可以实现这两种图章工具的切换。

## 8.3.1 【仿制图章】工具

【仿制图章】工具 ▣ 的操作方法与【修复画笔】工具 ▣ 相似，按住 Alt 键，在图像中要复制的部分单击鼠标左键，即可取得这部分作为样本，在目标位置处单击鼠标左键或拖曳鼠标，即可将取得的样本复制到目标位置。

【仿制图章】工具 ▣ 的属性栏如图 8-20 所示。

图 8-20 【仿制图章】工具的属性栏

- 在【模式】下拉列表中可设置复制图像与原图像混合的模式。
- 【不透明度】值设置复制图像的不透明度。
- 【流量】值决定画笔在绘画时的压力大小。
- 激活【喷枪】工具 ▣，可以使画笔模拟喷绘的效果。
- 勾选【对齐】复选框，将进行规则复制，即定义要复制的图像后，几次拖曳鼠标，得到的是一个完整的原图图像；不勾选【对齐】复选框，则进行不规则复制，即如果多次拖曳鼠标，每次从鼠标指针落点处开始复制定义的图像，拖曳鼠标复制与之相对应位置的图像，最后得到的是多个原图图像。
- 【样本】下拉列表：选择【当前图层】选项时，在当前图层中取样；选择【当前和下方图层】选项时，从当前图层及其下方图层中的所有可见图层中取样；选择【所有图层】选项时，从所有可见图层中取样。如激活右侧的【打开以在仿制时忽略调整图层】按钮 ▣，将从调整图层以外的可见图层中取样。选择【当前图层】选项时，此按钮不可用。

## 8.3.2 【图案图章】工具

【图案图章】工具 ▣ 可以将定义的图案复制到图像文件中。使用时需先定义图案，并在属性栏中选择定义的图案，然后在图像文件中按住左键拖曳鼠标，即可复制定义的图案。

在工具箱中选择 ▣ 工具，其属性栏如图 8-21 所示。▣ 工具选项与 ▣ 工具选项相似，在此只介绍不同的内容。

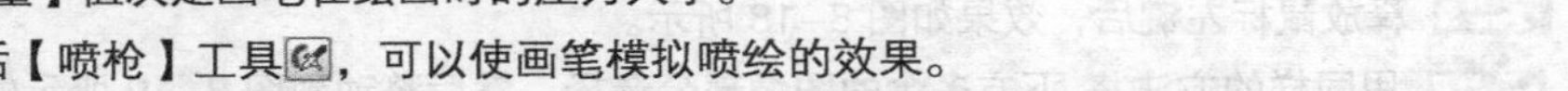

图 8-21 【图案图章】工具属性栏

- 【图案】按钮 ▣：单击此按钮，弹出【图案】选项面板，在此面板中可选择用于复制的图案。
- 【印象派效果】复选框：勾选此复选框，可以绘制随机产生的印象色块效果。

## 8.3.3 案例 4 —— 处理图像

利用【仿制图章】工具来处理图像，将横向照片制作为图 8-22 所示的竖向效果。

图 8-22　原图及处理后的效果

## 【操作练习 8-4】处理图像。

**STEP　1** 打开附盘中"图库\第 08 章"目录下名为"人物 02.jpg"的文件。

**STEP　2** 选择【仿制图章】工具，按住 Alt 键，将鼠标指针移动到图 8-23 所示的人物脸上单击设置取样点，然后将笔头大小设置为"90 像素"，并勾选【对齐】选项。

**STEP　3** 将鼠标指针水平向左移动到大约和取样点相同高度的位置，按下鼠标左键并拖曳，此时将按照设定的取样点来复制人物图像，状态如图 8-24 所示。

图 8-23　设置取样点的位置　　　　　　　　　　　　　　图 8-24　复制图像时的状态

**STEP　4** 继续拖曳鼠标复制出人物的全部图像，效果如图 8-25 所示。

**STEP　5** 利用工具创建图 8-26 所示的矩形选区，然后执行【图像】/【裁剪】命令，将选区以外的图像裁剪掉。

图 8-25　复制出的全部图像　　　　　　　　　　　　　　图 8-26　绘制的选区

**STEP 6** 按 Ctrl+D 组合键去除选区，即可完成图像的处理。

**STEP 7** 按 Ctrl+Shift+S 组合键，将此文件另命名为"处理图像 .jpg"保存。

# 8.4 橡皮擦工具

橡皮擦工具主要是用来擦除图像中不需要的区域，共有 3 种工具，分别为【橡皮擦】工具、【背景橡皮擦】工具和【魔术橡皮擦】工具。

橡皮擦工具的使用方法非常简单，只需在工具箱中选择相应的擦除工具，并在属性栏中设置合适的笔头大小及形状，然后在画面中要擦除的图像位置单击或拖曳鼠标即可。

## 8.4.1 【橡皮擦】工具

【橡皮擦】工具是最基本的擦除工具，它就像是平时用的橡皮一样。

利用【橡皮擦】工具擦除图像，当在背景层或被锁定透明的普通层中擦除时，被擦除的部分将被工具箱中的背景色替换；当在普通层擦除时，被擦除的部分将显示为透明色，效果如图 8-27 所示。

图 8-27　两种不同图层的擦除效果

在工具箱中选择【橡皮擦】工具，其属性栏如图 8-28 所示。

图 8-28　【橡皮擦】工具属性栏

● 【模式】：用于设置橡皮擦擦除图像的方式，包括【画笔】、【铅笔】和【块】3 个选项。

当选择【画笔】和【铅笔】选项时，工具的选项和使用方法与工具或工具相似，只不过在背景层上使用时所用的颜色为背景色，在普通层上使用时产生的效果为透明。

最后一个选项是【块】，当选择【块】选项时，工具在图像窗口中的大小是固定不变的，所以可以将图像放大至一定倍数后，再利用它来对图像中的细节进行修改。当图像放大至 1600% 时，工具的大小恰好是一个像素的大小，此时可以对图像进行精确到一个像素的修改。

● 【抹到历史记录】复选框：勾选此复选框，【橡皮擦】工具就具有了【历史记录画笔】工具的功能。

## 8.4.2 【背景橡皮擦】工具

利用【背景橡皮擦】工具擦除图像，无论是在背景层上还是在普通层上，都可以将图像中的特定颜色擦除为透明色，并且将背景层自动转换为普通层，效果如图 8-29 所示。

图 8-29　使用【背景橡皮擦】工具擦除前后的效果

在工具箱中选择【背景橡皮擦】工具，其属性栏如图 8-30 所示。

图 8-30　【背景橡皮擦】工具属性栏

- 【取样】按钮：用于控制背景橡皮擦的取样方式。激活【连续】按钮，拖曳鼠标擦除图像时，将随着鼠标指针的移动随时取样；激活【一次】按钮，只替换第 1 次取样的颜色，在拖曳鼠标过程中不再取样；激活【背景色板】按钮，不在图像中取样，而是由工具箱中的背景色决定擦除的颜色范围。
- 【限制】：用于控制背景橡皮擦擦除颜色的范围。选择【不连续】选项，可以擦除图像中所有包含取样的颜色；选择【连续】选项，只能擦除所有包含取样颜色且与取样点相连的颜色；选择【查找边缘】选项，在擦除图像时将自动查找与取样点相连的颜色边缘，以便更好地保持颜色边界。
- 【容差】值决定在图像中选择要擦除颜色的精度。此值越大，可擦除颜色的范围就越大；此值越小，可擦除颜色的范围就越小。
- 【保护前景色】复选框：勾选此复选框，将无法擦除图像中与前景色相同的颜色。

### 8.4.3 【魔术橡皮擦】工具

【魔术橡皮擦】工具具有【魔棒】工具识别取样颜色的特征。当图像中含有大片相同或相近的颜色时，利用【魔术橡皮擦】工具在要擦除的颜色区域内单击，可以一次性擦除所有与取样位置相同或相近的颜色，同样也会将背景层自动转换为普通层。通过【容差】值还可以控制擦除颜色面积的大小，如图 8-31 所示。

在工具箱中选择【魔术橡皮擦】工具，其属性栏如图 8-32 所示。

- 【容差】值决定在图像中要擦除颜色的精度。此值越大，可擦除颜色的范围就越大；此值越小，可擦除颜色的范围就越小。
- 勾选【消除锯齿】复选框，在擦除图像范围的边缘去除锯齿边。
- 勾选【连续】复选框，在图像中擦除与鼠标指针落点颜色相近且相连的像素。否则将擦除图像中所有与鼠标指针落点颜色相近的像素。
- 勾选【对所有图层取样】复选框，工具对图像中的所有图层起作用，否则只对当前层起作用。
- 【不透明度】选项，用于设置工具擦除效果的不透明度。

图 8-31 使用【魔术橡皮擦】工具并合不同容差值擦除后的效果

图 8-32 【魔术橡皮擦】工具属性栏

# 8.5 历史记录工具

历史记录画笔工具包括【历史记录画笔】工具和【历史记录艺术画笔】工具。【历史记录画笔】工具的主要功能是恢复图像。【历史记录艺术画笔】工具的主要功能是用不同的色彩和艺术风格模拟绘画的纹理对图像进行处理。

## 8.5.1 【历史记录画笔】工具

【历史记录画笔】工具是一个恢复图像历史记录的工具，可以将编辑后的图像恢复到在【历史记录】面板中设置的历史恢复点位置。当图像文件被编辑后，选择工具，在属性栏中设置好笔尖大小、形状和【历史记录】面板中的历史恢复点，将鼠标光标移动到图像文件中按下鼠标左键拖曳，即可将图像恢复至历史恢复点所在位置时的状态。注意，使用此工具之前，不能对图像文件进行图像大小的调整。

【历史记录画笔】工具的属性栏如图 8-33 所示。这些选项在前面介绍其他工具时已经全部讲过了，此处不再重复。

图 8-33 【历史记录画笔】工具属性栏

## 8.5.2 【历史记录艺术画笔】工具

利用【历史记录艺术画笔】工具可以给图像加入绘画风格的艺术效果，表现出一种画笔的笔触质感。选取此工具，在图像上拖曳鼠标光标即可完成非常漂亮的艺术图像制作。

【历史记录艺术画笔】工具的属性栏如图 8-34 所示。

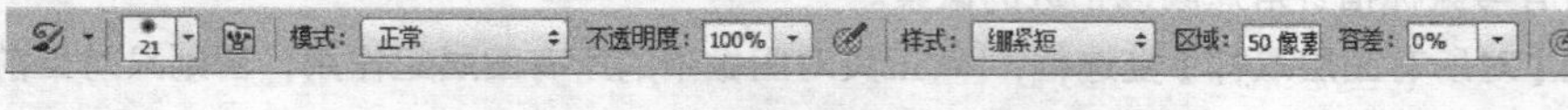

图 8-34 【历史记录艺术画笔】工具属性栏

- 【样式】下拉列表：设置【历史记录艺术画笔】工具的艺术风格。选择各种艺术风格选项绘制的图像效果如图 8-35 所示。

图 8-35　选择不同的样式产生的不同效果

- 【区域】选项：指应用【历史记录艺术画笔】工具所产生艺术效果的感应区域。数值越大，产生艺术效果的区域越大；反之，产生艺术效果的区域越小。
- 【容差】选项：限定原图像色彩的保留程度。数值越大，图像色彩与原图像越接近。

### 8.5.3　案例 5——绘制油画效果

本节通过绘制油画效果来学习【历史记录艺术画笔】工具 的使用方法。图库素材及最终效果如图 8-36 所示。

图 8-36　图库素材及最终效果

【操作练习 8-5】绘制油画效果。

**STEP** 打开附盘中"图库 \ 第 08 章"目录下名为"人物 03.jpg"的文件。

**STEP 2** 选择【历史记录艺术画笔】工具 ，设置属性栏中各选项及参数如图 8-37 所示。

图 8-37　属性栏中的选项及参数设置

**STEP 3** 在画面中的人物面部位置拖曳鼠标光标，绘制艺术效果，如图 8-38 所示。

**STEP 4** 依次在画面中的其他区域拖曳鼠标光标，绘制出图 8-39 所示的效果。

图 8-38　脸部的效果

图 8-39　整幅图像绘制完成后的效果

**STEP 5** 打开附盘中"图库 \ 第 08 章"目录下名为"笔触 .jpg"的文件，如图 8-40 所示。

**STEP 6** 将笔触图像移动复制到人物文件中，按 Ctrl+T 组合键，为笔触图像添加自由变换框，然后将其调整至与画面相同的大小。

**STEP 7** 在【图层】面板中将笔触所在图层的图层混合模式更改为"柔光"，效果如图 8-41 所示。

图 8-40　移动复制的图片

图 8-41　更改混合模式后的效果

**STEP 8** 至此，油画效果制作完成，按 Ctrl+Shift+S 组合键，将文件命名为"油画效果 .psd"另存。

# 8.6　修饰工具

图像修饰编辑工具包括【模糊】工具、【锐化】工具、【涂抹】工具、【减淡】工具、【加深】工具和【海绵】工具。这几个工具的使用方法基本相同，即在工具箱中选择相应的工具后，在相应的属性栏中设置笔头大小、形状、混合模式和强度等属性，然后在图像需要修饰的位置单击或拖曳鼠标光标，即可对图像进行模糊、锐化、涂抹、减淡、加深、加色或去色等效果的处理。

## 8.6.1　【模糊】、【锐化】和【涂抹】工具

利用【模糊】工具可以降低图像色彩反差来对图像进行模糊处理，从而使图像边缘变得模糊；【锐化】工具恰好相反，它是通过增大图像色彩反差来锐化图像，从而使图像色彩对比更强烈；【涂抹】工具主要用于涂抹图像，使图像产生类似于在未干的画面上用手指涂抹的效果。

这3个工具的属性栏基本相同，只是【涂抹】工具的属性栏多了一个【手指绘画】复选框，如图8-42所示。

图8-42　【涂抹】工具属性栏

- 【模式】选项：用于设置色彩的混合方式。
- 【强度】选项：用于调节对图像进行涂抹的程度。
- 【对所有图层取样】复选框：若不勾选此复选框，只能对当前图层起作用；若勾选此复选框，可以对所有图层起作用。
- 【手指绘画】复选框：不勾选此复选框，对图像进行涂抹只是使图像中的像素和色彩进行移动；勾选此复选框，则相当于用手指蘸着前景色在图像中进行涂抹。

原图像和经过模糊、锐化、涂抹后的效果图，如图8-43所示。

图8-43　原图像和经过模糊、锐化、涂抹后的效果

## 8.6.2　【减淡】、【加深】和【海绵】工具

利用【减淡】工具可以对图像的阴影、中间色和高光部分进行提亮和加光处理，从而使图像变亮；利用【加深】工具则可以对图像的阴影、中间色和高光部分进行遮光变暗处理。这两个工具的属性栏完全相同，如图8-44所示。

图8-44　【减淡】工具和【加深】工具属性栏

- 【范围】：包括【阴影】、【中间调】和【高光】3个选项，用于设置减淡或加深处理的图像范围。
- 【曝光度】选项：用于设置对图像减淡或加深处理时的曝光强度。

【海绵】工具  可以对图像进行变灰或提纯处理，从而改变图像的饱和度。该工具的属性栏如图8-45所示。

图8-45 【海绵】工具属性栏

- 【模式】：用于控制【海绵】工具的作用模式，包括【去色】和【加色】两个选项。选择【去色】选项，可以降低图像的饱和度；选择【加色】选项，可以增加图像的饱和度。
- 【流量】选项：用于控制去色或加色处理时的强度。数值越大，效果越明显。

原图像和经过减淡、加深、去色和加色后的效果图，如图8-46所示。

图8-46 原图像和经过减淡、加深、去色、加色后的效果

### 8.6.3 案例6——制作景深效果

在照片拍摄中，运用好景深可以使拍摄的照片具有主体物突出的艺术效果，而利用Photoshop的【模糊】工具 同样也能制作出类似的效果。图8-47所示为原图及制作的景深效果。

**【操作练习8-6】制作景深效果。**

**STEP 1** 打开附盘中"图库\第08章"目录下名为"人物04.jpg"的文件。

**STEP 2** 选择【模糊】工具，在属性栏中设置一个较大的画笔笔头，设置 强度：100% 的参数为"100%"，对画面中除人物外的背景进行涂抹，涂抹成图8-48所示背景模糊的效果。

图8-47 原图像与制作的景深效果　　　　图8-48 模糊处理后的效果

**STEP 3** 在模糊处理时，人物的轮廓边缘可能也会变模糊了，读者可以利用【历史记录画笔】工具 将人物的轮廓边缘修复出来，使之恢复清晰的效果，如图8-49所示。

图 8-49　还原图像前后的对比效果

**STEP 4** 使用【历史记录画笔】工具 ✍ 将人物及周围的背景恢复成清晰的效果，即可完成景深效果的制作。

**STEP 5** 按 Ctrl+Shift+S 组合键，将此文件命名为"景深效果 .jpg"另存。

# 8.7　调整命令

Photoshop CC 中提供了很多类型的图像色彩调整命令，利用这些命令可以把彩色图像调整成黑白或单色效果，也可以给黑白图像上色使其焕然一新。另外，无论图像曝光过度或曝光不足，都可以利用不同的调整命令来进行弥补，还可以将图像调整为各种样式的个性色调。

## 8.7.1　调整命令

执行【图像】/【调整】命令，将弹出图 8-50 所示的子菜单。【调整】子菜单中的命令主要是对图像或选择区域中的图像进行颜色、亮度、饱和度及对比度等的调整，这些命令可以使图像产生多种色彩上的变化。下面简要介绍这些命令。

### 一、【亮度 / 对比度】命令

【亮度 / 对比度】命令通过设置不同的参数值或调整滑块的位置来改变图像的亮度及对比度。执行【图像】/【调整】/【亮度 / 对比度】命令，将弹出图 8-51 所示的【亮度 / 对比度】对话框。

| 亮度/对比度(C)... |  |
| --- | --- |
| 色阶(L)... | Ctrl+L |
| 曲线(U)... | Ctrl+M |
| 曝光度(E)... |  |
| 自然饱和度(V)... |  |
| 色相/饱和度(H)... | Ctrl+U |
| 色彩平衡(B)... | Ctrl+B |
| 黑白(K)... | Alt+Shift+Ctrl+B |
| 照片滤镜(F)... |  |
| 通道混合器(X)... |  |
| 颜色查找... |  |
| 反相(I) | Ctrl+I |
| 色调分离(P)... |  |
| 阈值(T)... |  |
| 渐变映射(G)... |  |
| 可选颜色(S)... |  |
| 阴影/高光(W)... |  |
| HDR 色调... |  |
| 变化... |  |
| 去色(D) | Shift+Ctrl+U |
| 匹配颜色(M)... |  |
| 替换颜色(R)... |  |
| 色调均化(Q)... |  |

图 8-50　【图像】/【调整】子菜单

图 8-51　【亮度 / 对比度】对话框

- 【亮度】选项：用来调整图像的亮度，向左拖曳滑块可以使图像变暗；向右拖曳滑块可以使图像变亮。
- 【对比度】选项：用来调整图像的对比度，向左拖曳滑块可以减小图像的对比度；向右拖曳滑块可以增大图像的对比度。

照片原图与调整亮度／对比度后的效果如图8-52所示。

图8-52　增加图像亮度和对比度前后的对比效果

## 二、【色阶】命令

【色阶】命令是图像处理时常用的调整色阶对比的命令，它通过调整图像中暗调、中间调和高光区域的色阶分布情况来增强图像的色阶对比。

对于光线较暗的图像，可在【色阶】对话框中用鼠标将右侧的白色滑块向左拖曳，从而增大图像中高光区域的范围，使图像变亮，如图8-53所示。

图8-53　图像调亮前后的对比效果

对于高亮度的图像，用鼠标将左侧的黑色滑块向右拖曳，可以增大图像中暗调的范围，使图像变暗。用鼠标将中间的灰色滑块向右拖曳，可以减少图像中的中间色调的范围，从而增大图像的对比度；同理，若将此滑块向左拖曳，可以增加中间色调的范围，从而减小图像的对比度。

## 三、【曲线】命令

【曲线】命令与【色阶】命令相似，只是【曲线】命令是利用调整曲线的形态来改变图像各个通道的明暗数量。执行【图像】/【调整】/【曲线】命令，将弹出图8-54所示的【曲线】对话框。

利用【曲线】命令可以调整图像各个通道的明暗程度，从而更加精确地改变图像的颜色。【曲线】对话框中的水平轴（即

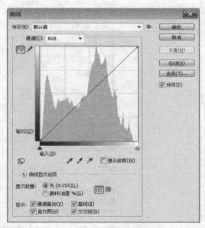

图8-54　【曲线】对话框

输入色阶）代表图像色彩原来的亮度值，垂直轴（即输出色阶）代表图像调整后的颜色值。对于【RGB 颜色】模式的图像，曲线显示"0 ~ 255"的强度值，暗调（0）位于左边。对于【CMYK 颜色】模式的图像，曲线显示"0 ~ 100"的百分数，高光（0）位于左边。

对于因曝光不足而色调偏暗的"RGB 颜色"图像，可以将曲线调整至上凸的形态，使图像变亮，如图 8-55 所示。

图 8-55　原图与调整曲线图像变亮后的效果

对于因曝光过度而色调高亮的"RGB 颜色"图像，可以将曲线调整至向下凹的形态，使图像的各色调区按比例变暗，从而使图像的明度变得更加理想，如图 8-56 所示。

图 8-56　原图与调整曲线图像变暗后的效果

### 四、【曝光度】命令

【曝光度】命令可以在线性空间中调整图像的曝光数量、位移和灰度系数，进而改变当前颜色空间中图像的亮度和明度。效果如图 8-57 所示。

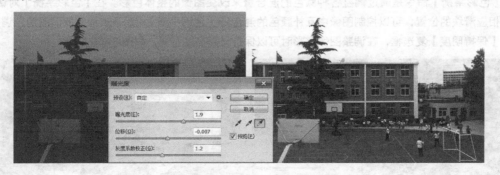

图 8-57　图像调整亮度和明度前后的对比效果

### 五、【自然饱和度】命令

利用【自然饱和度】命令可以在颜色接近最大饱和度时最大限度地减少修剪，如图 8-58 所示。

图 8-58　图像调整饱和度前后的对比效果

## 六、【色相 / 饱和度】命令

　　利用【色相 / 饱和度】命令可以调整图像的色相、饱和度和亮度，它既可以作用于整个图像，又可以对指定的颜色单独调整。当勾选【色相 / 饱和度】对话框中的【着色】复选框时，可以为图像重新上色，从而使图像产生单色调效果，如图 8-59 所示。

图 8-59　图像原图及调整的单色调效果

## 七、【色彩平衡】命令

　　【色彩平衡】命令是通过调整各种颜色的混合量来改变图像的整体色彩。在【色彩平衡】对话框中调整相应滑块的位置，可以控制图像中互补颜色的混合量。【色调平衡】栏用于选择需要调整的色调范围。勾选【保持明度】复选框，在调整图像色彩时可以保持画面亮度不变，如图 8-60 所示。

图 8-60　图像调整色调前后的对比效果

## 八、【黑白】命令

利用【黑白】命令可以快速将彩色图像转换为黑白或单色效果，同时保持对各颜色的控制，如图 8-61 所示。

图 8-61　图像转换为黑白和怀旧单色调时的效果

## 九、【照片滤镜】命令

【照片滤镜】命令类似于摄像机或照相机的滤色镜片，它可以对图像颜色进行过滤，使图像产生不同的滤色效果，如图 8-62 所示。

图 8-62　图像添加冷却滤镜前后的对比效果

## 十、【通道混合器】命令

【通道混合器】命令可以通过混合指定的颜色通道来改变某一通道的颜色。此命令只能调整【RGB 颜色】和【CMYK 颜色】模式的图像，并且调整不同颜色模式的图像时，【通道混合器】对话框中的参数也不相同。图 8-63 所示为调整【RGB 颜色】模式的图像原图及调整后的效果。

图 8-63　通道混合器调整前后的对比效果

### 十一、【颜色查找】命令

该命令的主要作用是对图像色彩进行校正，实现高级色彩的变化。该命令虽然不是最好的精细色彩调整工具，但它却可以在短短几秒钟内创建多个颜色版本，用来找大体感觉的色彩非常方便，如图8-64所示。

图8-64　颜色查找前后的对比效果

### 十二、【反相】命令

执行【图像】/【调整】/【反相】命令，可以使图像中的颜色和亮度反转，生成一种照片底片效果，如图8-65所示。

图8-65　图像反相前后的对比效果

### 十三、【色调分离】命令

执行【图像】/【调整】/【色调分离】命令，弹出【色调分离】对话框。在对话框的【色阶】文本框中设置一个适当的数值，可以指定图像中每个颜色通道的色调级或亮度值，并将像素映射为与之最接近的一种色调，从而使图像产生各种特殊的色彩效果。原图像与色调分离后的效果如图8-66所示。

图8-66　原图像与色调分离后的效果

## 十四、【阈值】命令

【阈值】命令可以将彩色图像转换为高对比度的黑白图像。执行【图像】/【调整】/【阈值】命令，弹出【阈值】对话框。在其对话框中设置一个适当的【阈值色阶】值，即可把图像中所有比阈值色阶亮的像素转换为白色，比阈值色阶暗的像素转换为黑色，效果如图 8-67 所示。

图 8-67　调整阈值前后的对比效果

## 十五、【渐变映射】命令

【渐变映射】命令可以将选定的渐变色映射到图像中以取代原来的颜色。在渐变映射时，渐变色最左侧的颜色映射为阴影色，右侧的颜色映射为高光色，中间的过渡色则根据图像的灰度级映射到图像的中间调区域，效果如图 8-68 所示。

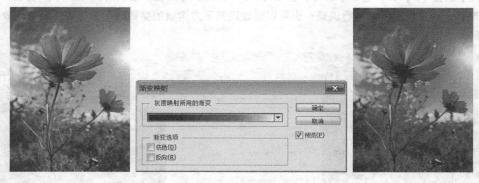

图 8-68　图像映射颜色前后的对比效果

## 十六、【可选颜色】命令

利用【可选颜色】命令可以调整图像中的某一种颜色，从而影响图像的整体色彩，效果如图 8-69 所示。

图 8-69　图像调整颜色前后的对比效果

### 十七、【阴影/高光】命令

【阴影/高光】命令用于校正由于光线不足或强逆光而形成的阴暗照片，或校正由于曝光过度而形成的发白照片。执行【图像】/【调整】/【阴影/高光】命令，弹出【阴影/高光】对话框，在对话框中阴影和高光都有各自的控制参数，通过调整阴影或高光参数即可使图像变亮或变暗，效果如图8-70所示。

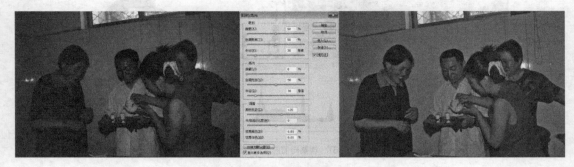

图8-70　图像调整阴影及高光前后的对比效果

### 十八、【HDR色调】命令

新增的【HDR色调】命令可用来修补太亮或太暗的图像，制作出高动态范围的图像效果。执行【图像】/【调整】/【HDR色调】命令，弹出【HDR色调】对话框，在其对话框的【预设】下拉列表中可以选择一种预设对图像进行调整；也可以通过调整下方选项的参数使图像变亮或变暗，效果如图8-71所示。

图8-71　图像调整HDR色调前后的对比效果

### 十九、【变化】命令

利用【变化】命令可以直观地调整图像的色彩、亮度或饱和度。此命令常用于调整一些不需要精确调整的平均色调的图像，与其他色彩调整命令相比，【变化】命令更直观，只是无法调整【索引颜色】模式的图像。执行【图像】/【调整】/【变化】命令，弹出【变化】对话框，在其对话框中通过单击各个缩略图来加深某一种颜色，从而调整图像的整体色彩，原图像与颜色变化后的效果如图8-72所示。

### 二十、【去色】命令

执行【图像】/【调整】/【去色】命令，可以去掉图像中的所有颜色，即在不改变色彩模式的前提下将图像变为灰度图像，如图8-73所示。

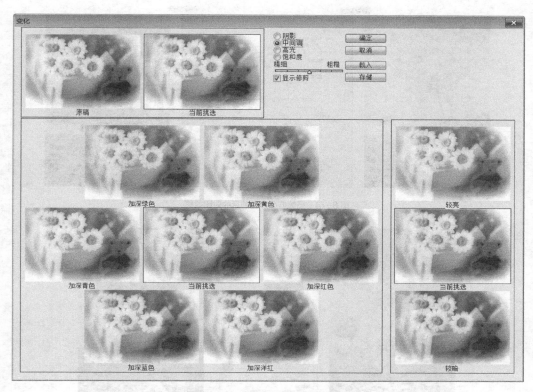

图 8-72　原图像与颜色变化后的效果

图 8-73　图像去色前后的对比效果

### 二十一、【匹配颜色】命令

【匹配颜色】命令可以将一个图像的颜色与另一个图像的颜色相互融合，也可以将同一图像不同图层中的颜色相融合，或者按照图像本身的颜色进行自动中和，效果如图 8-74 所示。

### 二十二、【替换颜色】命令

【替换颜色】命令可以用设置的颜色样本来替换图像中指定的颜色范围，其工作原理是先用【色彩范围】命令选择要替换的颜色范围，再用【色相 / 饱和度】命令调整选择图像的色彩，效果如图 8-75 所示。

图 8-74　图像匹配颜色前后的对比效果

图 8-75　颜色替换前后的对比效果

### 二十三、【色调均化】命令

执行【图像】/【调整】/【色调均化】命令，系统将会自动查找图像中的最亮像素和最暗像素，并将它们分别映射为白色和黑色，然后将中间的像素按比例重新分配到图像中，从而增加图像的对比度，使图像明暗分布更均匀，效果如图 8-76 所示。

图 8-76　图像色调均化前后的对比效果

## 8.7.2　案例 7——调整曝光不足的照片

在阴天下雨或光线不足的情况下，所拍摄出的照片经常会出现曝光不足的情况，而利用【色阶】命令做一下简单的调整，就可以把照片变废为宝，下面来学习调整方法，图片素材及最终效果如图 8-77 所示。

图 8-77　图片素材及最终效果

**【操作练习 8-7】调整曝光不足的照片。**

**STEP 1** 打开附盘中 "图库 \ 第 08 章" 目录下名为 "照片 01.jpg" 的文件。

**STEP 2** 执行【图像】/【调整】/【色阶】命令，弹出【色阶】对话框，单击对话框中的【在图像中取样以设置白场】按钮，然后将鼠标光标移到照片中找一个最亮的位置作为参考色，如图 8-78 所示。

**STEP 3** 单击拾取参考色后的显示效果如图 8-79 所示。

图 8-78　选择参考色　　　　　　　　　　　　　　　图 8-79　拾取参考色后的效果

**STEP 4** 在【色阶】对话框中分别设置参数如图 8-80 所示，单击 确定 按钮，效果如图 8-81 所示。

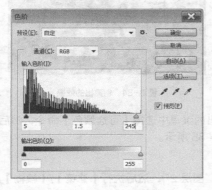

图 8-80　【色阶】对话框　　　　　　　　　　　　　　图 8-81　最终效果

STEP **5** 按 Ctrl+Shift+S 组合键，将调整后的照片命名为"曝光不足调整 .jpg"存储。

### 8.7.3 案例 8 ——调制非主流的个性色调

灵活运用【图像】/【调整】命令下的命令，并结合【高斯模糊】滤镜命令和图层混合模式来调整图像的个性色调。原图像与调整后的效果如图 8-82 所示。

图 8-82 原图片及调整后的个性色调效果

**【操作练习 8-8】**制作个性色调。

STEP **1** 打开附盘中"图库 \ 第 08 章"目录下名为"人物 05.jpg"的文件，然后按 Ctrl+J 组合键将"背景"层复制为"图层 1"。

STEP **2** 执行【图像】/【调整】/【色阶】命令，在打开的【色阶】对话框中设置图 8-83 所示的参数，单击 确定 按钮，效果如图 8-84 所示。

图 8-83 【色阶】对话框　　　　　　　　　　　图 8-84 创建出的效果

STEP **3** 单击【图层】面板中的 按钮，在弹出的菜单中选择【可选颜色】命令，然后在弹出的【可选颜色选项】对话框中依次设置选项及参数如图 8-85 所示。

创建出的效果如图 8-86 所示。

STEP **4** 按 Ctrl+Alt+Shift+E 键盖印图层，生成"图层 2"，然后执行【滤镜】/【模糊】/【高斯模糊】命令，在弹出的【高斯模糊】对话框中设置图 8-87 所示的参数。

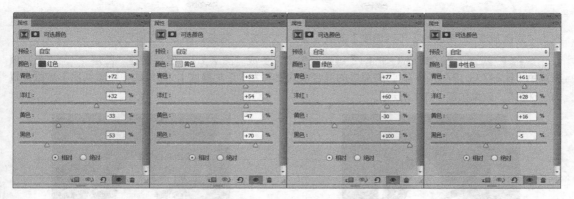

图 8-85　设置的可选颜色参数

图 8-86　创建出的效果

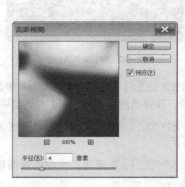

图 8-87　【高斯模糊】对话框

**STEP 05** 单击 ⎣＿＿确定＿＿⎦ 按钮关闭对话框，并将"图层 2"的混合模式设置为【强光】，不透明度为 60%，效果如图 8-88 所示。

**STEP 06** 按 Ctrl+Alt+Shift+E 键盖印图层，生成"图层 3"，然后新建"图层 4"，并为其填充蓝色（R:10,G:145,B:165），再将图层的混合模式更改为【柔光】，效果如图 8-89 所示。

图 8-88　模糊后的效果

图 8-89　叠加蓝色后的效果

**STEP** 7 新建"图层5"，并为其填充黄色（R:247,G:197,B:76），然后将图层的混合模式更改为"颜色加深"，图层的【不透明度】参数设置为"30%"，效果如图8-90所示。

**STEP** 8 按Ctrl+Alt+Shift+E键盖印图层，生成"图层6"，然后新建"图层7"，并为其填充黄色（R:247,G:197,B:76），再将图层的混合模式更改为【正片叠底】，图层的【不透明度】参数设置为"50%"，效果如图8-91所示。

图8-90 叠加黄色后的效果

图8-91 再次叠加黄色后的效果

**STEP** 9 按Ctrl+Alt+Shift+E键盖印图层，生成"图层8"，然后执行【滤镜】/【模糊】/【高斯模糊】命令，在弹出的【高斯模糊】对话框中将模糊【半径】值设置为"3像素"，单击 确定 按钮。

**STEP** 10 将图层的混合模式设置为"柔光"，【不透明度】参数设置为"40%"，效果如图8-92所示。

**STEP** 11 至此，个性色调调整完成，最后利用【横排文字】工具 T 输入图8-93所示的白色文字即可。

图8-92 模糊后的效果

图8-93 输入的文字

**STEP** 12 按Ctrl+Shift+S组合键，将文件命名为"个性色调调整.psd"另存。

# 8.8 课堂实训

利用图像修复工具可以轻松修复破损或有缺陷的图像，如果想去除照片中多余的区域，也可以轻松地完成。下面通过两个练习来熟练掌握这些工具。

## 8.8.1　面部美容

灵活运用各种修复工具对人物的面部进行美容。原图及处理后的效果如图 8-94 所示。

图 8-94　原图片及处理后的效果对比

## 【步骤解析】

1. 打开附盘中"图库\第 08 章"目录下名为"人物 06.jpg"的文件。

2. 选取 🔍 工具，在人物面部的左上角位置按下鼠标左键并向右下方拖曳，将人物面部的图像局部放大显示。

3. 选取 ✐ 工具，将鼠标光标移动到面部图 8-95 所示的痘痘位置单击左键，将面部的痘痘修复掉，效果如图 8-96 所示。

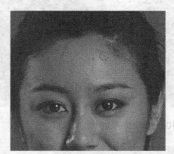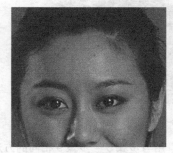

图 8-95　鼠标光标单击的位置　　　　　　　　　　　　图 8-96　修复后的效果

4. 按键盘中的 [ 键或 ] 键可以快速地减小或增大 ✐ 工具的笔头。设置适当大小的笔头，继续利用 ✐ 工具，将人物面部中的痘痘修复，效果如图 8-97 所示。

5. 利用 🗹 工具，在眼睛的下方位置绘制出图 8-98 所示的选区。

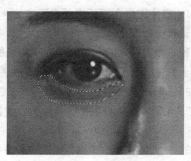

图 8-97　修复后的效果　　　　　　　　　　　　　　图 8-98　绘制的选区

6. 选取 工具，确认选项栏中点选【源】选项，将鼠标光标移动到选取内，按住鼠标左键向下拖动，此时即可用右边的图像替换选区内的图像，状态如图 8-99 所示。

7. 目标位置图像覆盖选取的图像，效果如图 8-100 所示，然后按 Ctrl+D 组合键，将选区去除。

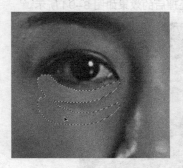
图 8-99 移动选区时的状态

图 8-100 修复后的效果

8. 选取 工具，在属性栏中点选 取样 选项，然后按住 Alt 键，将鼠标光标移动到图 8-101 所示的图像位置单击，设置取样点。

9. 释放 Alt 键，在眼睛下方位置按下左键并拖曳鼠标，修复眼袋，修复状态及修复后的效果如图 8-102 所示。

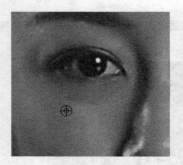
图 8-101 鼠标光标单击的位置

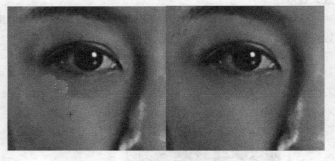
图 8-102 修复眼袋时的状态及效果

10. 用与步骤 5 ~ 步骤 9 相同的方法，继续利用 工具，对人物右侧眼袋进行修复，在修复过程中根据需要随时设置取样点，修复后的效果如图 8-103 所示。

至此，面部美容已操作完成，下面对人物的皮肤进行调亮处理。

11. 在【图层】面板中单击下方的 按钮，在弹出的列表中选择【曲线】命令，在再次弹出的【属性】控制面板中，将鼠标指针移动到曲线显示框中曲线的中间位置按下并

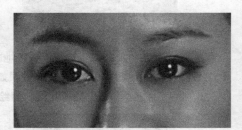
图 8-103 修复后的效果

稍微向上拖曳，即可对图像进行调整，曲线形态及调亮后的画面效果如图 8-104 所示。

12. 单击【图层】面板下方的 按钮，为调整层添加图层蒙版，然后将前景色设置为黑色，并利用 工具沿除皮肤以外的图像拖曳，恢复其之前的色调，涂抹后的【图层】面板及画面效果如图 8-105 所示。

13. 按 Ctrl+Shift+S 键，将文件另命名为 "面部美容 .psd" 保存。

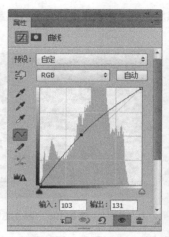 

图 8-104 曲线形态及调亮后的画面效果

图 8-105 【图层】面板及处理后的画面效果

### 8.8.2 去除照片中多余的图像

下面利用【修补】工具和【修复画笔】工具来删除照片中的路灯和多余的人物，然后利用【内容感知移动】工具将人物图像移动到照片的中央位置。原照片与处理后的效果对比如图 8-106 所示。

图 8-106 原照片与处理后的效果对比

【**步骤解析**】

1. 打开附盘中"图库\第 08 章"目录下名为"母子 .jpg"的文件，如图 8-107 所示。

2. 选择 工具，点选属性栏中的 ⊙源 单选项，然后在照片背景中的路灯上方位置拖曳鼠标绘制选区，如图 8-108 所示。

图 8-107　打开的图片

图 8-108　绘制的选区

3. 在选区内按住鼠标左键向左侧位置拖曳，状态如图 8-109 所示，释放鼠标左键，即可利用选区移动到位置的背景图像覆盖路灯杆位置。去除选区后的效果如图 8-110 所示。

图 8-109　修复图像时的状态

图 8-110　修复后的图像效果

4. 用相同的方法将下方的路灯杆选择，然后用其左侧的背景图像覆盖，效果如图 8-111 所示。

5. 选择 工具，将多余人物的区域放大显示，然后选择 工具，并根据多余人物的轮廓绘制出图 8-112 所示的选区，注意与另一人物相交处的选区绘制，要确保保留人物衣服的完整。

图 8-111　删除路灯杆后的效果

图 8-112　绘制的选区

6. 选择 工具，将鼠标指针放置到选区中按下鼠标左键并向右移动，状态如图 8-113 所示，释放鼠标左键后，选区的图像即被替换，效果如图 8-114 所示。

由于利用【修补】工具 得到的修复图像是利用目标图像来覆盖被修复的图像，且经过颜色重新匹配混合后得到的混合效果，因此有时会出现不能一次覆盖得到理想效果的情况，这时可重复修复几次或利用其他工具进行弥补。

图 8-113　移动选区状态

图 8-114　替换图像后的效果

　　如图 8-114 所示，在人物衣服处，经过混合相邻的像素，出现了发白的效果，下面利用【修复画笔】工具 ✐ 来进行处理。

　　7.　选择 ✐ 工具，设置合适的笔头大小后，按住 Alt 键将鼠标指针移动到图 8-115 所示的位置并单击，拾取此处的像素。

　　8.　将鼠标指针移动到选区内发白的位置拖曳，状态如图 8-116 所示，释放鼠标左键，即可修复。

图 8-115　吸取像素的位置

图 8-116　修复图像状态

　　9.　用与步骤 7 ~ 步骤 8 相同的方法对膝盖边缘处的像素进行修复，然后按 Ctrl+D 组合键去除选区。

　　10.　选择【内容感知移动】工具 ✄，在画面中根据人物的边缘拖曳鼠标，绘制出图 8-117 所示的选区。

　　11.　按住 Shift 键，将鼠标指针移动到选区中按下并向左拖曳，状态如图 8-118 所示。

图 8-117　绘制的选区

图 8-118　移动图像状态

12. 释放鼠标后，系统即可自动检测图像，生成图 8-106 右图所示的图像效果。

13. 按 Ctrl+Shift+S 组合键，将此文件另命名为"去除多余图像 .jpg"保存。

### 8.8.3 调整暖色调

下面来学习运用【图像】/【调整】菜单下的命令将图像调整为暖色调的方法。原照片与处理后的效果对比如图 8-119 所示。

图 8-119 原照片与处理后的效果对比

**【步骤解析】**

1. 将附盘中"图库\第 08 章"目录下名为"婚纱照 .jpg"的文件打开。

2. 单击【图层】面板中的 ◎ 按钮，在弹出的菜单中选择【通道混合器】命令，在弹出的【调整】面板中设置各项参数如图 8-120 所示。

3. 将【通道混合器】调整层的【图层混合模式】选项设置为"变亮"模式，更改混合模式后的图像效果如图 8-121 所示。

图 8-120 【通道混和器】参数

图 8-121 更改混合模式后的图像效果

4. 单击【图层】面板中的 ◎ 按钮，在弹出的菜单中选择【可选颜色】命令，在弹出的【调整】面板中依次设置各项参数如图 8-122 所示。

5. 单击【图层】面板中的 ◎ 按钮，在弹出的菜单中选择【曲线】命令，在弹出的【调整】面板中调整曲线形态如图 8-123 所示，图像效果如图 8-124 所示。

6. 单击【图层】面板中的 ◎ 按钮，在弹出的菜单中选择【亮度/对比度】命令，在弹出的【调整】面板中设置各项参数如图 8-125 所示，图像效果如图 8-126 所示。

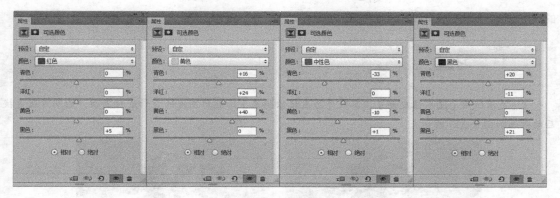

图 8-122 【调整】面板

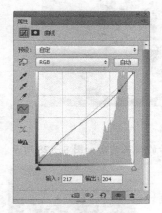

图 8-123 【调整】面板

图 8-124 调整后的图像效果

图 8-125 【调整】面板

图 8-126 调整后的图像效果

7. 利用 T 工具，依次输入深褐色（R:70）英文字母和文字，即可完成暖色调的调整。

# 8.9 小结

　　本章主要讲解了各种图像修复工具、橡皮擦工具和图像修饰工具的使用方法，无论是陈旧照片还是新照片，不小心折了或弄脏了，都可以利用本章介绍的修复工具实现良好的效果还原。读者还可以利用本章学习的工具为图像制作油画效果或景深效果等。希望读者通过本章的学习，能够熟练掌握这些工具的应用方法，以便在实际工作过程中灵活运用。

# 8.10 习题

1. 灵活运用【魔术橡皮擦】工具及【历史记录画笔】工具对图像的背景进行更换，原图片及更换后的效果如图 8-127 所示。

图 8-127　图片素材及最终效果

2. 灵活运用【调整】命令，将图片调整为金秋效果，调整前后的效果对比如图 8-128 所示。

图 8-128　图片调整前后的对比效果

3. 主要利用【图像】/【调整】/【色相/饱和度】命令将偏灰照片调整成鲜艳靓丽的效果，原图片及调整后的效果如图 8-129 所示。

图 8-129　图片素材及调整后的效果

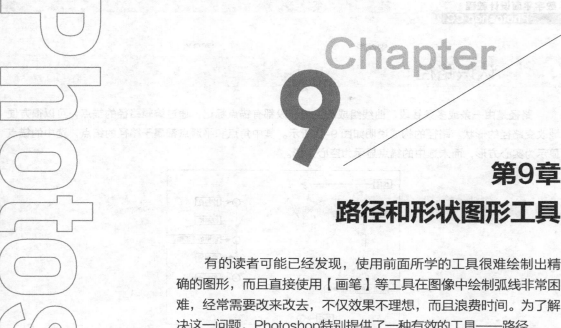

# Chapter 9

## 第9章
## 路径和形状图形工具

　　有的读者可能已经发现，使用前面所学的工具很难绘制出精确的图形，而且直接使用【画笔】等工具在图像中绘制弧线非常困难，经常需要改来改去，不仅效果不理想，而且浪费时间。为了解决这一问题，Photoshop特别提供了一种有效的工具——路径。

　　路径工具的功能非常强大，特别是在特殊图像的选择与复杂图案的绘制方面，路径工具具有较强的灵活性，在实际工作过程中被广泛应用。本章将详细介绍有关路径和形状图形的工具。

### 学习目标

- 了解路径的概念及其构成。
- 掌握各路径工具的功能及使用方法。
- 掌握路径调整工具的应用。
- 了解【路径】面板的功能。
- 掌握路径的描绘和填充操作。
- 了解各形状工具的功能及使用方法。
- 通过本章的学习，掌握图9-1所示图像的选取、轻纱的绘制和标志设计等。

图 9-1　路径应用

## 9.1 认识路径

路径是由一条或多条线段、曲线组成的，每一段都有锚点标记，通过编辑路径的锚点，可以很方便地改变路径的形状。路径的构成说明如图9-2所示。其中角点和平滑点都属于路径的锚点，选中的锚点显示为实心方形，而未选中的锚点显示为空心方形。

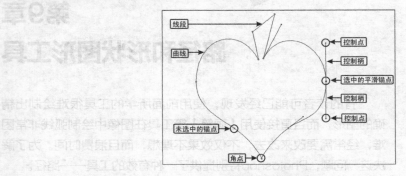

图9-2　路径构成说明图

在曲线路径上，每个选中的锚点将显示一条或两条调节柄，调节柄以控制点结束。调节柄和控制点的位置决定曲线的大小和形状。移动这些元素将改变路径中曲线的形状。

> **要点提示**
>
> 路径不是图像中的真实像素，而只是一种矢量绘图工具绘制的线形或图形，对图像进行放大或缩小调整时，路径不会产生影响。

路径可以是闭合的，没有起点或终点；也可以是开放的，有明显的起止点，如图9-3所示。

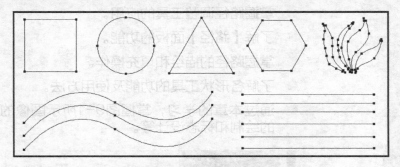

图9-3　闭合路径与开放路径说明图

## 9.2 路径工具

Photoshop CC 提供的路径工具包括【钢笔】工具、【自由钢笔】工具、【添加锚点】工具、【删除锚点】工具、【转换点】工具、【路径选择】工具和【直接选择】工具。下面详细介绍这些工具的功能和使用方法。

### 9.2.1 【钢笔】工具

选择【钢笔】工具 ，在图像文件中依次单击，可以创建直线形态的路径；拖曳鼠标可以创建平滑流畅的曲线路径。将鼠标指针移动到第一个锚点上，当笔尖旁出现小圆圈时单击可创建闭合路径。在路径未闭合之前按住 Ctrl 键在路径外单击，可创建开放路径。绘制的直线和曲线路径如图 9-4 所示。

图 9-4　绘制的直线路径和曲线路径

在绘制直线路径时，按住 Shift 键，可以限制在 45°的倍数方向绘制。在绘制曲线路径时，按住 Alt 键，拖曳鼠标可以调整控制点的方向，释放 Alt 键和鼠标左键，重新移动鼠标指针至合适的位置拖曳鼠标，可创建具有锐角的曲线路径，如图 9-5 所示。

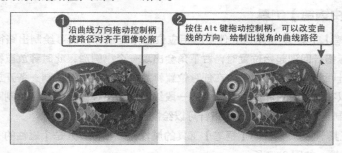

图 9-5　绘制具有锐角的曲线路径

下面介绍【钢笔】工具的属性栏。

选择不同的绘制类型时，【钢笔】工具的属性栏也各不相同。当选择 路径 选项时，其属性栏如图 9-6 所示。

图 9-6　【钢笔】工具属性栏

- 路径 ：选择此选项，利用【钢笔】工具可以创建普通的工作路径，此时【图层】面板中不会生成新图层，仅在【路径】面板中生成工作路径。单击该选项按钮，可弹出【形状】和【像素】选项。选择 形状 选项，可以创建用前景色填充的图形，同时在【图层】面板中自动生成包括图层缩览图和矢量蒙版缩览图的形状层，并在【路径】面板中生成矢量蒙版。双击图层缩览图可以修改形状的填充颜色。当路径的形状调整后，填充的颜色及添加的效果会跟随一起发生变化。选择 像素 选项，可以绘制用前景色填充的图形，但不在【图层】面板中生成新图层，也不在【路径】面板中生成工作路径。注意，使用【钢笔】工具时此选项显示灰色，只有使用【矢量形状】工具时才可用。
- 【建立】选项：可以使路径与选区、蒙版和形状间的转换更加方便、快捷。绘制完路径后，右侧的按钮才变得可用。单击 选区... 按钮，可将当前绘制的路径转换为选区；单击 蒙版 按钮，可创建图层蒙版；单击 形状 按钮，可将绘制的路径转换为形状图形，并以当前的前景色填充。

 **要点提示**

注意 蒙版 按钮只有在普遍层上绘制路径后才可用，如在背景层或形状层上绘制路径，该选项显示为灰色。

- 运算方式 ▣：单击此按钮，在弹出的下拉列表中选择选项，可对路径进行相加、相减、相交或反交运算，该按钮的功能与选区运算相同。
- 路径对齐方式 ▣：可以设置路径的对齐方式，当有两条以上的路径被选择时才可用。
- 路径排列方式 ▣：设置路径的排列方式。
- 【选项】按钮 ▣：单击此按钮，将弹出【橡皮带】选项，勾选此选项，在创建路径的过程中，当鼠标移动时，会显示路径轨迹的预览效果。
- 【自动添加/删除】选项：在使用【钢笔】工具绘制图形或路径时，勾选此复选框，【钢笔】工具将具有【添加锚点】工具和【删除锚点】工具的功能。
- 【对齐边缘】选项：将矢量形状边缘与像素网格对齐，只有选择 形状 ▣ 选项时该选项才可用。

### 9.2.2 【自由钢笔】工具

利用【自由钢笔】工具 ▨ 在图像文件中的相应位置拖曳鼠标，便可绘制出路径，并且在路径上自动生成锚点。当鼠标指针回到起始位置时，右下角会出现一个小圆圈，此时释放鼠标左键即可创建闭合钢笔路径；鼠标指针回到起始位置之前，在任意位置释放鼠标左键可以绘制一条开放路径；按住 Ctrl 键释放鼠标左键，可以在当前位置和起点之间生成一段线段闭合路径。另外，在绘制路径的过程中，按住 Alt 键单击，可以绘制直线路径；拖曳鼠标指针可以绘制自由路径。

【自由钢笔】工具 ▨ 的属性栏同【钢笔】工具的属性栏很相似，只是【磁性的】复选框替换了【自动添加/删除】复选框，如图9-7所示。

| ▨ ▾ | 路径 | ▾ | 建立： | 选区... | 蒙版 | 形状 | ▣ | ▣ | +▨ | ▣ | □磁性的 | □对齐边缘 |

**图9-7** 【自由钢笔】工具属性栏

单击 ▣ 按钮，将弹出【自由钢笔选项】面板，如图9-8所示。在该面板中可以定义路径对齐图像边缘的范围和灵敏度以及所绘路径的复杂程度。

- 【曲线拟合】选项：控制生成的路径与鼠标指针移动轨迹的相似程度。数值越小，路径上产生的锚点越多，路径形状越接近鼠标指针的移动轨迹。

| 曲线拟合： | 2 像素 |
| ☑磁性的 | |
| 宽度： | 10 像素 |
| 对比： | 10% |
| 频率： | 57 |
| ☑钢笔压力 | |

**图9-8** 【自由钢笔选项】面板

- 【磁性的】复选框：勾选此复选框，【自由钢笔】工具将具有磁性功能，可以像【磁性套索】工具一样自动查找不同颜色的边缘。其下的【宽度】、【对比】和【频率】选项分别用于控制产生磁性的宽度范围、查找颜色边缘的灵敏度和路径上产生锚点的密度。
- 【钢笔压力】复选框：如果计算机连接了外接绘图板等绘画工具，勾选此复选框，将应用绘图板的压力更改钢笔的宽度，从而决定自由钢笔绘制路径的精确程度。

### 9.2.3 【添加锚点】工具和【删除锚点】工具

选择【添加锚点】工具 ▨，将鼠标指针移动到要添加锚点的路径上，当鼠标指针显示为添加锚点符号时单击鼠标左键，即可在路径的单击处添加锚点，此时不会更改路径的形状。如果在单击的同时拖曳鼠标，可在路径的单击处添加锚点，并可以更改路径的形状。添加锚点操作示意图如图 9-9 所示。

图 9-9　添加锚点操作示意图

选择【删除锚点】工具，将鼠标指针移动到要删除的锚点上，当鼠标指针显示为删除锚点符号时单击鼠标左键，即可将选择的锚点删除，此时路径的形状将重新调整以适合其余的锚点。在路径的锚点上单击并拖曳鼠标，可重新调整路径的形状。删除锚点操作示意图如图 9-10 所示。

图 9-10　删除锚点操作示意图

## 9.2.4 【转换点】工具

利用【转换点】工具可以使锚点在角点和平滑点之间进行转换，并可以调整调节柄的长度和方向，以确定路径的形状。

### 1. 平滑点转换为角点

利用【转换点】工具在平滑点上单击，可以将平滑点转换为没有调节柄的角点；当平滑点两侧显示调节柄时，拖曳鼠标调整调节柄的方向，使调节柄断开，可以将平滑点转换为带有调节柄的角点，如图 9-11 所示。

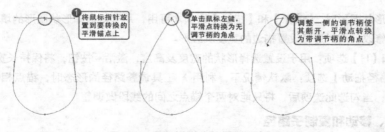

图 9-11　平滑点转换为角点操作示意图

### 2. 角点转换为平滑点

在路径的角点上向外拖曳鼠标，可在锚点两侧出现两条调节柄，将角点转换为平滑点。按住 Alt 键在角点上拖曳鼠标，可以调整角点一侧的路径形状，如图 9-12 所示。

### 3. 调整调节柄编辑路径

利用【转换点】工具调整带调节柄的角点或平滑点一侧的控制点，可以调整锚点一侧曲线路径的形状；按住 Ctrl 键调整平滑锚点一侧的控制点，可以同时调整平滑点两侧的路径形态。按住 Ctrl 键在锚点上拖曳鼠标，可以移动该锚点的位置，如图9-13所示。

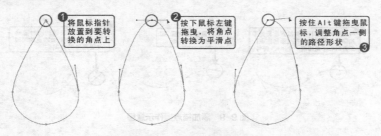

图9-12 角点转换为平滑点操作示意图

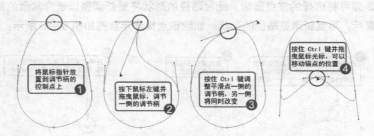

图9-13 调整调节柄编辑路径操作示意图

### 9.2.5 【路径选择】工具

利用工具箱中【路径选择】工具 可以对路径和子路径进行选择、移动、对齐和复制等。当子路径上的锚点全部显示为黑色时，表示该子路径被选择。

#### 一、【路径选择】工具的选项

在工具箱中选择【路径选择】工具 ，其属性栏如图9-14所示。

图9-14 【路径选择】工具属性栏

- 当选择形状图形时，【填充】和【描边】选项才可用，用于对选择形状图形的填充颜色和描边颜色进行修改，同时还可设置描边的宽度及线形。
- 【W】和【H】选项：用于设置选择形状的宽度及高度，激活 按钮，将保持长宽比。
- 【约束路径拖动】选项：默认情况下，利用 工具调整路径的形态时，锚点相邻的边也会做整体调整；当勾选此选项后，将只能对两个锚点之间的线段做调整。

#### 二、选择、移动和复制子路径

利用工具箱中的 工具可以对路径和子路径进行选择、移动和复制操作。

- 选择工具箱中的 工具，单击子路径可以将其选择。
- 在图像窗口中拖曳鼠标，鼠标拖曳范围内的子路径可以同时被选择。
- 按住Shift键，依次单击子路径，可以选择多个子路径。
- 在图像窗口中拖曳被选择的子路径可以进行移动。
- 按住Alt键，拖曳被选择的子路径，可以将被选择的子路径进行复制。
- 拖曳被选择的子路径至另一个图像窗口，可以将子路径复制到另一个图像文件中。
- 按住Ctrl键，在图像窗口中选择路径， 工具切换为【直接选择】工具 。

### 9.2.6 【直接选择】工具

【直接选择】工具 可以选择和移动路径、锚点以及平滑点两侧的方向点。

选择工具箱中的 工具，单击子路径，其上显示出白色的锚点，这时锚点并没有被选择。

- 单击子路径上的锚点可以将其选择，被选择的锚点显示为黑色。
- 在子路径上拖曳鼠标，鼠标拖曳范围内的锚点可以同时被选择。
- 按住 Shift 键，可以选择多个锚点。
- 按住 Alt 键，单击子路径，可以选择整个子路径。
- 在图像中拖曳两个锚点间的一段路径，可以直接调整这一段路径的形态和位置。
- 在图像窗口中拖曳被选择的锚点可以进行移动。
- 拖曳平滑点两侧的方向点，可以改变其两侧曲线的形态。
- 按住 Ctrl 键，在图像窗口中选择路径， 工具将切换为 工具。

### 9.2.7 案例 1——利用路径选取人物

本节利用【路径】工具选择背景中的人物图像，然后移动复制到准备的素材图片中进行图像合成，原图片及合成后的效果如图 9-15 所示。

图 9-15 图片素材及合成后的效果

**【操作练习 9-1】** 利用路径选取人物。

**STEP 1** 打开附盘中"图库\第 09 章"目录下名为"人物 .jpg"的文件。

**STEP 2** 选择【缩放】工具 ，在图 9-16 所示的位置拖曳鼠标光标，将该区域图像放大显示。

**STEP 3** 选择【钢笔】工具 ，在图 9-17 所示的位置单击，确定绘制路径的起点。

图 9-16 拖曳鼠标状态　　　　　　　　　　　　　图 9-17 单击点的位置

**STEP 4** 将鼠标光标移动到图 9-18 所示的位置再次单击，绘制路径。

**STEP 5** 依次沿人物的轮廓单击并拖曳鼠标光标，至起点位置时单击闭合路径，绘制的路径形态如图 9-19 所示。

图 9-18　单击点位置　　　　　　　　　　　　图 9-19　选择完成后的效果

**STEP 6** 选择【转换点】工具，将鼠标光标移动到步骤 3 确定的路径锚点位置按下鼠标左键并拖曳，将其调整至图 9-20 所示的状态。

**STEP 7** 用与步骤 6 相同的方法，依次对路径上的锚点进行调整，使其贴紧图像的边缘，最终效果如图 9-21 所示。

图 9-20　调整锚点时的状态　　　　　　　　　图 9-21　路径调整后的形态

**STEP 8** 按 Ctrl+Enter 组合键，可将路径转化为选区，效果如图 9-22 所示。

**STEP 9** 至此，人物选取完成，按 Ctrl+Shift+S 组合键，将文件命名为"利用路径选取人物 .psd"另存。

下面将选择的人物移动复制到新的文件中进行图像合成。

**STEP 10** 打开附盘中"图库\第 09 章"目录下名为"艺术照模版 .jpg"的文件，如图 9-23 所示。

图 9-22　将路径转化为选区后的效果

图 9-23　打开的图片

**STEP 11** 将选择的人物移动复制到"艺术照模版 .jpg"文件中，然后调整至合适的大小及位置，即可完成图像的合成。

**STEP 12** 按 Ctrl+Shift+S 组合键，将文件命名为"合成艺术照 .psd"另存。

# 9.3 【路径】面板

对路径进行应用的操作都是在【路径】面板中进行的，【路径】面板主要用于显示绘图过程中存储的路径、工作路径和当前矢量蒙版的名称及缩略图，并可以快速地在路径和选区之间进行转换，还可以用设置的颜色为路径描边或在路径中填充。

下面来介绍【路径】面板的相关功能。随意绘制一些路径后的【路径】面板如图 9-24 所示。

图 9-24　【路径】面板

## 9.3.1　基本操作

【路径】面板的结构与【图层】面板有些相似，其部分操作方法也相似，如移动、堆叠位置、复制、删除和新建等操作。下面简单介绍其结构及功能。

当前文件中的工作路径堆叠在【路径】面板靠上部分，其中左侧为路径的缩览图，右侧为路径的名称。

### 一、存储工作路径

默认情况下，利用【钢笔】工具或矢量形状工具绘制的路径是以"工作路径"形式存在的。工作路径是临时路径，如果取消其选择状态，当再次绘制路径时，新路径将自动取代原来的工作路径。如果工作路径在后面的绘图过程中还要使用，应该保存路径以免丢失。存储工作路径有以下两种方法。

在【路径】面板中，将鼠标指针放置到"工作路径"上按下鼠标左键并向下拖曳，至 按钮释放鼠标左键，即可将其以"路径 1"名称命名，且保存路径。

选择要存储的工作路径，然后单击【路径】面板右上角的 按钮，在弹出的菜单中选择【存储路径】命令，弹出【存储路径】对话框，将工作路径按指定的名称存储。

 **要点提示**

*在绘制路径之前，单击【路径】面板底部的 按钮或者按住 Alt 键单击 按钮创建一个新路径，然后再利用【钢笔】或矢量形状工具绘制，系统将自动保存路径。另外，双击路径的名称，可以对路径的名称进行修改。*

### 二、路径的显示和隐藏

在【路径】面板中单击相应的路径名称，可将该路径显示。单击【路径】面板中的灰色区域或在路径没有被选择的情况下按 Esc 键，可将路径隐藏。

### 9.3.2 功能按钮

【路径】面板中各按钮的功能介绍如下。

- 【用前景色填充路径】按钮 ● ：单击此按钮，将以前景色填充创建的路径。
- 【用画笔描边路径】按钮 ○ ：单击此按钮，将以前景色为创建的路径进行描边，其描边宽度为 1 像素。
- 【将路径作为选区载入】按钮 ⬡ ：单击此按钮，可以将创建的路径转换为选区。
- 【从选区生成工作路径】按钮 ◇ ：确认图形文件中有选区，单击此按钮，可以将选区转换为路径。
- 【添加蒙版】按钮 ▣ ：当页面中有路径的情况下单击此按钮，可为当前层添加图层蒙版，如当前层为背景层，将直接转换为普通层。当页面中有选区的情况下单击此按钮，将以选区的形式添加图层蒙版，选区以外的图像会被隐藏。
- 【新建新路径】按钮 ▫ ：单击此按钮，可在【路径】面板中新建一个路径。若【路径】面板中已经有路径存在，将鼠标指针放置到创建的路径名称处，按下鼠标左键向下拖曳至此按钮处释放鼠标，可以完成路径的复制。
- 【删除当前路径】按钮 🗑 ：单击此按钮，可以删除当前选择的路径。

### 9.3.3 案例 2——制作轻纱效果

下面利用路径的描绘功能来制作图 9-25 所示的轻纱效果。

**【操作练习 9-2】制作轻纱效果。**

**STEP 1** 新建一个【宽度】为"20 厘米"，【高度】为"10 厘米"，【分辨率】为"150 像素 / 英寸"的白色文件。

**STEP 2** 利用【钢笔】工具 ✍ 和【转换点】工具 ⌐ 绘制出图 9-26 所示的路径，然后将其保存为"路径 1"。

**STEP 3** 选择【画笔】工具 ✎ ，并将属性栏中【不透明度】选项的参数设置为"100%"，再设置画笔笔头参数如图 9-27 所示。

**STEP 4** 新建"图层 1"，将前景色设置为黑色，然后单击【路径】面板底部的 ○ 按钮，沿路径描绘黑色。

**STEP** 5 在【路径】面板的空白处单击，将路径隐藏，然后执行【编辑】/【定义画笔预设】命令，在弹出的【画笔名称】对话框中将画笔命名为"轻纱"，如图 9-28 所示。

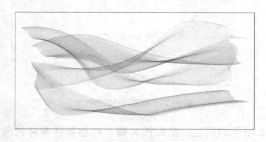

图 9-25　制作的轻纱效果

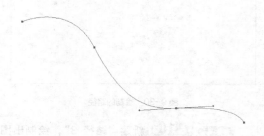

图 9-26　绘制的路径

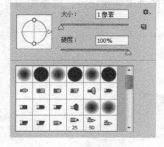

图 9-27　设置的参数

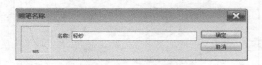

图 9-28　【画笔名称】对话框

**STEP** 6 单击 确定 按钮，然后单击【画笔】工具属性栏中的 按钮，在弹出的【画笔】面板中设置图 9-29 所示的参数。

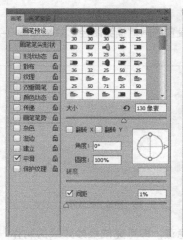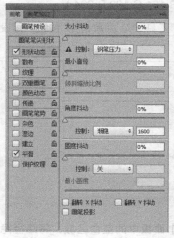

图 9-29　【画笔】面板的参数设置

**STEP** 7 单击"图层 1"前面的 图标，将其隐藏，然后新建"图层 2"。

**STEP** 8 在【路径】面板中新建"路径 2"，然后利用【钢笔】工具 和【转换点】工具 绘制出图 9-30 所示的路径。

**STEP** 9 将前景色设置为红色（R:255），背景色设置为深黄色（R:255,G:192），然后选择【画笔】工具 ，并单击【路径】面板底部的 按钮，用设置的画笔描绘路径，效果如图 9-31 所示。

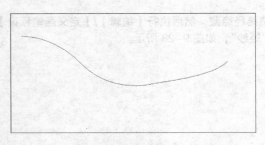

图 9-30  绘制的路径

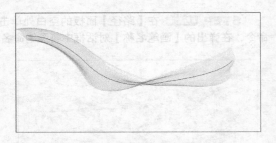

图 9-31  描绘路径后的效果

**STEP 10** 新建"路径 3"，绘制出图 9-32 所示的路径。然后按 X 键，将前景色与背景色互换。

**STEP 11** 选择【画笔】工具 ✎ ，并单击 ○ 按钮，用设置的画笔描绘路径，效果如图 9-33 所示。

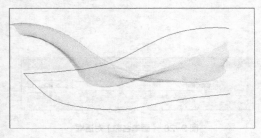

图 9-32  绘制的路径

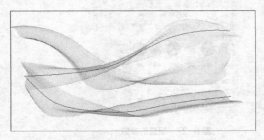

图 9-33  描绘路径后的效果

**STEP 12** 新建"路径 4"，绘制图 9-34 所示的路径，然后将前景色设置为蓝色（R:193,G:199,B:255），背景色设置为紫色（R:181,G:133,B:204）。

**STEP 13** 选择【画笔】工具 ✎ ，并单击 ○ 按钮，用设置的画笔描绘路径，效果如图 9-35 所示。

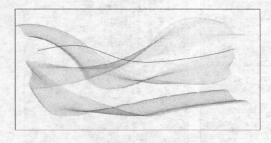

图 9-34  绘制的路径

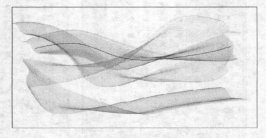

图 9-35  描绘后的效果

**STEP 14** 单击【路径】面板中的空白区域，将路径隐藏，即可完成轻纱效果的制作。按 Ctrl+S 组合键，将此文件命名为"轻纱 .psd"保存。

 要点提示

绘制不同的路径，并设置不同的颜色，可描绘出很多样式的轻纱效果，读者可自行试验，以制作出其他的轻纱效果。

# 9.4 【形状】工具

　　使用【形状】工具可以快速地绘制各种简单的图形，包括矩形、圆角矩形、椭圆、多边形、直线或任意自定义形状的矢量图形，也可以利用该工具创建一些特殊的路径效果。Photoshop CC 工具箱中的【形状】工具如图 9-36 所示。

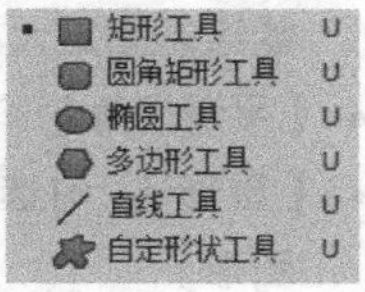

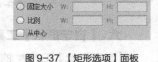

图 9-36　工具箱中的【形状】工具

- 【矩形】工具 ▣：可以绘制矩形图形或路径；按住 Shift 键可以绘制正方形图形或路径。
- 【圆角矩形】工具 ▣：可以绘制带有圆角效果的矩形或路径，当属性栏中的【半径】值为 "0" 时，此工具的功能相当于矩形工具。
- 【椭圆】工具 ▣：可以绘制椭圆图形或路径；按住 Shift 键可以绘制圆形图形或路径。
- 【多边形】工具 ▣：可以创建任意边数（3 ~ 100）的多边形或各种星形图形。属性栏中的【边】选项用于设置多边形或星形的边数。
- 【直线】工具 ⁄：可以绘制直线或带箭头的直线图形。通过设置【直线】工具属性栏中的【粗细】选项，可以设置绘制直线或带箭头直线的粗细。
- 【自定形状】工具 ♣：可以绘制各种不规则图形或路径。单击属性栏中的【形状】按钮 ♣，可在弹出的【形状】选项面板中选择需要绘制的形状图形；单击【形状】选项面板右上角的 ✿ 按钮，可加载系统自带的其他自定形状。

## 9.4.1　形状工具选项

　　下面分别介绍各种【形状】工具的个性选项。

### 一、【矩形】工具

　　当 ▣ 工具处于激活状态时，单击属性栏中的 ✿ 按钮，系统弹出图 9-37 所示的【矩形选项】面板。

- 【不受约束】：点选此单选项后，在图像文件中拖曳鼠标可以绘制任意大小和任意长宽比例的矩形。
- 【方形】：点选此单选项后，在图像文件中拖曳鼠标可以绘制正方形。
- 【固定大小】：点选此单选项后，在后面的文本框中设置固定的长宽值，再在图像文件中拖曳鼠标，只能绘制固定大小的矩形。

图 9-37　【矩形选项】面板

- 【比例】：选择此单选项后，在后面的文本框中设置矩形的长宽比例，再在图像文件中拖曳鼠标，只能绘制设置的长宽比例的矩形。
- 【从中心】：勾选此复选框后，在图像文件中以任何方式创建矩形时，鼠标指针的起点都为矩形的中心。

### 二、【圆角矩形】工具

　　【圆角矩形】工具 ▣ 的用法和属性栏都同【矩形】工具相似，只是属性栏中多了一个【半径】选项，此选项主要用于设置圆角矩形的平滑度，数值越大，边角越平滑。

### 三、【椭圆】工具

　　【椭圆】工具 ▣ 的用法及属性栏与【矩形】工具的相同，在此不再赘述。

### 四、【多边形】工具

　　【多边形】工具 ▣ 是绘制正多边形或星形的工具。在默认情况下，激活此按钮后，在图像文件中拖曳鼠标指针可绘制正多边形。【多边形】工具的属性栏也与【矩形】工具的相似，只是多了一个设置多边形或星形边数的【边】选项。单击属性栏中的 按钮，系统将弹出图9-38所示的【多边形选项】面板。

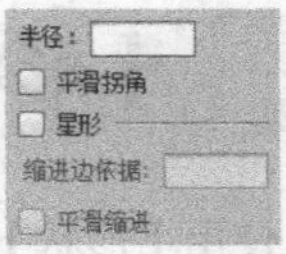

图9-38 【多边形选项】面板

- 【半径】：用于设置多边形或星形的半径长度。设置相应的参数后，只能绘制固定大小的正多边形或星形。
- 【平滑拐角】：勾选此复选框后，在图像文件中拖曳鼠标指针，可以绘制圆角效果的正多边形或星形。
- 【星形】：勾选此复选框后，在图像文件中拖曳鼠标指针，可以绘制边向中心位置缩进的星形图形。
- 【缩进边依据】：在右边的文本框中设置相应的参数，可以限定边缩进的程度，取值范围为1%～99%，数值越大，缩进量越大。只有勾选了【星形】复选框后，此选项才可以设置。
- 【平滑缩进】：此选项可以使多边形的边平滑地向中心缩进。

### 五、【直线】工具

【直线】工具 的属性栏也与【矩形】工具的相似，只是多了一个设置线段或箭头粗细的【粗细】选项。单击属性栏中的 按钮，系统将弹出图9-39所示的【箭头】面板。

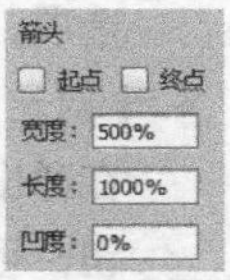

- 【起点】：勾选此复选框后，在绘制线段时起点处带有箭头。
- 【终点】：勾选此复选框后，在绘制线段时终点处带有箭头。
- 【宽度】：在后面的文本框中设置相应的参数，可以确定箭头宽度与线段宽度的百分比。

图9-39 【箭头】面板

- 【长度】：在后面的文本框中设置相应的参数，可以确定箭头长度与线段长度的百分比。
- 【凹度】：在后面的文本框中设置相应的参数，可以确定箭头中央凹陷的程度。其值为正值时，箭头尾部向内凹陷；为负值时，箭头尾部向外凸出；为"0"时，箭头尾部平齐，如图9-40所示。

图9-40 当【凹度】数值设置为"50""-50"和"0"时绘制的箭头图形

### 六、【自定形状】工具

【自定形状】工具 的属性栏也与【矩形】工具的相似，只是多了一个【形状】选项，单击此选项后面的 按钮，系统会弹出图9-41所示的【自定形状选项】面板。

在面板中选择所需要的图形，然后在图像文件中拖曳鼠标，即可绘制相应的图形。

单击面板右上角的 按钮，在弹出的下拉菜单中选择【全部】命令，在再次弹出的询问面板中单击 确定 按钮，即可将全部的图形显示，如图9-42所示。

图9-41 【自定形状选项】面板

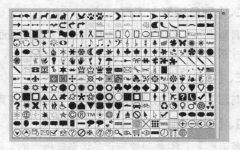

图9-42 全部显示的图形

单击按钮，在弹出的下拉菜单中选择【复位形状】命令，在弹出的询问面板中单击 确定 按钮，可恢复默认的图形显示。

### 9.4.2 形状层

选择工具箱中的工具，再在属性栏中选择 形状 选项，然后在图像中拖曳鼠标，可以创建椭圆形。同时在【图层】面板中会创建了一个名为“椭圆 1”的形状图层，如图 9-43 所示。双击填充层缩览图，可以在弹出的【拾色器】对话框中调整形状的颜色。在图层名称上单击鼠标右键，在弹出的右键菜单中执行【栅格化图层】命令，可将形状层转换为普通层。

执行【窗口】/【属性】命令，将弹出图 9-44 所示的【属性】面板。此面板中的选项与属性栏中的相同。可用于调整绘制图形的大小及颜色。

利用工具对绘制的形状图形进行调整，使其变形。在弹出的询问面板中单击 是(Y) 按钮，此时的【属性】面板如图 9-45 所示。

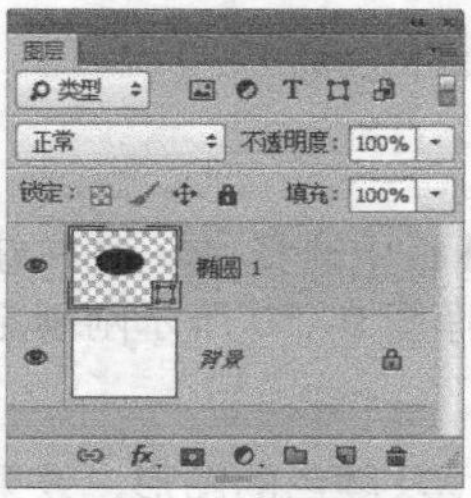

图 9-43 显示的形状层

图 9-44 【属性】面板

图 9-45 调整后的【属性】面板

- 【浓度】：用于设置形状图形之外区域的显示程度。

**要点提示**

*形状层其实是一个带有图层剪贴路径的填充层，当【浓度】选项的数值为 100% 时，形状图形之外的区域完全透明；数值为 0% 时，填充层的图形就会全部显示。*

- 【羽化】：用于设置形状图形边缘的羽化程度。

### 9.4.3 案例 3——自定义形状

在使用矢量图形工具的过程中，除了可应用系统自带的形状图形外，还可以通过采集图像中的形状图形来自定义形状。下面通过范例来讲解形状图形的定义方法。

**【操作练习 9-3】自定义形状。**

**STEP 1** 打开附盘中“图库\第 09 章”目录下名为“卡通 .jpg”的文件。

**STEP 2** 执行【选择】/【色彩范围】命令，弹出【色彩范围】对话框，利用按钮在黑色的卡通图形上单击，然后设置参数如图 9-46 所示。单击 确定 按钮，添加的选区如图 9-47 所示。

**STEP 3** 单击【路径】面板右上角的按钮，在弹出的菜单中选择【建立工作路径】命令，弹出【建立工作路径】对话框，参数设置图 9-48 所示，单击 确定 按钮，将选区转换为路径。

**STEP 4** 执行【编辑】/【定义自定形状】命令，弹出图 9-49 所示的【形状名称】对话框。

图9-46 【色彩范围】对话框

图9-47 添加的选区

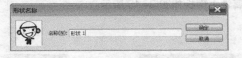

图9-48 【建立工作路径】对话框          图9-49 【形状名称】对话框

**STEP 5** 单击 ［确定］ 按钮，即可将当前路径图形定义为形状。

**STEP 6** 建立一个新文件，选择【自定形状】工具 ，在属性栏中选择 ［像素 ］ 按钮，再单击【形状】选项右侧的 按钮，在弹出的【自定形状】选项面板中选择图9-50所示刚刚定义的图形样式。

**STEP 7** 设置不同的前景色，在新建文件中可以绘制出不同大小及颜色的图形，效果如图9-51所示。

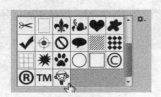

图9-50 【自定形状】选项面板

图9-51 绘制出的图形

**STEP 8** 按 Ctrl+Shift+S 组合键，将此文件命名为"定义形状练习.jpg"另存。

## 9.5 课堂实训

根据本章学习的内容，灵活运用【路径】工具及描绘功能制作出下面的标志和邮票效果。

### 9.5.1 标志设计

主要利用【钢笔】工具 、【转换点】工具 和【自定形状】工具，结合【自由变换】命令来设计图9-52所示的酒店标志图形。

【步骤解析】

1. 执行【文件】/【新建】命令，新建一个【宽度】为"20 厘米",【高度】为"10 厘米",【分辨率】为"150 像素 / 英寸",【颜色模式】为"RGB 颜色",【背景内容】为"白色"的文件。

2. 新建"图层 1"，然后将前景色设置为深褐色（R:131,G:80,B:6）。

3. 利用【钢笔】工具和【转换点】工具，依次绘制并调整出图 9-53 所示的钢笔路径。然后按 Ctrl+Enter 组合键，将路径转换为选区。

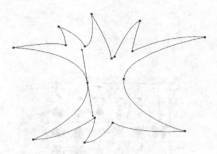

图 9-52　设计的标志图形　　　　　　　　　　　　　　　图 9-53　绘制的树形路径

4. 按 Alt+Delete 组合键，为选区填充前景色，然后按 Ctrl+D 组合键，将选区去除。

5. 新建"图层 2"，并将其调整至"图层 1"的下方位置，然后将前景色设置为绿色（R:112,G:139,B:40）。

6. 选取【椭圆选框】工具，绘制出图 9-54 所示的椭圆形选区，然后激活属性栏中的按钮，在椭圆形选区内的左上角位置，按住左键并拖曳鼠标绘制选区，对原选区进行修剪，状态如图 9-55 所示，修剪后的选区形态如图 9-56 所示。

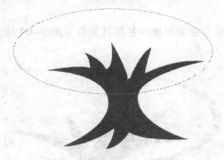

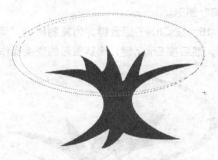

图 9-54　绘制的选区　　　　　　　　　　　　　　　　图 9-55　修剪选区时的状态

7. 按 Alt+Delete 组合键，为选区填充前景色，效果如图 9-57 所示，然后按 Ctrl+D 组合键，将选区去除。

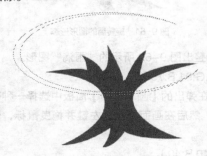

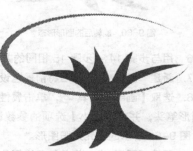

图 9-56　修剪后的选区形态　　　　　　　　　　　　　　图 9-57　填充颜色后的效果

8. 选取【自定形状】工具 ，在属性栏中选择 选项，并单击属性栏中【形状】选项右侧的
 按钮，在弹出的【自定形状】面板中单击右上角的 按钮。

9. 在弹出的下拉菜单中选择【全部】命令，然后在弹出的【Adobe Photoshop】的询问面板中单
击 确定 按钮，用"全部"的形状图形替换【自定形状】面板中的形状图形。

10. 拖动【自定形状】面板右侧的滑块，选取图 9-58 所示的"雨滴"形状图形。

11. 新建"图层 3"，在画面中按住左键并拖曳鼠标，绘制出图 9-59 所示的"雨滴"图形。

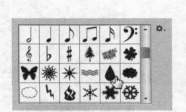

图 9-58 【自定形状】面板                 图 9-59 绘制的图形

12. 按 Ctrl+T 组合键，为"雨滴"图形添加自由变形框，并将其旋转至图 9-60 所示的形态，然
后按 Enter 键，确认图形的旋转变形操作。

13. 按住 Ctrl 键，单击"图层 3"左侧的图层缩略图添加选区。

14. 选取【移动】工具，按住 Alt 键，将鼠标光标移动至选区内，按住左键并拖曳鼠标，移动复制
"雨滴"图形。

15. 按 Ctrl+T 组合键，为复制出的"雨滴"图形添加自由变形框，并将其旋转至图 9-61 所示的
形态，然后按 Enter 键，确认图形的变换操作。

图 9-60 旋转后的图形形态                 图 9-61 旋转后的图形形态

16. 用与步骤 14 ~ 步骤 15 相同的方法，依次复制并调整出图 9-62 所示的"雨滴"图形。

17. 新建"图层 4"，然后将前景色设置为红色（R:255,G:91,B:79）。

18. 选取【画笔】工具 ，单击属性栏中的 按钮，在弹出的【画笔选项】面板中选择一种硬边
缘的圆形笔头，并将【大小】选项的参数设置为"5 像素"，然后在画面中按住左键并拖曳鼠标，依次
绘制出图 9-63 所示的发光太阳图形。

19. 新建"图层 5"，将前景色设置为绿色（R:112,G:140,B:40）。

图 9-62　复制出的图形

图 9-63　绘制出的图形

20.　选取【直线】工具 ，确认属性栏中选择 像素 选项，将【粗细】选项的参数设置为 "2 像素"，然后按住 Shift 键，绘制出图 9-64 所示的绿色直线。

21.　利用【矩形选框】工具 绘制出图 9-65 所示的矩形选区。

图 9-64　绘制的直线

图 9-65　绘制的矩形选区

22.　按 Delete 键，删除选区内的绿色直线，效果如图 9-66 所示。然后按 Ctrl+D 组合键，将选区去除。

23.　利用【横排文字】工具 T，依次输入图 9-67 所示的文字，完成酒店标志的设计。

图 9-66　删除直线后的效果

图 9-67　输入的文字

24.　按 Ctrl+S 组合键，将此文件命名为 "酒店标志设计 .psd" 进行保存。

## 9.5.2　邮票效果制作

下面利用【路径】面板中的描绘路径功能结合【橡皮擦】工具，来绘制图 9-68 所示的邮票效果。

【步骤解析】

1.　新建【宽度】为 "20 厘米"，【高度】为 "10 厘米"，【分辨率】为 "200 像素 / 英寸" 的白色文件。

2.　打开附盘中 "图库 \ 第 09 章" 目录下名为 "山水画 .jpg" 的文件，然后将其移动复制到新建文件中，并调整图像的大小，使其全部显示，如图 9-69 所示。

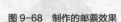

图 9-68　制作的邮票效果　　　　　　　　　　　　　图 9-69　绘制的路径

3．利用▣工具根据调整图像的大小绘制矩形选区，然后单击【路径】面板右上角的▾按钮，在弹出的菜单中选择【建立工作路径】命令，弹出【建立工作路径】对话框，参数设置为"0.5"，单击 确定 按钮，将选区转换为路径。

4．选取✐工具，在属性栏中将【不透明度】选项设置为 100%，再单击▣按钮，在弹出的【画笔】面板中设置参数如图 9-70 所示。

5．单击【路径】面板右上角的▾按钮，在弹出的菜单中选择【描边路径】命令，在弹出的【描边路径】对话框中将【工具】选项设置为"橡皮擦"，如图 9-71 所示。

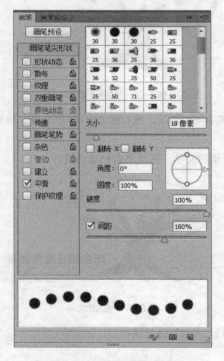

图 9-70　设置橡皮擦工具参数　　　　　　　　　　　图 9-71　选择的选项

6．单击 确定 按钮，即可对图像进行擦除，单击【路径】面板中的空白处，将路径隐藏。利用橡皮擦擦除得到图 9-72 所示的邮票边缘锯齿效果。

7．执行【图层】/【图层样式】/【投影】命令，在弹出的【图层样式】对话框中设置参数如图 9-73所示。

8．单击 确定 按钮，添加的投影效果如图 9-74 所示。

图 9-72 生成的锯齿效果

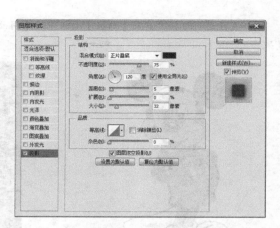

图 9-73 设置的【图层样式】参数

9. 在【路径】面板中单击路径将其显示，然后按 Ctrl+Enter 组合键，将路径转换为选区。

10. 执行【选择】/【修改】/【收缩】命令，在弹出的【收缩选区】对话框中将【收缩量】选项设置为"30"像素，单击 确定 按钮。

11. 按 Ctrl+Shift+I 组合键，将选区反选。

12. 打开【图层】面板，单击左上角的 按钮，锁定透明像素，然后为选区填充白色，去除选区后，即可完成邮票效果的制作，如图 9-75 所示。

图 9-74 添加的投影效果

图 9-75 制作的邮票效果

13. 按 Ctrl+S 组合键，将文件命名为"邮票效果 .psd"保存。

# 9.6 小结

本章主要讲解了各种路径工具和形状工具的功能及使用方法，利用这些工具可以绘制出一些其他选框工具无法绘制的复杂图形，或选择复杂背景中的图像，通过【路径】面板可以在路径和选区之间进行转换，并可以对路径进行填充或描边等操作。利用形状工具可以快速地绘制矩形、椭圆形、多边形、直线和各种自定形状。希望读者通过本章的学习，能够熟练掌握这些工具的使用方法，以便为将来实际工作中的图形绘制打下基础。

# 9.7 习题

1. 灵活运用路径工具绘制出图 9-76 所示的卡通图形。

2. 灵活运用路径工具及【路径】面板中的【用画笔描边路径】按钮，来制作图 9-77 所示的霓虹灯效果。

图 9-76　绘制的卡通图形

图 9-77　制作的霓虹灯效果

Photoshop CC

# Chapter

# 10

## 第10章
## 蒙版和通道

蒙版和通道是Photoshop软件中比较难以掌握的命令，但在实际的工作过程中，它们的应用却非常广泛，特别是在建立和保存特殊选择区域方面更能显出其强大的灵活性。本章将详细地讲解蒙版和通道的有关内容，并以相应的实例来加以说明，以期读者可以在最短的时间内掌握蒙版和通道。

### 学习目标

- 了解蒙版概念。
- 掌握各种蒙版的不同功能及应用方法。
- 掌握编辑蒙版及利用蒙版合成图像的方法。
- 了解通道类型及【通道】面板。
- 掌握通道的功能和作用。
- 熟练掌握【通道】面板的使用方法。
- 掌握利用通道调整颜色的技巧。
- 通过本章的学习，掌握图10-1所示图像的合成、选取及个性色调调整等。

图 10-1　蒙版及通道应用

## 10.1 认识蒙版

本节来讲解蒙版的相关知识，包括蒙版的概念、蒙版类型、蒙版与选区的关系和蒙版的编辑操作等。

### 10.1.1 蒙版概念

蒙版是将不同灰度色值转化为不同的透明度，并作用到它所在的图层中，使图层不同部位透明度产生相应的变化。黑色为完全透明，白色为完全不透明。蒙版还具有保护和隐藏图像的功能，当对图像的某一部分进行特殊处理时，利用蒙版可以隔离并保护图像其余的部分不被修改和破坏。蒙版概念示意图如图 10-2 所示。

 **要点提示**

在【图层】面板中，图层蒙版和矢量蒙版都显示为图层缩览图右边的附加缩览图。对于图层蒙版，此缩览图代表添加图层蒙版时创建的灰度通道。矢量蒙版缩览图代表从图层内容中剪下来的路径。

图 10-2 蒙版概念示意图

### 10.1.2 蒙版类型

根据创建方式的不同，蒙版可分为图层蒙版、矢量蒙版、剪贴蒙版和快速编辑蒙版 4 种类型。下面分别讲解这 4 种蒙版的性质及特点。

**一、图层蒙版**

图层蒙版是位图图像，与分辨率相关，它是由绘图或选框工具创建的，用来显示或隐藏图层中某一部分图像。利用图层蒙版也可以保护图层透明区域不被编辑，它是图像特效处理及编辑过程中使用频率最高的蒙版。利用图层蒙版可以生成梦幻般羽化图像的合成效果，且图层中的图像不会遭到破坏，仍保留原有的效果，如图 10-3 所示。

 **要点提示**

图层蒙版是一种灰度图像，因此用黑色绘制的区域将被隐藏，用白色绘制的区域是可见的，而用灰度绘制的区域则会出现不同层次的透明效果。

图 10-3　图层蒙版

## 二、矢量蒙版

矢量蒙版与分辨率无关，是由【钢笔】路径或形状工具绘制闭合的路径形状后创建的，路径内的区域显示出图层中的内容，路径之外的区域是被屏蔽的区域，如图 10-4 所示。

图 10-4　矢量蒙版

当路径的形状编辑修改后，蒙版被屏蔽的区域也会随之发生变化，如图 10-5 所示。

图 10-5　编辑后的矢量蒙版

## 三、剪贴蒙版

剪贴蒙版是由基底图层和内容图层创建的，将两个或两个以上的图层创建剪贴蒙版后，可用剪贴蒙版中最下方的图层（基底图层）形状来覆盖上面的图层（内容图层）内容。例如，一个图像的剪贴蒙版中下方图层为某个形状，上面的图层为图像或者文字，如果将上面的图层都创建为剪贴蒙版，则上面图层的图像只能通过下面图层的形状来显示，如图 10-6 所示。

图 10-6　剪贴蒙版

### 四、快速编辑蒙版

快速编辑蒙版是用来创建、编辑和修改选区的。单击工具箱下方的 ⬜ 按钮就可直接创建快速蒙版，此时，【通道】面板中会增加一个临时的快速蒙版通道。在快速蒙版状态下，被选择的区域显示原图像，而被屏蔽不被选择的区域显示默认的半透明红色，如图 10-7 所示。当操作结束后，单击 ⬜ 按钮，恢复到系统默认的编辑模式，【通道】面板中将不会保存该蒙版，而是直接生成选区，如图 10-8 所示。

图 10-7　在快速蒙版状态下涂抹不被选择的图像

图 10-8　快速蒙版创建的选区

## 10.1.3　创建和编辑图层蒙版

图层蒙版只能在普通图层或通道中建立，如果要在图像的背景层上建立，可以先将背景层转变为普通层，然后再在该普通层上创建蒙版即可。当为图像添加蒙版之后，蒙版中显示黑色的区域将是画面被屏蔽的区域。

### 一、创建图层蒙版

在图像文件中创建图层蒙版的方法比较多，具体如下。

（1）在图像文件中创建选区后，执行【图层】/【图层蒙版】命令可弹出图 10-9 所示的下拉菜单。其中，【显示全部】和【隐藏全部】命令在不创建选择区域的情况下就可执行，而【显示选区】和【隐藏选区】命令只有在图像文件中创建了选择区域后才可用。

- 【显示全部】命令：选择此命令，将为当前层添加蒙版，但此时图像文件的画面没有发生改变。
- 【隐藏全部】命令：选择此命令，可将当前层的图像全部隐藏。
- 【显示选区】命令：选择此命令，可以将选区以外的区域屏蔽，如选区

图 10-9　弹出的下拉菜单

为带有羽化效果的选区，可以制作图像的虚化效果，如图 10-10 所示。

图 10-10　显示选区效果

- 【隐藏选区】命令：选择此命令，可以将选择区域内的图像屏蔽，如选区具有羽化性质，也可以制作图像的虚化效果。

（2）当打开的图像文件中存在选择区域时，在【图层】面板中单击底部的 ▣ 按钮，可以为选区以外的区域添加蒙版，相当于菜单栏中的【显示选区】命令。如果图像文件中没有选择区域，单击【图层】面板底部的 ▣ 按钮，可以为整个图像添加蒙版，相当于菜单栏中的【显示全部】命令。

（3）当打开的图像文件中存在选区时，在【通道】面板中单击 ▣ 按钮，可以在通道中产生一个蒙版。如果图像文件中没有选区，单击【通道】面板底部的 ▣ 按钮，将新建一个 Alpha 通道，利用绘图工具在新建的 Alpha 通道中绘制白色，也会在通道上产生一个蒙版。

**二、编辑图层蒙版**

在【图层】面板中单击蒙版缩览图使之成为工作状态。然后在工具箱中选择任一绘图工具，执行下列任一操作即可编辑蒙版。

- 在蒙版图像中绘制黑色，可增加蒙版被屏蔽的区域，并显示更多的图像。
- 在蒙版图像中绘制白色，可减少蒙版被屏蔽的区域，并显示更少的图像。
- 在蒙版图像中绘制灰色，可创建半透明效果的屏蔽区域。

**三、应用或删除图层蒙版**

完成图层蒙版的创建后，既可以应用蒙版使更改永久化，也可以扔掉蒙版而不应用更改。

**1. 应用图层蒙版**

执行【图层】/【图层蒙版】/【应用】命令，或选取图层蒙版缩览图，单击【图层】面板下方的 🗑 按钮，在弹出的询问面板中单击 应用 按钮，即可在当前层中应用编辑后的蒙版。

**2. 删除图层蒙版**

执行【图层】/【图层蒙版】/【删除】命令，或选取图层蒙版缩览图，单击【图层】面板下方的 🗑 按钮，在弹出的询问面板中单击 删除 按钮，即可在当前层中取消编辑后的蒙版。

**四、停用和启用蒙版**

添加蒙版后，执行【图层】/【图层蒙版】/【停用】或【图层】/【矢量蒙版】/【停用】命令，可将蒙版停用，此时【图层】面板中蒙版缩览图上会出现一个红色的交叉符号，且图像文件中会显示不带蒙版效果的图层内容。按住 Shift 键反复单击【图层】面板中的蒙版缩览图，可在停用蒙版和启用蒙版之间切换。

**五、取消图层与蒙版的链接**

默认情况下，图层和蒙版处于链接状态，当使用 ▣ 工具移动图层或蒙版时，该图层及其蒙版会在图像文件中一起移动，取消它们的链接后可以进行单独移动。

（1）执行【图层】/【图层蒙版】/【取消链接】或【图层】/【矢量蒙版】/【取消链接】命令，即可将图层与蒙版之间的链接取消。

**要点提示**

执行【图层】/【图层蒙版】/【取消链接】或【图层】/【矢量蒙版】/【取消链接】命令后，【取消链接】命令将显示为【链接】命令，选择此命令，图层与蒙版之间将重建链接。

（2）在【图层】面板中单击图层缩览图与蒙版缩览图之间的【链接】图标 ，链接图标消失，表明图层与蒙版之间已取消链接；当在此处再次单击，链接图标出现时，表明图层与蒙版之间又重建链接。

### 10.1.4 创建和编辑矢量蒙版

创建于形状层中的蒙版即为矢量蒙版，执行下列任一操作即可创建矢量蒙版。

- 执行【图层】/【矢量蒙版】/【显示全部】命令，可创建显示整个图层的矢量蒙版。
- 执行【图层】/【矢量蒙版】/【隐藏全部】命令，可创建隐藏整个图层的矢量蒙版。
- 当图像中有路径存在且处于显示状态时，执行【图层】/【矢量蒙版】/【当前路径】命令，可创建显示形状内容的矢量蒙版。

在【图层】或【路径】面板中单击矢量蒙版缩览图，将其设置为当前状态，然后利用【钢笔】工具或【路径编辑】工具更改路径的形状，即可编辑矢量蒙版。

**要点提示**

在【图层】面板中选择要编辑的矢量蒙版层，执行【图层】/【栅格化】/【矢量蒙版】命令，可将矢量蒙版转换为图层蒙版。

### 10.1.5 剪贴蒙版

创建和取消剪贴蒙版的操作分别如下。

**一、创建剪贴蒙版**

- 在【图层】面板中选择最下方图层上面的一个图层，然后执行【图层】/【创建剪贴蒙版】命令，即可将该图层与其下方的图层创建剪贴蒙版（背景层无法创建剪贴蒙版）。
- 按住 Alt 键，将鼠标光标放置在【图层】面板中要创建剪贴蒙版的两个图层中间的线上，当鼠标光标显示为 图标时单击鼠标左键，即可创建剪贴蒙版。

**二、释放剪贴蒙版**

- 在【图层】面板中，选择剪贴蒙版中的任一图层，然后执行【图层】/【释放剪贴蒙版】命令，即可释放剪贴蒙版，还原图层相互独立的状态。
- 按住 Alt 键将鼠标光标放置在分隔两组图层的线上，当鼠标光标显示为 图标时单击鼠标左键，即可释放剪贴蒙版。

### 10.1.6 案例 1——合成"羽翼女神"图像

下面介绍灵活运用图层蒙版来合成图像的方法，原素材及合成后的效果如图 10-11 所示。

图 10-11 素材图片及合成后的效果

### 【操作练习 10-1】合成图像。

**STEP 1** 打开附盘中"图库\第 10 章"目录下名为"模版 .jpg"和"婚纱人物 .jpg"的文件。

**STEP 2** 将"婚纱人物"移动复制到"模版"文件中，然后调整至图 10-12 所示的大小及位置。

**STEP 3** 按 Enter 键确认图像的大小调整，然后单击【添加图层蒙版】按钮 ▣ ，为生成的"图层 1"添加图层蒙版。

**STEP 4** 将前景色设置为黑色，然后选择【画笔】工具 ✐ ，并设置合适大小的笔头，将鼠标光标移动到画面中拖曳，即可将鼠标经过的区域隐藏，状态如图 10-13 所示。

图 10-12 图像调整后的大小及位置          图 10-13 编辑图层蒙版状态

**STEP 5** 依次沿人物的边缘拖曳鼠标光标，直至图 10-14 所示的状态。

**STEP 6** 依次按 [ 键，将笔头调小，并按两次 Shift+[ 组合键将笔头的硬度减小，然后将鼠标光标移动到人物的头部位置拖曳，进行细部刻画，状态如图 10-15 所示。

图 10-14 编辑蒙版后的效果          图 10-15 细部刻画

STEP  依次沿人物的边缘拖曳鼠标光标进行细部刻画，最终效果及【图层】面板如图 10-16 所示。

### 要点提示

*在拖曳鼠标光标过程中，如不小心将需要的图像也隐藏了，此时可将前景色设置为白色，然后在要还原显示的区域拖曳鼠标光标，即可将该区域的图像显示。*

STEP  按 Ctrl+T 组合键，为图像添加自由变换框，将其稍微放大，效果如图 10-17 所示。

图 10-16　编辑蒙版后的效果及【图层】面板

图 10-17　图像调整后的状态

STEP  按 Enter 键确认图像的调整，然后按 Ctrl+Shift+S 组合键，将文件命名为"羽翼女神 .psd"另存。

# 10.2　通道

通道主要用于保存颜色数据，利用它可以查看各种通道信息且可以对通道进行编辑，从而达到编辑图像的目的。在对通道进行操作时，可以分别对各原色通道进行明暗度、对比度的调整，也可以对原色通道单独执行滤镜命令，以制作出许多特殊效果。

## 10.2.1　通道类型

图像颜色模式的不同决定通道的数量也不同，在 Photoshop 中通道主要分如下 4 种。

- 复合通道：不同模式的图像其通道的数量也不一样。在默认情况下，位图、灰度和索引模式的图像只有 1 个通道，RGB 和 LAB 模式的图像有 3 个通道，CMYK 模式的图像有 4 个通道。

例如，打开一幅 RGB 色彩模式的图像，该图像包括 R、G、B 3 个通道。打开一幅 CMYK 色彩模式的图像，该图像包括 C、M、Y、K 4 个通道。为了便于理解，本书分别以 RGB 颜色模式和 CMYK 颜色模式的图像制作了图 10-18 所示的通道原理图解。在图中，上面的一层代表叠加图像每一个通道后的图像颜色，下面的层代表拆分后的单色通道。

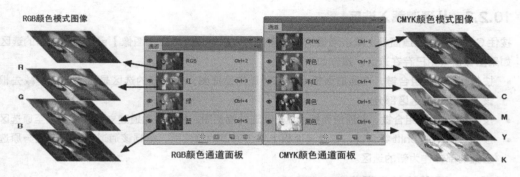

图 10-18　RGB 和 CMYK 颜色模式的图像通道原理图解

 **要点提示**

每一幅位图图像都有一个或多个通道，每个通道中都存储着关于图像色素的信息，通过叠加每个通道从而得到图像中的色彩像素。图像中默认的颜色通道数取决于其颜色模式。在四色印刷中，蓝、红、黄、黑印版就相当于 CMYK 颜色模式图像中的 C、M、Y、K 4 个通道。

- 单色通道：在【通道】面板中单色通道都显示为灰色，它通过 0 ~ 256 级亮度的灰度来表示颜色。在通道中很难控制图像的颜色效果，所以一般不采取直接修改颜色通道的方法改变图像的颜色。
- 专色通道：在进行颜色比较多的特殊印刷时，除了默认的颜色通道，还可以在图像中创建专色通道。例如，印刷中常见的烫金、烫银或企业专有色等都需要在图像处理时，进行通道专有色的设定。在图像中添加专色通道后，必须将图像转换为多通道模式才能够进行印刷输出。
- Alpha 通道：用于保存蒙版，让被屏蔽的区域不受任何编辑操作的影响，从而增强图像的编辑操作。

## 10.2.2 【通道】面板

执行【窗口】/【通道】命令，即可在工作区中显示【通道】面板。利用【通道】面板可以对通道进行如下操作。

- 【指示通道可视性】图标 ：此图标与【图层】面板中的 图标是相同的，单击可以使通道在显示或隐藏之间切换。注意，当【通道】面板中某一单色通道被隐藏后，复合通道会自动隐藏；当选择或显示复合通道后，所有的单色通道也会自动显示。
- 通道缩览图： 图标右侧为通道缩览图，主要作用是显示通道的颜色信息。
- 通道名称：通道缩览图的右侧为通道名称，它能使用户快速识别各种通道。通道名称的右侧为切换该通道的快捷键。
- 【将通道作为选区载入】按钮 ：单击此按钮，或按住 Ctrl 键单击某通道，可以将该通道中颜色较淡的区域载入为选区。
- 【将选区存储为通道】按钮 ：当图像中有选区时，单击此按钮，可以将图像中的选区存储为 Alpha 通道。
- 【创建新通道】按钮 ：可以创建一个新的通道。
- 【删除当前通道】按钮 ：可以将当前选择或编辑的通道删除。

### 10.2.3　从通道载入选区

按住 Ctrl 键，在通道面板上单击通道的缩览图，可以根据该通道在【图像】窗口中建立新的选区。如果图像窗口中已存在选区，操作如下。

- 按住 Ctrl+Alt 组合键，在通道面板上单击通道的缩览图，新生成的选区是从原选区中减去根据该通道建立的选区部分。
- 按住 Ctrl+Shift 组合键，在通道面板上单击通道的缩览图，根据该通道建立的选区添加至原选区。
- 按住 Ctrl+Alt+Shift 组合键，在通道面板上单击通道的缩览图，根据该通道建立的选区与原选区重叠的部分作为新的选区。

### 10.2.4　通道的基本操作

通道的创建、复制、移动堆叠位置（只有 Alpha 通道可以移动）和删除操作与图层相似，此处不再详细介绍。

- 在【通道】面板中单击复合通道，同时选择复合通道及颜色通道，此时在图像窗口中显示图像的效果，可以对图像进行编辑。
- 单击除复制通道外的任意通道，在图像窗口中显示相应通道的效果，此时可以对选择的通道进行编辑。
- 按住 Shift 键，可以同时选择几个通道，图像窗口中显示被选择通道的叠加效果。
- 单击通道左侧的 👁 按钮，可以隐藏对应的通道效果，再次单击可以将通道效果显示出来。

### 10.2.5　案例 2——利用通道选取婚纱

如果能够灵活掌握通道和蒙版，对于图像合成操作将是非常有利的，不但能节省时间，而且还能够非常干净利索地得到需要的合成效果。下面利用通道和蒙版的结合将婚纱图像从背景中抠选出来，合成图 10-19 所示的效果。

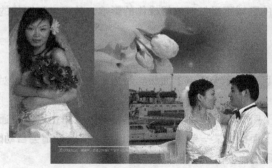

图 10-19　图片素材及合成后的效果

**【操作练习 10-2】选取婚纱。**

**STEP 1** 打开附盘中"图库\第 10 章"目录下名为"照片 01.jpg"和"婚纱模版 .psd"的文件。

**STEP 2** 将"照片 .jpg"设置为工作状态，依次按 Ctrl+A 组合键和 Ctrl+C 组合键，将当前图像全部选择并复制。

**STEP 3** 单击【通道】面板中的 🔲 按钮，新建一个"Alpha 1"通道，然后按 Ctrl+V 组合键将复制的图像粘贴到新建的通道中。

**STEP 4** 按 Ctrl+D 组合键去除选区，选择【魔棒】工具 🪄，激活属性栏中的 🔲 按钮，设置

【容差】参数为"10",依次在灰色背景区域单击添加图 10-20 所示的选区,然后给选区填充黑色。

**STEP 5** 按 Ctrl+D 组合键去除选区,然后选择【图像】/【调整】/【色阶】命令,在弹出的【色阶】对话框中设置参数如图 10-21 所示,单击 确定 按钮。

图 10-20 添加的选区

图 10-21 【色阶】对话框

**STEP 6** 按住 Ctrl 键单击"Alpha 1"通道加载选区,生成的选区形态如图 10-22 所示。

**STEP 7** 按 Ctrl+2 组合键转换到 RGB 通道模式,然后按 Ctrl+J 组合键将选区内的图像通过复制生成"图层 1",并将"图层 1"的图层混合模式设置为"滤色",【不透明度】参数设置为"70%",此时的【图层】面板形态如图 10-23 所示。

图 10-22 加载的选区

图 10-23 【图层】面板

**STEP 8** 按住 Shift 键分别单击"背景"层和"图层 1"层,将这两个图层同时选择。

**STEP 9** 利用【移动】工具把选择的图像移动复制到"婚纱模版 .psd"文件中,如图 10-24 所示。

**STEP 10** 单击 按钮为"图层 3"添加图层蒙版,给蒙版填充黑色后的效果如图 10-25 所示。

**STEP 11** 选择【画笔】工具,设置合适的笔头大小后在图层蒙版中利用白色来编辑蒙版,把人物通过蒙版显示出来,效果如图 10-26 所示。

**STEP 12** 打开附盘中"图库\第 10 章"目录下名为"照片 02.jpg"的文件,将其移动复制到"婚纱模版 .psd"文件中,调整大小后放置到图 10-27 所示的位置。

**STEP 13** 至此,图像合成完毕,按 Ctrl+Shift+S 组合键,将文件命名为"婚纱选取 .psd"另存。

图 10-24　复制的图像

图 10-25　画面效果

图 10-26　显示出人物

图 10-27　图片放置的位置

## 10.2.6　【分离通道】与【合并通道】命令

单击【通道】面板右上角的 ▤ 按钮，弹出通道面板菜单。下面介绍其中的【分离通道】与【合并通道】命令。

### 1.　分离通道

在图像处理过程中，有时需要将通道分离为多个单独的灰度图像，然后重新进行合并，对其进行编辑处理，从而制作各种特殊的图像效果。

对于只有背景层的图像文件，在【通道】面板中单击右上角的 ▤ 按钮，在弹出的下拉菜单中选择【分离通道】命令，可以将图像中的颜色通道、Alpha 通道和专色通道分离为多个单独的灰度图像。此时原图像被关闭，生成的灰度图像以原文件名和通道缩写形式重新命名，它们分别置于不同的图像窗口中，相互独立，如图 10-28 所示。

图 10-28　分离的通道

### 2. 合并通道

要使用【合并通道】命令必须满足 3 个条件，一是要作为通道进行合并的图像的颜色模式必须是灰度的，二是这些图像的长度、宽度和分辨率必须完全相同，三是它们必须是已经打开的。选择【合并通道】命令，弹出的【合并通道】对话框如图 10-29 所示。

* 在【模式】下拉列表中可以选择新合并图像的颜色模式。
* 【通道】值决定合并文件的通道数量。如果在【模式】下拉列表中选择了【多通道】选项，【通道】值可以设置为小于当前打开的要用作合并通道的文件的数量。
* 如果在【模式】下拉列表中选择了其他颜色模式，那么【通道】值只能设置为该模式可用的通道数，如在【模式】下拉列表中选择了【RGB 颜色】选项，那么【通道】值只能设置为 "3"。
* 单击【合并通道】对话框中的 确定 按钮，在弹出的【合并 RGB 通道】对话框中选择使用哪一个文件作为颜色通道，如图 10-30 所示。单击 模式(M) 按钮，可以回到【合并通道】对话框重新进行设置。

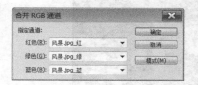

图 10-29 【合并通道】对话框　　　　　　　　　图 10-30 指定通道

## 10.2.7 案例 3——互换通道调整个性色调

下面利用【分离通道】与【合并通道】命令来制作图像的个性色调。原素材图片与制作出的个性色调效果对比如图 10-31 所示。

图 10-31 原图片与调整后的个性色调效果对比

**【操作练习 10-3】调整个性色调。**

STEP 1 打开附盘中 "图库\第 10 章" 目录下名为 "照片 03.jpg" 的文件。

STEP 2 执行【图像】/【复制】命令，将文件复制出一个副本文件。

STEP 3 单击【通道】面板中的 按钮，在弹出的菜单中执行【分离通道】命令，将图片分离。

STEP 4 单击 按钮，在弹出的菜单中执行【合并通道】命令，在弹出的【合并通道】对话框中将【模式】选项设置为"RGB 颜色"，单击 ▢确定▢ 按钮，在再次弹出的【合并 RGB 通道】对话框中指定各颜色的通道，如图 10-32 所示。

图 10-32 【合并 RGB 通道】对话框

**STEP ☞5** 单击 ▢确定▢ 按钮，合并后的图像效果如图 10-33 所示。

**STEP ☞6** 按 Ctrl+A 组合键，将画面全部选择，再按 Ctrl+C 组合键，将选择的内容复制到剪贴板中，然后将此文件关闭，不必保存。

**STEP ☞7** 确认"照片 03.jpg"为工作文件，然后按 Ctrl+V 组合键，将剪贴板中的图像粘贴到当前文件中，生成"图层 1"。

**STEP ☞8** 为"图层 1"添加蒙版，然后利用【画笔】工具 ✐ 在人物位置描绘黑色编辑蒙版，将人物通过编辑蒙版显示出原来的颜色，编辑后的图像效果及【图层】面板如图 10-34 所示。

图 10-33 合并后的效果

图 10-34 编辑后的蒙版效果及【图层】面板

**STEP ☞9** 按 Ctrl+Shift+S 组合键，将此文件命名为"互换通道调整个性色调 .psd"另存。

# 10.3 课堂实训

利用本章学习的【蒙版】和【通道】命令对下面的图像进行合成及调整。

## 10.3.1 合成图像

灵活运用蒙版将两幅图像进行合成，素材图片及合成后的效果如图 10-35 所示。

图 10-35 利用图层蒙版合成的图像

【步骤解析】

1. 打开附盘中"图库\第 10 章"目录下名为"荷花池 .jpg"和"瀑布 .jpg"的文件。

2. 将"瀑布 .jpg"移动复制到"荷花池 .jpg"文件中，并为其添加图层蒙版。

3. 将前景色设置为黑色，然后利用 ▱ 工具对瀑布图像的下方位置进行涂抹，即可将两幅图像进行合成。

## 10.3.2 利用通道调色

下面介绍通过调整通道改变图像颜色的方法，图片素材及调整后的效果如图 10-36 所示。

图 10-36 图像素材及调整颜色后的效果

【步骤解析】

1. 打开附盘中"图库\第 10 章"目录下名为"照片 04.jpg"的文件。

2. 打开【通道】面板可以看到"红"通道最亮，所以图像整体偏红，缺少蓝色和绿色，如图 10-37 所示。

图 10-37 查看通道

3. 单击"RGB"复合通道，打开【图层】面板，单击面板底部的 ◑. 按钮，在弹出的菜单中执行【曲线】命令，打开【曲线】对话框，在【通道】下拉列表中选择"红"通道，然后选择曲线的中间部位向右下方拖动，从而降低图像中的红色，如图 10-38 所示。

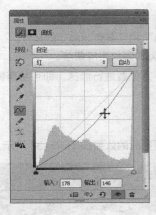

图 10-38　调整"红"通道

4．在【通道】下拉列表中选择"蓝"通道，然后将曲线向左上方稍微拖动，在图像中增加蓝色，如图 10-39 所示。

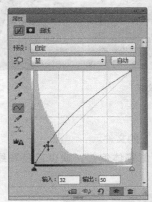

图 10-39　调整"蓝"通道

5．在【通道】下拉列表中选择"RGB"复合通道，然后将右上角的曲线稍微向上拖动，将左下角的曲线稍微向下拖动，使图像中的暗部区域增强，亮部区域也稍微增强，依次改善图像的对比度，如图 10-40 所示。

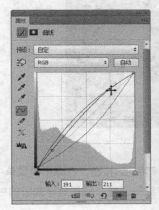

图 10-40　调整"RGB"通道

6. 此时，即利用通道矫正了图像的颜色。按 Ctrl+Shift+S 组合键，将此文件命名为"利用通道调色 .psd"另存。

# 10.4 小结

本章主要讲解了蒙版和通道的相关知识，包括蒙版的概念、类型、编辑操作和通道的类型及基本操作等。通过本章的学习，希望能给读者起到一个抛砖引玉的作用。课下也希望读者能上网搜索一些这样的教程进行学习，并将这些命令熟练掌握，从而为从事图像处理及合成工作提供最有利的帮助。

# 10.5 习题

1. 综合运用图层、图层蒙版及复制操作制作石墙中的狮子效果，原素材图片及合成后的效果如图 10-41 所示。

图 10-41　素材图片及合成后的效果

2. 灵活运用通道来选取复杂的图像，素材图片及选取出的效果如图 10-42 所示。

图 10-42　素材图片及选取出的效果

Chapter

# 11

## 第11章
## 滤镜

　　滤镜是Photoshop中最精彩的内容，应用滤镜可以制作出多种图像艺术效果以及各种类型的艺术效果字。Photoshop CC的【滤镜】菜单中共有100多种滤镜命令，每个命令都可以单独使图像产生不同的效果，也可以利用滤镜库为图像应用多种滤镜效果。

　　滤镜命令的使用方法非常简单，只要在图像上执行需要的滤镜命令，然后在弹出的对话框中设置选项和参数就可直接出现效果。本章将简要介绍各滤镜命令的功能，然后通过实例介绍常用滤镜命令的使用方法。希望读者通过本章的学习，能够将单个滤镜命令和多种滤镜命令综合运用的方法掌握，以便在将来的实际工作中灵活运用。

### 学习目标

- 了解滤镜的作用。
- 了解各种滤镜命令的不同功能。
- 掌握滤镜的使用方法。
- 熟悉应用多个滤镜的方法。
- 通过本章的学习，掌握图11-1所示特效的制作。

图 11-1　制作的特效

## 11.1　使用滤镜

　　滤镜分为很多种类，在滤镜库中可以对图像使用多个滤镜，也可以对图像使用单个滤镜。确定应用滤镜效果的图层，然后在滤镜的下拉菜单中单击某一个滤镜命令，即可为当前图层应用该滤镜。

　　当执行过一次滤镜命令后，【滤镜】菜单中的第一个【上次滤镜操作】命令即可使用，执行此命令或按 Ctrl+F 组合键，可以在图像中再次应用最后一次应用的滤镜效果。按 Ctrl+Alt+F 组合键，将弹出上次应用滤镜的对话框，可以重新设置参数并应用到图像中。

## 11.2　案例 1——转换为智能滤镜

　　执行【滤镜】/【转换为智能滤镜】命令，可将普通层转换为智能对象层，同时将滤镜转换为智能滤镜。

　　在普通图层中执行【滤镜】命令后，原图像将遭到破坏，效果直接应用在图像上。而智能滤镜则会保留滤镜的参数设置，这样可以随时编辑修改滤镜参数，且原图像的数据仍然被保留。

- 如果觉得某滤镜不合适，可以暂时关闭，或者退回到应用滤镜前图像的原始状态。单击【图层】面板滤镜左侧的眼睛图标，则可以关闭该滤镜的预览效果。
- 如果想对某滤镜的参数进行修改，可以直接双击【图层】面板中的滤镜名称，即可弹出该滤镜的参数设置对话框。
- 双击滤镜名称右侧的 三 按钮，可在弹出的【混合选项】对话框中编辑滤镜的混合模式和不透明度。
- 在滤镜上单击鼠标右键，可在弹出的快捷菜单中更改滤镜的参数设置、关闭滤镜或删除滤镜等。

下面以实例的形式来进行讲解。

### 【操作练习 11-1】转换智能滤镜。

**STEP 1** 打开附盘中 "图库\第 11 章" 目录下名为 "标贴 .psd" 的图片，如图 11-2 所示。

**STEP 2** 执行【滤镜】/【转换为智能滤镜】命令，在弹出的询问面板中单击 ▢ 确定 ▢ 按钮。

**STEP 3** 执行【滤镜】/【风格化】/【浮雕效果】命令，参数设置如图 11-3 所示。

图 11-2　打开的标贴图片及【图层】面板

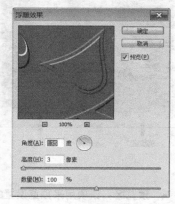

图 11-3　【浮雕效果】对话框

STEP  单击 确定 按钮，产生的浮雕效果及智能滤镜图层如图 11-4 所示。

图 11-4 浮雕效果及智能滤镜图层

STEP 05 在【图层】面板中双击 ● 浮雕效果 位置，即可弹出【浮雕效果】对话框，此时可以重新设置浮雕效果的参数，且保留原图形的数据。

STEP 06 单击智能滤镜前面的 ● 图标，可以把应用的滤镜关闭，显示原图形。

# 11.3 【滤镜库】命令

执行【滤镜】/【滤镜库】命令，打开图 11-5 所示的【滤镜库】对话框。在此对话框中可以对图像进行多个滤镜的应用，从而丰富图像的效果。

图 11-5 【滤镜库】对话框

- 预览区：该项用来预览设置的滤镜效果。
- 缩放区：调整预览区中图像的显示比例。

- 滤镜组：单击滤镜组前面的▶按钮可以将滤镜组展开，在展开的滤镜组中可以选择一种滤镜。
- 各滤镜命令效果缩览图：显示图像应用相应的滤镜命令后出现的效果。
- ⚙：单击此按钮可显示 / 隐藏滤镜组及各滤镜命令的效果缩览图。
- 弹出式菜单：单击选项窗口，将弹出滤镜菜单命令列表。
- 参数设置区：当选择一种滤镜后，在参数设置区将会显示出相应的数值设置。
- 当前选择的滤镜缩览图：指定当前使用的滤镜。
- 已应用但未选择的滤镜：当前效果中应用了，但缩览图中未显示出的滤镜。
- 隐藏的滤镜：指示出当前隐藏的滤镜。
- ▣：单击该按钮，可以新建一个滤镜效果图层。
- 🗑：单击该按钮，可以将选中的效果图层删除，只有新建滤镜效果图层后，此按钮才可用。

## 11.4　滤镜命令

本节简要介绍各滤镜命令的功能。

### 1.【自适应广角】命令

对于摄影师以及喜欢拍照的摄影爱好者来说，拍摄风景或者建筑物时必然要使用广角镜头进行拍摄。但广角镜头拍摄的照片，都会有镜头畸变的情况，照片边角位置出现弯曲变形。而【自适应广角】命令可以对镜头产生的畸变进行处理，得到一张完全没有畸变的照片。

### 2.【Camera Raw 滤镜】命令

Photoshop Camera Raw 可以解释相机原始数据文件，该软件使用有关相机的信息以及图像元数据来构建和处理彩色图像。可以将相机原始数据文件看作照片负片。可以随时重新处理该文件以得到所需的效果，即对白平衡、色调范围、对比度、颜色饱和度以及锐化进行调整。在调整相机原始图像时，原来的相机原始数据将保存下来。调整内容将作为元数据存储在附带的附属文件、数据库或文件本身（对于 DNG 格式）中。

在 Photoshop CC 之前的版本，Camera Raw 是作为一个单独的插件运行；而在 CC 版本中则将 Camera Raw 插件内置为滤镜，这样可以更加方便地处理图层上的图片。

### 3.【镜头校正】命令

【镜头校正】命令可以修复常见的镜头瑕疵，比如桶形和枕形失真、晕影和色差等。该滤镜命令在【RGB 颜色】模式或【灰度】模式下只能用于 "8 位 / 通道" 和 "16 位 / 通道" 的图像。

### 4.【液化】命令

利用【液化】命令可以通过交互方式对图像进行拼凑、推、拉、旋转、反射、折叠和膨胀等变形。

### 5.【油画】命令

使用【油画】命令，可以将图像快速处理成油画效果。

### 6.【消失点】命令

可在包含透视平面的图像中（如建筑物的一侧）进行透视编辑。在编辑时，首先在图像中指定平面，然后应用绘画、仿制、复制、粘贴或变换等编辑操作，这些编辑操作都将根据所绘制的平面网格来给图像添加透视。

### 7. 其他滤镜命令

- 【风格化】滤镜组中的命令可以置换图像中的像素和查找并增加对比度，在图像中生成各种绘画或印象派的艺术效果。
- 【模糊】滤镜组中的命令可以对图像进行各种类型的模糊效果处理。它通过平衡图像中的线条和遮蔽区域清晰的边缘像素，使其显得虚化柔和。

---

**要点提示**

如果要在图层中应用【模糊】滤镜命令，必须取消【图层】面板左上角的⊠（锁定透明像素）选项的锁定状态。

---

- 【扭曲】滤镜组中的命令可以使图像产生多种样式的扭曲变形效果。
- 【锐化】滤镜组中的命令可以通过增加图像中色彩相邻像素的对比度来聚焦模糊的图像，从而使图像变得清晰。
- 【视频】滤镜组中的命令是 Photoshop 的外部接口命令，用于从摄像机输入图像或将图像输出到录像带上。
- 【像素化】滤镜组中的命令可以将图像通过使用颜色值相近的像素结成块来清晰地表现图像。
- 【渲染】滤镜组中的命令可以在图像中创建云彩图案、纤维和光照等特殊效果。
- 【杂色】滤镜组中的命令可以添加或移去杂色或带有随机分布色阶的像素，以创建各种不同的纹理效果。
- 【其他】滤镜组中的命令可以创建自己的滤镜、使用滤镜修改蒙版、在图像中使选区发生位移和快速调整颜色。
- 【Digimarc（作品保护）】滤镜组中的命令可以将数字水印嵌入到图像中以储存版权信息，它包括【嵌入水印】和【读取水印】两个滤镜命令。
- 使用【浏览联机滤镜】命令可以到网上浏览外挂滤镜。

## 11.5　各种特效制作

下面讲解几种特效的制作方法。

### 11.5.1　案例 2——制作格子背景

制作完成的格子背景效果如图 11-6 所示。

**【操作练习 11-2】制作格子背景。**

**STEP　1** 新建一个【宽度】为"20 厘米"，【高度】为"20 厘米"，【分辨率】为"150 像素 / 英寸"的白色文件。

**STEP　2** 确认前景色和背景色分别为默认的黑色和白色，执行【滤镜】/【渲染】/【云彩】命令，依次按 Ctrl+F 组合键重复执行【云彩】命令，直至出现类似图 11-7 所示的效果。

**STEP　3** 执行【滤镜】/【像素化】/【点状化】命令，在弹出的【点状化】对话框中将【单元格大小】的参数设置为"45"，单击 确定 按钮，生成的效果如图 11-8 所示。

图 11-6 制作的格子背景

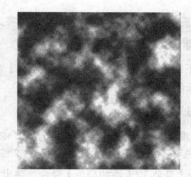

图 11-7 生成的云彩效果

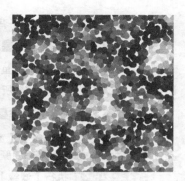

图 11-8 点状化效果

**STEP 4** 执行【图像】/【调整】/【反相】命令，将画面反相处理，然后执行【滤镜】/【像素化】/【马赛克】命令，在弹出的【马赛克】对话框中将【单元格大小】参数设置为"25"，单击 确定 按钮，创建出的效果如图 11-9 所示。

**STEP 5** 将"背景"层复制为"图层 1"，然后执行【滤镜】/【风格化】/【查找边缘】命令，创建出的效果如图 11-10 所示。

**STEP 6** 执行【图像】/【调整】/【反相】命令，并将该图层的混合模式更改为【叠加】，效果如图 11-11 所示。

图 11-9 创建出的效果

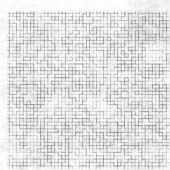

图 11-10 查找边缘后的效果

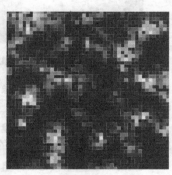

图 11-11 更改混合模式后的效果

**STEP 7** 单击【图层】面板下方的 按钮，在弹出的命令中选择【曲线】命令，然后分别调整各通道中曲线的形态如图 11-12 所示。

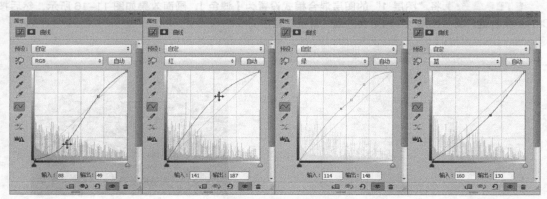

图 11-12 调整曲线形态

**STEP 8** 至此，格子背景制作完成。按 Ctrl+S 组合键，将文件命名为"格子背景 .psd"保存。

### 11.5.2 案例 3——星球爆炸效果制作

下面主要运用【滤镜】菜单下的【动感模糊】命令、【极坐标】命令和【分层云彩】命令，及各种图像编辑命令来制作图 11-13 所示的星球爆炸效果。

**【操作练习 11-3】**制作星球爆炸效果。

**STEP 1** 新建一个【宽度】为"15 厘米"、【高度】为"12 厘米"、【分辨率】为"150 像素 / 英寸"、【颜色模式】为"RGB 颜色"、【背景内容】为"白色"的文件。

**STEP 2** 执行【滤镜】/【杂色】/【添加杂色】命令，弹出【添加杂色】对话框，选项及参数设置如图 11-14 所示，单击 确定 按钮。

图 11-13 制作的星球爆炸效果

图 11-14 【添加杂色】对话框

**STEP 3** 执行【图像】/【调整】/【阈值】命令，在弹出的【阈值】对话框中将【阈值色阶】的参数设置为"180"，单击 确定 按钮。

**STEP 4** 执行【滤镜】/【模糊】/【动感模糊】命令，弹出【动感模糊】对话框，将【角度】的参数设置为"90"度【距离】的参数设置为"500"像素，单击 确定 按钮，效果如图 11-15 所示。

**STEP 5** 按 Ctrl+I 组合键将画面反相显示，然后新建"图层 1"，并按 D 键，将前景色和背景色分别设置为默认的黑色和白色。

**STEP 6** 选择 工具，确认在属性栏中激活了 按钮，且选择"前景到背景"的渐变样式。按住 Shift 键，在画面中由中至上填充从前景色到背景色的线性渐变色。

**STEP 7** 将"图层 1"的图层混合模式设置为【滤色】，画面效果如图 11-16 所示，然后按 Ctrl+E 组合键，将"图层 1"向下合并到"背景"层中。

图 11-15 动感模糊效果

图 11-16 画面效果

**STEP** 8 执行【滤镜】/【扭曲】/【极坐标】命令，在弹出的【极坐标】对话框中点选【平面坐标到极坐标】单选项，然后单击 确定 按钮，画面效果如图 11-17 所示。

**STEP** 9 将背景色设置为黑色，然后执行【图像】/【画布大小】命令，弹出【画布大小】对话框，各选项及参数设置如图 11-18 所示。

图 11-17 极坐标效果

图 11-18 【画布大小】对话框

**STEP** 10 单击 确定 按钮，调整画布大小后的画面效果如图 11-19 所示。

**STEP** 11 执行【滤镜】/【模糊】/【径向模糊】命令，弹出【径向模糊】对话框，点选【缩放】单选项后，将【数量】的参数设置为"100"，单击 确定 按钮。然后再按 3 次 Ctrl+F 组合键重复执行模糊处理，效果如图 11-20 所示。

图 11-19 调整画布大小后的效果

图 11-20 径向模糊效果

**STEP** 12 按 Ctrl+U 组合键，弹出【色相/饱和度】对话框，参数设置如图 11-21 所示。单击 确定 按钮，调整颜色后的效果如图 11-22 所示。

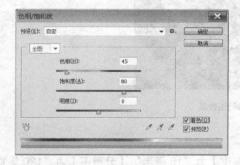

图 11-21 【色相/饱和度】对话框

图 11-22 调整颜色后的效果

**STEP 13** 新建"图层1"，并确认前景色和背景色分别为黑色和白色，然后执行【滤镜】/【渲染】/【云彩】命令，为"图层1"添加由前景色与背景色混合而成的云彩效果。

**STEP 14** 将"图层1"的图层混合模式设置为【颜色减淡】，画面效果如图11-23所示。

**STEP 15** 执行【滤镜】/【渲染】/【分层云彩】命令，使云彩发生变化，从而改变爆炸效果，此时根据效果也可以再按几次Ctrl+F组合键，直到出现理想的爆炸效果为止，图11-24所示的效果是按了3次生成的效果。

图11-23 添加云彩效果

图11-24 添加分层云彩效果

**STEP 16** 按Ctrl+E组合键将爆炸效果的图层合并，然后打开附盘中"图库\第11章"目录下名为"海天.jpg"的文件。

**STEP 17** 利用 工具将爆炸效果移动复制到打开的"海天.jpg"文件中，然后利用【自由变换】命令将爆炸效果调整到与画面相同的大小，再将其图层混合模式设置为【滤色】。

**STEP 18** 至此，爆炸效果制作完成，按Ctrl+Shift+S组合键，将此文件命名为"爆炸效果.psd"另存。

### 11.5.3 案例4——制作非主流涂鸦板

综合运用几种滤镜命令，制作出图11-25所示的非主流涂鸦板效果。

图11-25 制作出的涂鸦板效果

**【操作练习11-4】制作非主流涂鸦板。**

**STEP 1** 新建一个【宽度】为"20厘米"，【高度】为"15厘米"，【分辨率】为"120像素/英寸"，【颜色模式】为"RGB颜色"，【背景内容】为白色的文件。

**STEP 2** 按 D 键将前景色和背景色设置为默认的黑色和白色，然后执行【滤镜】/【渲染】/【云彩】命令，为"背景"层添加由前景色与背景色混合而成的云彩效果，如图 11-26 所示。

**STEP 3** 执行【滤镜】/【素描】/【绘图笔】命令，在弹出的【绘图笔】对话框中设置参数如图 11-27 所示。

**STEP 4** 单击 确定 按钮，执行【绘图笔】命令后的图像效果如图 11-28 所示。

图 11-26　添加的云彩效果　　　图 11-27　【绘图笔】对话框参数设置　　　图 11-28　执行【绘图笔】命令后的效果

**STEP 5** 执行【滤镜】/【模糊】/【高斯模糊】命令，在弹出的【高斯模糊】对话框中将【半径】选项的参数设置为"5"像素。

**STEP 6** 单击 确定 按钮，执行【高斯模糊】命令后的图像效果如图 11-29 所示。

**STEP 7** 执行【滤镜】/【扭曲】/【置换】命令，弹出【置换】对话框，设置选项及参数如图 11-30 所示。

**STEP 8** 单击 确定 按钮，然后在弹出的【选择一个置换图】对话框中选择素材文件中名为"图案 .psd"的图像文件。

**STEP 9** 单击 打开(O) 按钮，置换图像后的画面效果如图 11-31 所示。

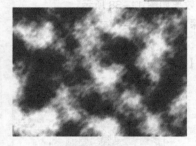

图 11-29　【高斯模糊】命令后的效果　　　图 11-30　【置换】对话框　　　图 11-31　置换图像后的效果

**STEP 10** 执行【图像】/【图像旋转】/【90 度（顺时针）】命令，将图像窗口顺时针旋转，效果如图 11-32 所示。

**STEP 11** 按 Ctrl+F 组合键重复执行【置换】命令，生成的画面效果如图 11-33 所示。

**STEP 12** 执行【图像】/【旋转画布】/【90 度（逆时针）】命令，将画布逆时针旋转。

**STEP 13** 新建"图层 1"，并为其填充上白色，然后执行【滤镜】/【渲染】/【纤维】命令，在弹出的【纤维】对话框中设置参数如图 11-34 所示。

**STEP 14** 单击 确定 按钮，执行【纤维】命令后的画面效果如图 11-35 所示。

**STEP 15** 执行【滤镜】/【模糊】/【高斯模糊】命令，在弹出的【高斯模糊】对话框中将【半径】选项的参数设置为"5"像素。

图 11-32　旋转图像后的效果　　图 11-33　重复执行【置换】命令后的效果　　图 11-34　【纤维】对话框参数设置

**STEP 16** 单击　确定　按钮，执行【高斯模糊】命令后的画面效果如图 11-36 所示。

**STEP 17** 执行【滤镜】/【艺术效果】/【干画笔】命令，在弹出的【干画笔】对话框中设置参数如图 11-37 所示。

图 11-35　执行【纤维】命令后的效果　　图 11-36　执行【高斯模糊】命令后的效果　　图 11-37　【干画笔】对话框

**STEP 18** 单击　确定　按钮，执行【干画笔】命令后的效果如图 11-38 所示。

**STEP 19** 将 "图层 1" 的图层混合模式设置为 "颜色加深"，更改混合模式后的画面效果如图 11-39 所示。

**STEP 20** 新建 "图层 2"，并为其填充上白色，然后执行【滤镜】/【杂色】/【添加杂色】命令，在弹出的【添加杂色】对话框中设置参数如图 11-40 所示。

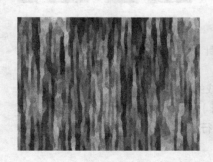

图 11-38　执行【干画笔】命令后的效果　　图 11-39　更改混合模式后的效果　　图 11-40　【添加杂色】对话框

**STEP 21** 单击　确定　按钮，执行【添加杂色】命令后的画面效果如图 11-41 所示。

**STEP 22** 执行【滤镜】/【像素化】/【晶格化】命令，在弹出的【晶格化】对话框中将【单元格大小】选项的参数设置为"80"。

**STEP 23** 单击 确定 按钮，生成的晶格化效果如图 11-42 所示。

**STEP 24** 执行【图像】/【调整】/【照片滤镜】命令，在弹出的【照片滤镜】对话框中设置参数如图 11-43 所示。

图 11-41 【添加杂色】后的效果

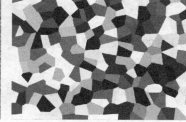

图 11-42 执行【晶格化】命令后的效果

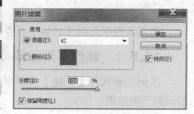

图 11-43 【照片滤镜】对话框

**STEP 25** 单击 确定 按钮，调整后的图像颜色如图 11-44 所示。

**STEP 26** 执行【滤镜】/【模糊】/【动感模糊】命令，在弹出的【动感模糊】对话框中设置参数如图 11-45 所示。

**STEP 27** 单击 确定 按钮，执行【动感模糊】命令后的画面效果如图 11-46 所示。

图 11-44 调整后的图像颜色

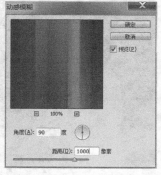

图 11-45 【动感模糊】对话框

图 11-46 执行【动感模糊】命令后的效果

**STEP 28** 执行【滤镜】/【模糊】/【高斯模糊】命令，在弹出的【高斯模糊】对话框中将【半径】选项的参数设置为"20"像素。

**STEP 29** 单击 确定 按钮，执行【高斯模糊】命令后的画面效果如图 11-47 所示。

**STEP 30** 将"图层 2"的图层混合模式设置为【颜色】，更改混合模式后的画面效果如图 11-48 所示。

图 11-47 执行【高斯模糊】命令后的画面效果

图 11-48 更改混合模式后的画面效果

**STEP** 31 利用 T 工具依次输入白色文字，并利用【图层】/【图层样式】/【投影】命令分别为其添加黑色的投影效果，即可完成涂鸦板的制作。

**STEP** 32 按 Ctrl+S 组合键，将文件命名为"非主流涂鸦板 .psd"保存。

# 11.6 课堂实训

利用本章学习的【滤镜】命令对下面的图像进行特效制作。

### 11.6.1 制作下雨效果

本例主要利用【滤镜】菜单命令下的【添加杂色】、【点状化】和【动感模糊】命令来制作图 11-49 所示的下雨效果。

**【步骤解析】**

1. 打开附盘中"图库\第 11 章"目录下名为"婚纱照 .jpg"的文件，如图 11-50 所示。

2. 新建"图层 1"，并为其填充黑色，然后执行【滤镜】/【杂色】/【添加杂色】命令，在弹出的【添加杂色】对话框中设置各项参数如图 11-51 所示。

图 11-49 下雨效果　　　　　　图 11-50 打开的图片　　　　　　图 11-51 【添加杂色】对话框

3. 单击 确定 按钮，添加杂色后的画面效果如图 11-52 所示。

4. 执行【滤镜】【像素化】【点状化】命令，在弹出的【点状化】对话框中设置参数如图 11-53 所示，然后单击 确定 按钮，执行【点状化】命令后的效果如图 11-54 所示。

5. 执行【图像】/【调整】/【阈值】命令，在弹出的【阈值】对话框中将【阈值色阶】选项的参数设置为"250"，单击 确定 按钮，执行【阈值】命令后的画面效果如图 11-55 所示。

6. 将"图层 1"的【图层混合模式】选项设置为【滤色】模式，更改混合模式后的画面效果如图 11-56 所示。

7. 执行【滤镜】/【模糊】/【动感模糊】命令，在弹出的【动感模糊】对话框中设置各项参数如图 11-57 所示，然后单击 确定 按钮，执行【动感模糊】命令后的画面效果如图 11-58 所示。

图 11-52　添加杂色后的画面效果

图 11-53　【点状化】对话框

图 11-54　点状化后的效果

图 11-55　执行【阈值】命令后的效果

图 11-56　更改混合模式后的效果

图 11-57　【动感模糊】对话框

图 11-58　动感模糊后的画面效果

8. 至此，下雨效果制作完成，按 Ctrl+Shift+S 组合键，将此文件另命名为"下雨效果 .psd"保存。

## 11.6.2　添加艺术边框效果

灵活运用图层蒙版及各种【滤镜】命令，为图像添加图 11-59 所示的艺术边框效果。

图 11-59　制作的艺术边框效果

【步骤解析】

1. 打开附盘中"图库 \ 第 11 章"目录下名为"照片 .jpg"的文件。

2. 按 Ctrl+J 组合键，将背景层复制为"图层 1"。

3. 将背景色设置为白色，然后执行【图像】/【画布大小】命令，在弹出的【画布大小】对话框中设置选项参数如图 11-60 所示。

4. 单击 确定 按钮，将图像的画布增大。

5. 按住 Ctrl 键单击"图层 1"的图层缩览图加载选区，然后单击 回 按钮，为"图层 1"添加图层蒙版，如图 11-61 所示。

图 11-60　【画布大小】对话框

图 11-61　添加的图层蒙版

6. 执行【滤镜】/【模糊】/【高斯模糊】命令，在弹出的【高斯模糊】对话框中将【半径】设置为"40 像素"，单击 确定 按钮，对蒙版进行模糊处理。

7. 为背景层填充白色，然后设置"图层 1"为当前工作层。

8. 按住 Ctrl 键，单击"图层 1"右侧添加的蒙版进行选区的载入，然后按 Ctrl+Shift+I 组合键，将选区反选。

9. 单击"图层 1"右侧添加的蒙版将其设置为当前状态，然后设置前景色为黑色，并连续按 5 次 Alt+Delete 组合键进行填充，填充后的效果如图 11-62 所示。

10. 按 Ctrl+D 组合键去除选区。至此，艺术边框效果制作前的准备工作已经完成。

下面利用不同的【滤镜】命令进行多种艺术边框效果的制作。每完成一种艺术边框效果的制作后都要将文件及时保存。在进行另外一种艺术边框效果的制作前，首先要进行操作步骤的撤销，回到没有添加滤镜时的原始效果，在下面的操作中将不再提示保存文件。

　　11. 执行【滤镜】/【滤镜库】命令，在弹出的【滤镜库】对话框中，选择【扭曲】/【玻璃】命令，在弹出的【玻璃】对话框中设置【纹理】为"小镜头"，其他参数设置如图 11-63 所示。

图 11-62　填充黑色后的效果

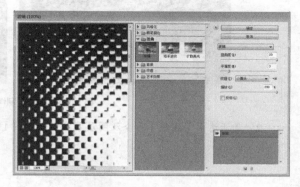

图 11-63　设置的【玻璃】参数

　　12. 单击 ▭确定▭ 按钮，即可制作出第一种艺术边框效果。

　　13. 按 Ctrl+Z 组合键，取消艺术边框效果的制作，然后执行【滤镜】/【像素化】/【晶格化】命令，在弹出的【晶格化】对话框中将【单元格大小】选项的参数设置为"50"。

　　14. 单击 ▭确定▭ 按钮，即可制作出第二种艺术边框效果。

　　15. 按 Ctrl+Z 组合键，取消艺术边框效果的制作，然后执行【滤镜】/【像素化】/【彩色半调】命令，在弹出的【彩色半调】对话框中将【最大半径】选项的参数设置为"50 像素"。

　　16. 单击 ▭确定▭ 按钮，即可制作出第三种艺术边框效果。

 **要点提示**

在本例艺术边框效果制作中，蒙版的添加非常重要，添加图层蒙版后图像边缘的羽化程度决定了艺术边框效果的大小。

# 11.7　小结

　　本章主要对 Photoshop CC 中的滤镜部分进行了简要介绍，并以案例的形式详细讲解了滤镜命令的使用方法。学习滤镜命令并不需要读者背命令、记参数，而是需要通过制作特效慢慢地来掌握，做的效果多了，记的滤镜命令也就多了。所以希望读者能参考一些专门研究滤镜特效的图书和网站来继续学习，做到举一反三，制作出更多的特效作品来。

# 11.8　习题

　　1. 灵活运用【滤镜】命令将一幅照片制作出老照片效果，原图及制作后的效果如图 11-64 所示。

图 11-64　原图及制作后的老照片效果

2. 灵活运用【滤镜】命令及图层蒙版，制作图 11-65 所示的海面及透过海面的光线效果。

图 11-65　制作的海面及光线效果

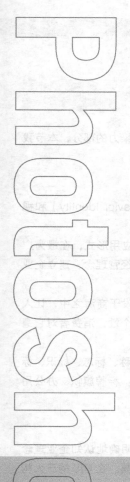

# Chapter

# 12

## 第12章
## 企业用品设计

CIS是英文Corporate Identity System的缩写，是企业的整体经营策略和全方位的公共关系战略措施，是企业与公众沟通的一种有效手段。它将企业的经营观念与精神文化整体传达系统（特别是视觉传达系统）传达给企业周围的团体和个人，反映企业内部的自我认识和公众对企业的外部认识，也就是将现代设计观念与企业管理理论结合起来，刻画企业个性，突出企业精神，使消费者对企业产生形象统一的认同感。作为企业树立整体形象、拓展市场和提升竞争力的有效工具，CIS的价值已被诸多取得卓越成就的国际化大企业所认同。

### 学习目标

- 了解CIS设计。
- 掌握VI的基础知识。
- 熟悉VI设计的基本内容。
- 通过本章的学习，掌握图12-1所示"嘉华滨河湾"的部分VI设计。

图 12-1 "嘉华滨河湾"的部分 VI 设计

# 12.1 VI 的基本知识

VI 即（Visual Identity），通译为视觉识别系统，是 CIS 系统中最具传播力和感染力的部分，本节我们针对 VI 的基本知识做详细介绍。

## 12.1.1 VI 的基本概念

CIS 是由 3 部分组成的，即理念识别 MI（Mind Identity）、行为识别 BI（Behavior Identity）和视觉识别 VI（Visual Identity）。

VI 是将 CIS 的非可视内容转化为静态的视觉识别符号，以无比丰富的多样的应用形式，在最为广泛的层面上进行最直接的传播。设计到位、实施科学的视觉识别系统，是传播企业经营理念、建立企业知名度、塑造企业形象的快速便捷的有效方法。

在品牌营销的今天，没有 VI 对于一个现代企业来说，就意味着它的形象将淹没于商海之中，让人辨别不清；就意味着它是一个缺少灵魂的赚钱机器；就意味着它的产品与服务毫无个性，消费者对它毫无眷恋；就意味着团队的涣散和低落的士气。

VI 一般包括基础部分和应用部分两大内容。其中，基础部分一般包括：企业名称、标志、标识、标准字体、标准色、辅助图形、标准印刷字体、禁用规则等；而应用部分则一般包括：标牌旗帜、办公用品、公关用品、环境设计、办公服装、专用车辆等。

## 12.1.2 CIS 的具体组成部分

日本著名 CI 专家山田英理认为 CI 包含两个方面的概念。第一，CI 是一种被明确地认知企业理念与企业文化的活动；第二，CI 是以标志和标准字作为沟通企业理念与企业文化的工具。在 CIS 的三大构成中，其核心是 MI，它是整个 CIS 的最高决策层，给整个系统奠定了理论基础和行为准则，并通过 BI 与 VI 表达出来。所有的行为活动与视觉设计都是围绕着 MI 这个中心展开的，成功的 BI 与 VI 就是将企业的独特精神准确表达出来。

### 一、理念识别（MI）

企业理念，对内影响企业的决策、活动、制度、管理等，对外影响企业的公众形象、广告宣传等。所谓 MI，是指确立企业自己的经营理念，企业对目前和将来一定时期的经营目标、经营思想、经营方式和营销状态进行总体规划和界定。

MI 的主要内容包括企业精神，企业价值观，企业文化，企业信条，经营理念，经营方针，市场定位，产业构成，组织体制，管理原则，社会责任和发展规划等。

### 二、行为识别（BI）

置于中间层位的 BI 则直接反映企业理念的个性和特殊性，是企业实践经营理念与创造企业文化的准则，对企业运作方式所做的统一规划而形成的动态识别系统。包括对内的组织管理和教育，对外的公共关系、促销活动、资助社会性的文化活动等。通过一系列的实践活动将企业理念的精神实质展推到企业内部的每一个角落，汇集起员工的巨大精神力量。BI 包括对内、对外两方面内容。

对内：组织制度，管理规范，行为规范，干部教育，职工教育，工作环境，生产设备，福利制度等。
对外：市场调查，公共关系，营销活动，流通对策，产品研发，公益性、文化性活动等。

### 三、视觉识别（VI）

VI 是以标志、标准字、标准色为核心展开的完整的、系统的视觉表达体系。将上述的企业理念、企业文化、服务内容、企业规范等抽象概念转换为具体符号，塑造出独特的企业形象。在 CI 设计中，视觉识别设计最具传播力和感染力，最容易被公众接受，对传播和宣传企业形象具有重要的意义。

### 12.1.3　优秀 VI 对企业的作用

一套行之有效优秀的 VI 视觉识别系统对企业的作用是非常有效的，具体如下。

（1）在明显地将该企业与其他企业区分开来的同时，又确立了该企业的行业特征，确保该企业在经济活动当中的独立性和不可替代性；明确该企业的市场定位，属于企业无形资产的一个重要组成部分。

（2）传达该企业的经营理念和企业文化，以形象的视觉形式宣传企业。

（3）以自己特有的视觉符号系统吸引公众的注意力并产生记忆，使消费者对该企业所提供的产品或服务产生最高的品牌忠诚度。

（4）提高该企业员工对企业的认同感，提高企业士气。

### 12.1.4　VI 设计的基本原则

VI 的设计不是机械的图形和符号的操作，而是以 MI 为内涵的生动表述。所以，VI 设计应多角度、全方位地反映企业的经营理念。

（1）风格的统一性原则。

（2）强化视觉冲击的原则。

（3）强调人性化的原则。

（4）增强民族个性与尊重民族风俗的原则。

（5）可实施性原则：VI 设计不是设计人员的异想天开而是应具有较强的可实施性。如果在实施性上过于麻烦，或因成本昂贵而影响实施，再优秀的 VI 也会由于难以落实而成为空中楼阁、纸上谈兵。

（6）符合审美规律的原则。

（7）严格管理的原则。

VI 系统千头万绪，因此，在实施过程中，要充分注意各部门或人员的随意性，严格按照 VI 手册的规定执行。

### 12.1.5　VI 设计的流程

VI 的设计程序可大致分为以下 4 个阶段。

（1）准备阶段。成立 VI 设计小组，理解消化 MI，确定贯穿 VI 的基本形式，搜集相关咨讯，以利比较。VI 设计小组由各具所长的人士组成。人数不在于多，在于精干，重实效。一般说来，应由企业的高层主要负责人担任。因为该人士比一般的管理人士和设计人员对企业自身情况的了解更为透彻，宏观把握能力更强。其他成员主要是各专门行业的人士，以美工人员为主体，以行销人员、市场调研人员为辅。如果条件许可，还应邀请美学、心理学等学科的专业人士参与部分设计工作。

（2）设计开发阶段。VI 设计阶段分基本要素设计和应用要素设计。VI 设计小组成立后，首先要充分地理解、消化企业的经营理念，把 MI 的精神吃透，并寻找与 VI 的结合点。这一工作有赖于 VI 设计人员与企业间的充分沟通。在各项准备工作就绪之后，VI 设计小组即可进入具体的设计阶段。

（3）反馈修正阶段。调研与修正反馈。

（4）修正并定型。在 VI 设计基本定型后，还要进行较大范围的调研，以便通过一定数量、不同层次的调研对象的信息反馈来检验 VI 设计的各个细节，最后编制 VI 手册。

## 12.2 "嘉华滨河湾" VI 设计

本节以"嘉华滨河湾度假村"为例，列举部分内容来学习 VI 应用部分内容的设计方法。

### 12.2.1 标志设计

下面首先来为"嘉华滨河湾度假村"设计标志，设计完成的效果如图 12-2 所示。

【操作步骤】

**STEP** 1 新建【宽度】为"20 厘米"，【高度】为"10 厘米"，【分辨率】为"150 像素 / 英寸"的文件。

**STEP** 2 利用 🖊 和 ↖ 工具绘制出图 12-3 所示的路径，然后按 Ctrl+Enter 组合键，将路径转换为选区。

图 12-2 嘉华滨河湾度假村标志　　　　　　　　　　　　　　　　图 12-3 绘制的路径

**STEP** 3 新建"图层 1"文件，为选区填充绿色（G:146,B:63），然后按 Ctrl+D 组合键去除选区。

**STEP** 4 继续利用 🖊 和 ↖ 工具绘制路径并分别填充不同的颜色，效果如图 12-4 所示。

❶ G:146,B:63
❷ G:102,B:51
❸ R:153,G:204,B:51

图 12-4 绘制的图形

**STEP** 5 将前景色设置为蓝色（G:51,B:153），然后利用 T 工具输入图 12-5 所示的文字。

**STEP** 6 将文字层转换为普通层，然后利用 ⋁ 工具选择图 12-6 所示的笔划。

图 12-5 输入的文字　　　　　　　　　　　　　　　　　　　　图 12-6 选择的笔划

**STEP 7** 按 Delete 键将选择的笔划删除，然后利用 ✐ 和 ↖ 工具绘制出图 12-7 所示的路径。

**STEP 8** 将路径转换为选区后为其填充蓝色（G:51,B:153）。

**STEP 9** 用上面相同的方法，依次利用 ☑ 工具选取相应的笔划删除，然后利用 ✐ 和 ↖ 工具绘制装饰笔划，制作出图 12-8 所示的标准字。

图 12-7　绘制的路径  　　　　　　　　　　　　　　图 12-8　制作的标准字

**STEP 10** 将前景色设置为深红色（R:184,G:28,B:34），然后新建图层，并利用 ☐ 工具绘制选区，再为其填充前景色，去除选区后的效果如图 12-9 所示。

**STEP 11** 利用 T 工具输入图 12-10 所示的白色文字。

图 12-9　绘制的图形 　　　　　　　　　　　　　　图 12-10　输入的文字

**STEP 12** 至此，标志设计完成，按 Ctrl+S 组合健，将其命名为"嘉华标志 .psd"保存。

### 12.2.2　设计信封

下面为"嘉华滨河湾度假村"设计图 12-11 所示的企业用信封。

图 12-11　设计完成的信封

**【操作步骤】**

**STEP 1** 新建【宽度】为"25 厘米",【高度】为"20 厘米",【分辨率】为"150 像素 / 英寸"的文件。

**STEP 1 2** 利用■工具为背景自上向下填充由黑色到白色的线性渐变色，然后新建图层并绘制出图 12-12 所示的白色图形。

**STEP 3** 选取■工具，将属性栏中的【半径】设置为"50 像素"，然后绘制出图 12-13 所示的圆角矩形路径。

图 12-12　绘制的白色图形

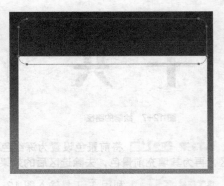

图 12-13　绘制的路径

**STEP 4** 按 Ctrl+T 组合键为路径添加自由变换框，然后按住 Ctrl+Alt+Shift 键将鼠标光标放置到变换框右上角的控制点上按下并向左拖曳，对路径进行调整，状态如图 12-14 所示。

**STEP 5** 按 Enter 键确认路径的调整，然后利用⬊工具和⬈工具，对图形下方的节点进行调整，最终效果如图 12-15 所示。

图 12-14　调整路径时的状态

图 12-15　调整后的路径

**STEP 6** 将调整后的路径向下调整至与白色图形相接，然后将路径转换为选区，并在新建的图层上，为其自左向右填充由深绿色（R:42,G:134,B:100）到浅绿色（R:189,G:226,B:217）的线性渐变色，去除选区后的效果如图 12-16 所示。

**STEP 7** 选取■工具，在属性栏中选择 形状 ⊕选项，然后单击【填充】色块，在弹出的颜色面板中选择☑按钮，将填充色设置为"无"，再单击【描边】色块，在弹出的颜色面板中单击图 12-17 所示的按钮。

图 12-16　填充颜色后的效果

图 12-17　单击的按钮

**STEP 8** 在弹出的【拾色器（描边颜色）】对话框中将颜色设置为灰色（R:128,G:130,B:132），
单击 确定 按钮，设置属性栏其他选项参数如图 12-18 所示。

图 12-18 设置的属性栏参数

**STEP 9** 按住 Shift 键在白色矩形图形的左上角拖曳鼠标，绘制出图 12-19 所示的小正方形。

**STEP 10** 按 Ctrl+Alt+T 组合键，将小正方形复制一组并添加自由变形框，然后将复制出的
图形向右移动至图 12-20 所示的位置。

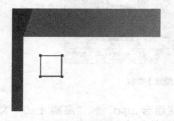

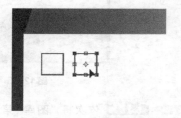

图 12-19 绘制的小正方形            图 12-20 移动复制出的图形

**STEP 11** 按 Enter 键，确认图形的复制及移动，然后依次按 Ctrl+Alt+Shift+T 组合键，重复
复制出图 12-21 所示的图形。

**STEP 12** 用相同的方法，制作出右侧的方格图形，再利用 T 工具输入图 12-22 所示的文字。

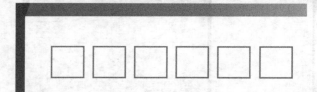

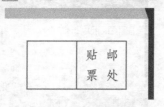

图 12-21 重复复制出的图形            图 12-22 输入的文字

**STEP 13** 打开附盘中"图库\第 12 章"目录下名为"大山.jpg"的文件，然后将其移动复
制到新建的文件中，调整大小后放置到图 12-23 所示的位置。

**STEP 14** 在【图层】面板中将【图层混合模式】选项设置为【正片叠底】，然后为其添加图
层蒙版，并利用 工具编辑蒙版，效果及【图层】面板如图 12-24 所示。

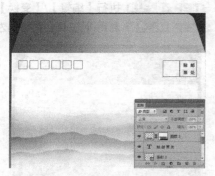

图 12-23 图片调整后的位置            图 12-24 编辑蒙版后的效果及【图层】面板

**STEP 15** 打开附盘中"图库\第 12 章"目录下名为"海水.jpg"的文件，然后将其移动复

制到新建的文件中，并放置到画面的右下角位置。

**STEP 16** 为生成的"图层4"添加图层蒙版，然后利用 ✐ 工具对蒙版进行编辑，制作出图 12-25所示的效果。

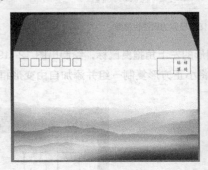

图12-25　海水图片编辑后的效果及【图层】面板

**STEP 17** 依次将"图库\第12章"目录下的"花组合.psd"和"海鸥.psd"文件打开，分别移动复制到新建的文件中，调整大小后放置到图12-26所示的位置。

**STEP 18** 将12.2.1小节设计的标志文件打开，然后将除背景层外的所有图层选择后合并，再将合并后的标志移动复制到新建的文件中，调整大小后放置到图12-27所示的位置。

图12-26　素材图片放置的位置　　　　　　　　　　　　　图12-27　标志放置的位置

**STEP 19** 在【图层】面板中将标志所在的图层复制，然后将复制的图层中的标志调整至合适的大小后，移动到图12-28所示的位置。

**STEP 20** 执行【编辑】/【变换】/【旋转180度】命令，将复制出的标志旋转180°。

**STEP 21** 利用 T 工具在画面的左下角输入图12-29所示的文字，即可完成信封的设计。

图12-28　复制标志放置的位置　　　　　　　　　　　　　图12-29　输入的文字

STEP ☑22 按 Ctrl+S 组合键，将此文件命名为"信封设计 .psd"保存。

### 12.2.3 设计信纸

下面为"嘉华滨河湾度假村"设计图 12-30 所示的企业用信纸。

**【操作步骤】**

STEP ☑1 新建【宽度】为"21 厘米"，【高度】为"29.7 厘米"，【分辨率】为"150 像素 / 英寸"的文件。

STEP ☑2 执行【视图】\【新建参考线】命令，弹出【新建参考线】对话框，设置选项及【位置】参数如图 12-31 所示。

STEP ☑3 单击 [  确定  ] 按钮，添加参考线，然后用相同的方法，分别在垂直位置 19 厘米、水平位置的 5 厘米处和 16.7 厘米处添加参考线。

STEP ☑4 打开附盘中"图库 \ 第 12 章"目录下名为"大山 .jpg"的文件，然后将其移动复制到新建的文件中，调整至合适的大小后移动到画面的上方位置，如图 12-32 所示。

STEP ☑5 将生成图层的【图层混合模式】选项设置为【正片叠底】，然后为其添加图层蒙版，编辑蒙版制作出图 12-33 所示的效果。

图 12-30　设计完成的信纸

图 12-31　设置的选项及参数

图 12-32　图片调整后的大小及位置

图 12-33　编辑蒙版后的效果

STEP ☑6 依次将"图库 \ 第 12 章"目录下的"海水 .jpg"和"花组合 .psd"文件打开，然后分别移动复制到新建的文件中，调整合适的大小后放置到图 12-34 所示的右下角位置。

图 12-34　图片调整后的大小及位置

**STEP 7** 为"水"图片添加图层蒙版，然后制作出图 12-35 所示的融合效果。

图 12-35 编辑蒙版后的效果

**STEP 8** 将 12.2.2 小节设计的信封文件打开，然后依次将"海鸥"和"标志"图像移动复制到新建的文件中，分别放置到画面的上方位置。

**STEP 9** 选取 ✐ 工具，根据添加的参考线绘制出图 12-36 所示的直线路径。

图 12-36 绘制的直线路径

**STEP 10** 选取 ✐ 工具，并按 F5 键，弹出【画笔】面板，单击 画笔预设 按钮，在弹出的【画笔预设】对话框中单击右上角的 按钮，在弹出的下拉菜单中选取"方头画笔"选项，然后在弹出的询问面板中单击 确定 按钮。

**STEP 11** 在【画笔】面板中选择图 12-37 所示笔头，然后单击【画笔】选项，并设置其他选项参数如图 12-38 所示。

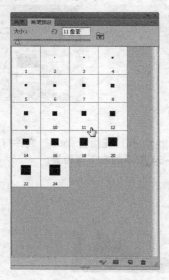

图 12-37 选择的画笔笔头

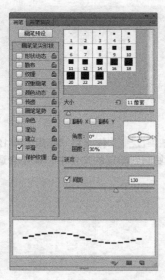

图 12-38 设置的选项参数

**STEP 12** 将前景色设置为黑色，然后新建"图层 6"文件，再单击【路径】面板中的 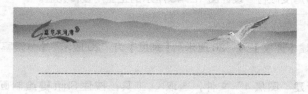 按钮，用设置的笔头描绘路径，隐藏路径及参考线后的效果如图 12-39 所示。

图 12-39　描绘路径后的效果

**STEP 13** 显示参考线，然后在【图层】面板中依次复制"图层 6"至"图层 6 副本 27"文件，再利用 工具将最上方图层中的线垂直向下调整至下方的参考线位置，如图 12-40 所示。

**STEP 14** 按住 Shift 键将"图层 6"及其副本层同时选择，然后单击属性栏中的 按钮，将选择的线形在垂直方向上均匀分布，效果如图 12-41 所示。

图 12-40　复制线形调整后的位置

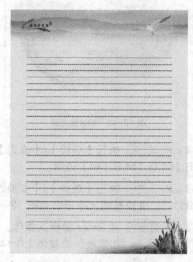

图 12-41　平均分布后的效果

**STEP 15** 将参考线隐藏，然后按 Ctrl+E 组合键将选择的图层合并为"图层 6"，再利用 工具在画面的右下角绘制出图 12-42 所示的选区。

**STEP 16** 按 Delete 键，将选区内的线删除，去除选区后的效果如图 12-43 所示。

**STEP 17** 利用 T 工具在画面的左下角位置依次输入图 12-44 所示的文字及字母，即可完成信纸的设计。

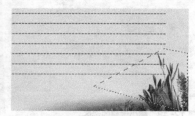

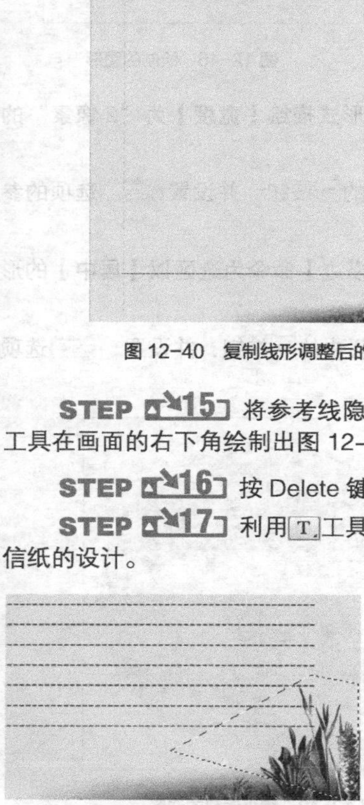

图 12-42　绘制的选区

图 12-43　删除线后的效果

图 12-44　输入的文字

**STEP 18** 按 Ctrl+S 组合键，将此文件命名为"信纸设计 .psd"保存。

### 12.2.4 光盘设计

下面为"嘉华滨河湾度假村"设计图 12-45 所示的企业用宣传光盘。

【操作步骤】

**STEP 1** 新建【宽度】为"20 厘米",【高度】为"20 厘米",【分辨率】为"150 像素 / 英寸"的白色文件。

**STEP 2** 新建"图层 1"文件,选取 工具,按住 Shift 键绘制圆形选区并填充上灰色（R:223,G:223,B:222）,效果如图 12-46 所示。

图 12-45　设计的光盘　　　　　　　　　　　　　　　　图 12-46　绘制的图形

**STEP 3** 执行【编辑】/【描边】命令为图形以【居中】的形式描绘【宽度】为"2 像素"的灰色（R:144,G:144,B:144）边缘。

**STEP 4** 执行【选择】/【变换选区】命令,单击属性栏中的 按钮,并设置 H: 98% 选项的参数为"98%",变换框的大小形态如图 12-47 所示。

**STEP 5** 按 Enter 键确认操作,然后再次执行【编辑】/【描边】命令为选区以【居中】的形式描绘【宽度】为"2 像素"的灰色（R:144,G:144,B:144）边缘。

**STEP 6** 继续执行【选择】/【变换选区】命令,单击属性栏中的 按钮,并设置 H: 30.00% 选项的参数为"30%",变换框的大小形态如图 12-48 所示。

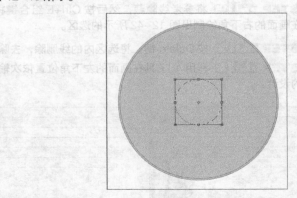

图 12-47　缩小选区　　　　　　　　　　　　　　　　图 12-48　缩小调整的选区

**STEP 7** 按 Enter 键确认操作,然后为其填充白色,并描绘【宽度】为"2 像素"的灰色（R:144,G:144,B:144）边缘。

**STEP 8** 将选区以 "90%" 的比例缩小调整，然后为其填充灰色（R:223,G:223,B:222），并描边，效果如图 12-49 所示。

**STEP 9** 将选区以 "60%" 的比例缩小调整，然后为其填充白色并描边。

**STEP 10** 将选区以 "80%" 的比例再次缩小调整，然后为选区以【居外】的形式描边，再按 Delete 键将选区内的白色删除，制作出光盘的圆孔，去除选区后的效果如图 12-50 所示。

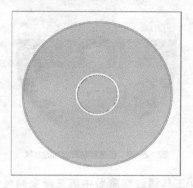

图 12-49　绘制的图形

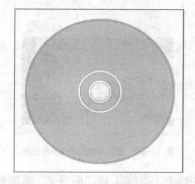

图 12-50　依次缩小调整出的图形

**STEP 11** 选取 工具，按住 Shift 键将鼠标指针依次放置到图 12-51 所示的位置单击。创建的选区形态如图 12-52 所示。

图 12-51　鼠标单击的位置

图 12-52　加载的选区

**STEP 12** 新建 "图层 2"，利用 工具为选区填充图 12-53 所示的线性渐变色。

**STEP 13** 按 Ctrl+D 组合键，去除选区后的效果如图 12-54 所示。

图 12-53　设置的渐变颜色

图 12-54　填充渐变色后的效果

**STEP 14** 打开附盘中"图库\第12章"目录下名为"风景.jpg"的文件，将"风景"移动复制到新建文件中，并调整至图12-55所示的大小及位置。

**STEP 15** 执行【图层】/【创建剪贴蒙版】命令，画面效果如图12-56所示。

图12-55 图片调整后的大小及位置

图12-56 创建剪贴蒙版后的效果

**STEP 16** 给"图层2"添加蒙版，然后利用▣工具通过在蒙版中填充渐变颜色得到图12-57所示的融合效果。

**STEP 17** 将前面设计的标志复制到光盘图形中，再输入图12-58所示的白色文字，即可完成光盘的设计。

图12-57 编辑蒙版后的效果

图12-58 设计完成的光盘

**STEP 18** 按Ctrl+S组合键，将文件命名为"光盘设计.psd"保存。

## 12.2.5 文化伞

下面为"嘉华滨河湾度假村"设计图12-59所示的企业用文化伞。

【操作步骤】

**STEP 1** 新建【宽度】为"20厘米"，【高度】为"20厘米"，【分辨率】为"150像素/英寸"的文件。

下面来绘制图形，首先给"背景"层填充上深灰色（R:127,G:127,B:127）。

**STEP 2** 新建"图层1"，利用 ⌀ 和 ↖ 工具绘制图12-60所示的路径，转换成选区后填充绿色（R:0,G:146,B:63）。

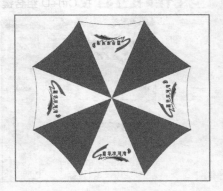

图12-59 设计的文化伞

**STEP 3** 选取 工具，按住 Alt 键复制图形，将复制出的图形垂直翻转后放置到图 12-61 所示的位置。

**STEP 4** 按住 Ctrl 键单击 "图层 1" 的缩览图，给图形载入选区。

**STEP 5** 按 Ctrl+T 组合键添加自由变换框，在属性栏中设置自由变换框的属性及旋转后的图形的状态如图 12-62 所示，按 Enter 键确认操作。

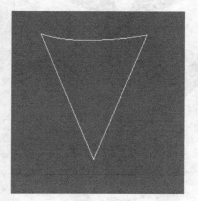

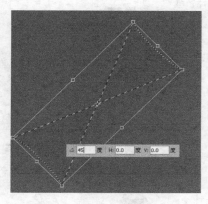

图 12-60　绘制的路径　　　　图 12-61　复制出的图形　　　　图 12-62　自由变换框属性及调整的图形

**STEP 6** 同时按住 Ctrl+Alt+Shift 键，然后再按 T 键旋转复制出一个图形并填充白色，如图 12-63 所示。

**STEP 7** 使用相同的操作方法，分别旋转复制得到图 12-64 所示图形。

图 12-63　旋转复制出的图形　　　　　　　　图 12-64　旋转复制出的图形

**STEP 8** 按 Ctrl+D 组合键去除选区，然后单击【图层】面板下方的 *fx* 按钮，在弹出的命令列表中选择【描边】命令，在弹出的【图层样式】对话框中设置参数如图 12-65 所示。

**STEP 9** 单击 确定 按钮，为图形添加黑色描边效果，然后将背景层的颜色设置为白色，效果如图 12-66 所示。

**STEP 10** 将前面设计的标志复制到新建文件中，调整大小后放置到图 12-67 所示的伞上面。

**STEP 11** 通过复制标志图形并旋转角度，在文化伞中的白色图形上面各放置一个标志，如图 12-68 所示。

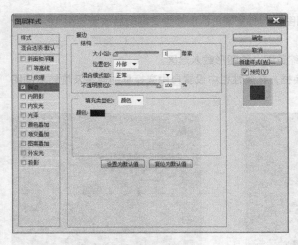

图 12-65 【图层样式】对话框

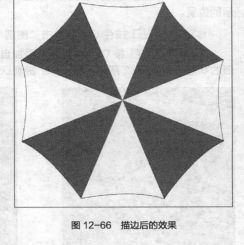

图 12-66 描边后的效果

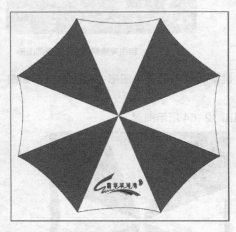

图 12-67 标志图形在画面中的位置

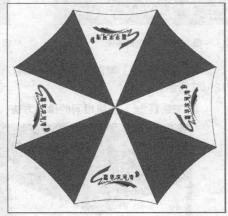

图 12-68 设计完成的文化伞

**STEP 12** 至此，文化伞设计完成，按 Ctrl+S 组合键，将文件命名为"文化伞 .psd"保存。

## 12.3 课堂实训

利用本章制作部分企业用品相同的方法，自己动手制作出下面的纸杯、礼品笔和指示牌。

### 12.3.1 制作纸杯效果

灵活利用选区工具及【渐变】工具制作纸杯效果，如图 12-69 所示。

【步骤解析】

1. 纸杯图形的绘制分析图如图 12-70 所示。

图 12-69 制作的纸杯效果

图 12-70　纸杯图形的绘制分析图

2. 纸杯主体的渐变颜色参数如图 12-71 所示。

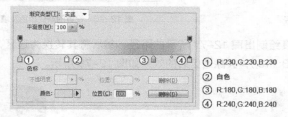

① R:230,G:230,B:230
② 白色
③ R:180,G:180,B:180
④ R:240,G:240,B:240

图 12-71　各渐变色标的相对位置

3. 将 12.2.1 小节设计的标志图形移动复制到绘制的纸杯文件中，调整大小后放置到合适位置，再将背景自上向下填充由黑色到白色的线性渐变色即可。

## 12.3.2　设计礼品笔

为"嘉华滨河湾度假村"设计企业用礼品笔，效果如图 12-72 所示。

### 【步骤解析】

1. 新建文件后，利用 ⬚ 和 ⬚ 工具绘制出图 12-73 所示的路径，然后新建图层并将路径转换为选区。
2. 利用 ⬚ 工具为选区填充渐变色，渐变颜色设置及填充后的效果如图 12-74 所示。

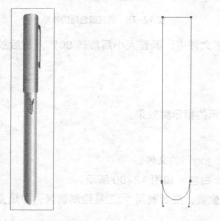

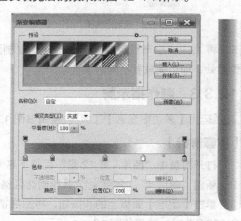

图 12-72　设计的礼品笔　　　　图 12-73　绘制的路径　　　　图 12-74　设置的渐变颜色及填充后的效果

3. 利用  和  工具绘制出图 12-75 所示的路径，然后将路径转换为选区，并在新建的图层中为其填充渐变色，渐变颜色设置及填充后的效果如图 12-76 所示。

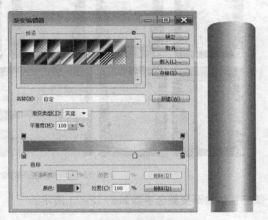

图 12-75　绘制的路径　　　　　　　　　　　　图 12-76　设置的渐变颜色及填充后的效果

4. 利用 和 工具绘制出图 12-77 所示的路径，然后将其转换为选区，并在新建的图层中为其填充灰色（R:114,G:113,B:113），去除选区后的效果如图 12-78 所示。

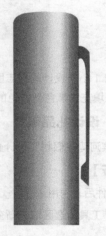

图 12-77　绘制的路径　　　　　　　　　　　　　　　图 12-78　填充颜色后的效果

5. 将 12.2.1 小节设计的标志图形移动复制到礼品笔文件中，调整大小后旋转 90°，然后放置到笔管位置处，即可完成礼品笔的设计。

### 12.3.3　制作指示牌

灵活运用【多边形套索】工具 绘制出图 12-79 所示的指示牌效果。

**【步骤解析】**

1. 打开附盘中"图库\第 12 章"目录下名为"蓝天 .jpg"的文件。

2. 新建"图层 1"，利用 工具绘制选区然后填充上白色，如图 12-80 所示。

3. 单击【图层】面板上的 按钮，将图层锁定透明像素，然后利用 工具绘制选区，并填充上绿色（G:102,B:51），效果如图 12-81 所示。

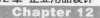

图 12-79　制作的指示牌

图 12-80　绘制的图形

图 12-81　修改图形

4. 新建"图层 2"，利用 工具在图形的左侧绘制指示牌的厚度选区，并填充上灰色（R:180,G:180,B:180），如图 12-82 所示。

5. 使用相同的绘制方法，在左下角绘制出图 12-83 所示的深绿色（G:80,B:50）图形。

6. 将标志图形复制到新建文件中，并利用 工具输入深绿色（G:70,B:65）的"销售中心"文字及其下方的字母。

7. 利用【自由变换】命令分别将标志及文字调整至合适的透视角度，如图 12-84 所示。

图 12-82　绘制的图形

图 12-83　修改图形

图 12-84　添加的标志及文字

8. 选择 工具，单击属性栏中的 按钮，在弹出的面板中选择图 12-85 所示的图形。

9. 在文件中绘制形状图形，然后调整至合适的透视角度，即可完成指示牌的绘制。

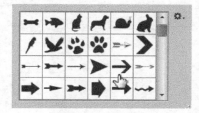

图 12-85　选择的箭头图形

## 12.4 小结

　　本章介绍了有关 VI 视觉形象设计的基础知识及案例。这些案例的设计相对还是比较简单的，对于 VI 中其他的延展作品，随着读者学习的进程及对 VI 知识的深入掌握，可以再进行拓展设计，以便整理出具有自己设计思维和理念的 VI 作品手册来，这样对自己以后的工作会有很大的帮助。

## 12.5 习题

1. 根据本章学习的内容，设计图 12-86 所示的钥匙扣。
2. 根据本章学习的内容，设计图 12-87 所示的书签。

图 12-86　制作的钥匙扣

图 12-87　制作的书签

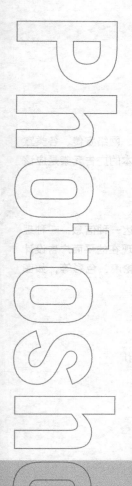

Chapter
# 13

# 第13章
# 广告设计

广告是一门综合性很强的专业，不是纯粹的艺术活动。广告设计必须历经市场调查、总体策划、确定主题、开发创意和艺术表现等过程。就学科特点而言，广告设计知识涵盖面广，媒体应用广泛，也是大面积、多层次展现企业或产品形象的最有力手段，是企业形象识别系统运用中最主要的方式之一。

学好广告设计必须具备一定的审美能力、创新能力和沟通能力。本章带领读者学习广告设计的一般流程和方法。

## 学习目标

● 掌握广告设计的基础知识。

● 了解报纸广告的设计方法。

● 了解候车亭广告的设计方法。

● 了解房地产广告的设计方法。

● 通过本章的学习，掌握图13-1所示报纸广告、车体广告、候车亭广告的设计方法。

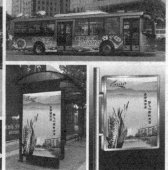

图 13-1　设计的各种广告

# 13.1 广告设计基础知识

平面广告包括所有以平面形式展现的广告，如报纸，杂志、路牌、灯箱、招贴、网络宣传、各类宣传册等。由于广告的媒介不同，在设计时也应各有侧重，但图片、文字、色彩等基本的广告元素是应该重点考虑的内容。

## 13.1.1 广告设计基本元素

广告设计除了在视觉上给人一种美的享受外，更重要的是向广大的消费者传达一种信息，一种理念，因此在广告设计中，不单单注重表面视觉上的美观，而应该考虑信息的传达。现在的平面广告设计主要由以下几个基本要素构成：标题、正文、广告语、插图、商标、公司名称、轮廓、色彩等，如图13-2所示。

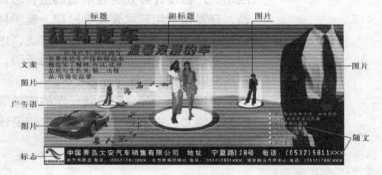

图13-2　广告设计基本元素组成

不管是报刊广告、邮寄广告、还是我们经常看到的广告招贴等，都是由这些要素通过巧妙的安排、配置、组合而成的。

### 一、标题

标题主要是表达广告主题的短文，一般在平面设计中起画龙点睛的作用，获取瞬间打动消费者的效果，一般是运用文学的手法，以生动精彩的短句和一些形象夸张的手法来唤起消费者的购买欲望。不仅要争取消费者的注意，还要争取到消费者的心理。

标题选择上应该简洁明了、易记、概括力强，不一定是一个完整的句子，也可只用一两个字，但它是广告文字最重要的部分。

标题在设计上一般采用基本字体，或者略加变化，而不宜太花；要力求醒目、易读，符合广告的表现意图。标题文字的形式要有一定的象征意义，粗壮有力的黑体适用于电器和轻工商品；圆头黑体带有曲线，适宜妇女和儿童的商品应用；端庄敦厚的老宋体稳重而带有历史感，适用于传统商品标识；典雅秀丽的新宋，适用于服装、化妆品；斜体字能给画面带来风感和动感。

标题在整个版面上应该处于最醒目的位置，应注意配合插图造型的需要，运用视觉引导，使读者的视线从标题自然地向插图、正文转移。例如某广告运用篮球巨星脚穿"耐克鞋"在球场上腾空飞跃的照片，配以"谁说我不能飞！"的感叹语句，使标题与照片融为一体，形象地比喻了鞋子的质量，让人感到生动活泼，形成了自己的个性。

### 二、正文

正文一般指的就是说明文，即说明广告内容的文本，基本上是结合标题来具体地阐述、介绍商品。

正文要通俗易懂、内容真实、文笔流畅，概括力强，常常利用专家的证明，名人的推荐，名店的选择来抬高档次，并配以销售成绩和获奖情况来树立企业的信誉度。

正文文字宜采用较小的字体，常使用宋体、单线体、楷书等字体，一般安排在插图的左右或下方，以便于阅读。

### 三、广告语

广告语是配合广告标题、正文加强商品形象的短句，应顺口易读、富有韵味，具有想象力、指向明确，有一定的口号性和警告性。例如，柯达公司的"串起生活每一刻"，感觉非常随意的一句话，却紧紧地抓住了生活这个主题，重点把拍照片和美好生活联系起来，让人们记住生活中那些幸福时刻的同时也记住了柯达公司。在字体设计方面柯达公司采用了一种比较洒脱的字体，更贴近生活。

### 四、插图

插图用视觉的艺术手段来传达商品或服务信息，能增强记忆效果，让消费者能够以更快、更直观的方式来接受信息；给消费者留下更深刻的印象。插图内容要突出商品或服务的个性，通俗易懂、简洁明快，有强烈的视觉效果。一般插图是围绕着标题和正文来展开的，对标题起衬托作用，现在插图的表现手法有以下几种。

- 摄影：产品广告经常用摄影的形式来体现，以加强广告的真实感。
- 绘画：大部分以超象的形式给人悬念，或是意念，来创造一种理想的气氛。
- 卡通漫画：通常卡通漫画可分为幽默性和滑稽性两种。幽默可逗人一笑，滑稽可使人难以忘怀，都能发挥很好的宣传效果。

### 五、商标、标志

商标是消费者借以识别商品的主要标志，是商品质量和企业信誉的象征。

在平面设计中，商标不是广告版面的装饰物，而是重要的构成要素，在整个版面设计中，商标造型最单纯、最简洁，视觉效果最强烈，在一瞬间就能识别，并能给消费者留下深刻的印象。商标在设计上要求造型简洁、立意准确、具有个性，同时要易记且容易识别，例如，中国农业银行标志图为圆形，由中国古钱和麦穗构成。古钱寓意货币、银行；麦穗寓意农业，它们构成农业银行的名称要素。整个图案成外圆内方，象征中国农业银行作为国有商业银行经营的规范化。麦穗中部构成一个"田"字，阴纹又明显地形成半形，直截了当地表达出农业银行的特征。麦穗芒刺指向上方，使外圆开口，给人以突破感，象征中国农业银行事业不断开拓前进。

### 六、公司名称

公司名称可以指引消费者到何处购买广告所宣传的商品，也是整个广告中不可缺的部分，一般都放置在整个版面下方较次要的位置，也可以和商标配置在一起。公司地址、电话号码、网站、邮件地址等，可安排在公司名称的下方或左右，宜采用较小的字号和比较标准的字体，如宋体、单线体和黑体等。

### 七、轮廓

轮廓一般是指装饰在版面边缘的线条和纹样，这样能使整个版面更集中，不会显得凌乱。重复使用统一造型的轮廓，可以加深读者对广告的印象。轮廓还能使广告增加美感。广告轮廓有单纯和复杂两种。由直线、斜线、曲线等构成的轮廓，属单纯的轮廓；由图案纹样所组成的轮廓，则是复杂轮廓。

### 八、色彩

色彩是把握人的视觉的第一关键所在，也是一幅广告作品表现形式的重点所在，一幅有个性色彩的广告，往往更能抓住消费者的视线，色彩通过结合具体的形象，运用不同的色调，让观众产生不同的生理反映和心理联想，以实现树立牢固的商品形象，产生悦目的亲切感，吸引与促进消费者的购买欲望的目的。

色彩不是孤立存在的，作为广告的一个重要组成部分，它必须体现商品的质感、特色，又能美化广告版面，同时要与环境、气候、欣赏习惯等方面相适应，还要考虑到远、近、大、小的视觉变化规律，使广告更富于美感。

一般所说的平面设计色彩主要是以企业标准色、商品形象色以及季节的象征色、流行色等作为主色调，采用对比强的明度、纯度和色相的对比，突出画面形象和底色的关系，突出广告画面和周围环境的对比，增强广告的视觉效果。

上述这些构成要素是每幅广告作品都应基本具备的。对新开发的产品，也就是处于"介绍期"和"成长期"的商品的广告来说，则必须具备以上全部广告要素。这是因为消费者对广告 所宣传的新开发产品并不了解，而市场上又有众多竞争对手的同类商品。这样能让消费者清楚地认识到该产品，而不至于与其他的产品混淆。

而处于"成熟期"的商品，由于已占据了一定的市场，消费者逐渐认识了商品并乐于使用，这个时期的广告是属于提示性的。广告要素的运用可侧重于插图形象和有针对性、鼓动性的广告用语及醒目的商标，其他要素可以从简或删除，旨在加大品牌的宣传。其目的在于造成一种更集中、更强烈、更单纯的形象，以加深消费者对商品的认识程度。

### 13.1.2　广告创意设计的表现形式

广告创意设计表现方法主要有以下几种形式。

#### 一、说理的创意

这种创意手法注重立意，一般采用极具表现力的手法给消费者鲜明的视觉印象和强烈的第一感觉，让消费者过目不忘。这种创意特别体现了形象思维上的大胆与率直，图形和文字看起来很简单，却体现了设计师较高的概括能力和高超的艺术表现手法，如图13-3所示。

#### 二、情感的创意

随着社会的发展，消费者的文化水平和审美能力不断提高，消费群体逐渐从理性消费走向感性消费，广告创意也开始引入情感因素，以达到以情动人的目的，如图13-4所示。

图13-3　说理的创意

图13-4　情感的创意

### 三、独特的创意

简单亦是"美"，广告设计者可以用简洁的构图、平实的语言和朴素的风格使广告独具创新，与众不同。有灵性的设计师可以将司空见惯的现象经过别出心裁的艺术处理而表现出来，产生妙不可言的艺术效果，从而具有极强的感染力和说服力，如图 13-5 所示。

### 四、联想的创意

功力深厚的设计师会根据表达的需要，运用图形、文字、色彩及相关的素材，按照特定意义将材料进行加工处理，以达到某种境界。这种境界不是对现实生活的照搬，而是人为化、写意化、多侧面、多角度的表现，需要消费者去感受和品味。广告设计中采用此方法，能使广告更富有深度，给消费者更广阔的思维空间，如图 13-6 所示。

图 13-5 独特的创意

图 13-6 联想的创意

### 五、比喻的创意

比喻是将本质上与宣传品各不相同、但某些方面又与所宣传的内容有相似因素的事物来借题发挥，以比喻产品的形象、性能和特点，即"以此物喻彼物"，达到一种会心的意境和快感，如图 13-7 所示。

### 六、对比的创意

对比是广告设计中常用的一种方法，它是将两种或两种以上的不同事物并列在画面中产生对比效果，也可以是表情和神态的对比，它是形式美法则中的一种形式。对比可以把画面中最突出的事物性能和特点放在鲜明的对比中表现出来，也可以把画面中的设计元素进行对比，如形状、大小和色彩等，以引起读者的注意，如图 13-8 所示。

图 13-7 比喻的创意

图 13-8 对比的创意

### 七、夸张的创意

夸张在广告创意中是指将画面中的图形、字体以及产品的形态等进行夸张，使广告更加吸引人。在运用夸张手法进行广告创意表现时，要注意夸张的合理化，如果夸张过头，会使人产生厌烦的感觉，如图 13-9 所示。

### 八、悬念的创意

悬念的创意是在表现手法上故弄玄虚留下悬念，使读者对广告画面乍看不解其意，造成一种猜疑和紧张的心理状态，驱动消费者产生好奇心和进一步探明广告题意的强烈愿望，然后通过广告标题或正文把广告内容说出来，使悬念得以解除，给人留下难忘的感受，如图 13-10 所示。

图 13-9　夸张的创意

图 13-10　悬念的创意

### 九、幽默的创意

幽默法是指在广告创意中巧妙地运用生活中带有喜剧色彩的事物，表现出一种具有性格、形态、外貌、举止等的某些可笑的特征。幽默的表现手法一般是将趣味性较强的情节巧妙安排，使画面产生一种充满情趣、引人发笑又耐人寻味的幽默意境。运用较好的幽默创意，其矛盾冲突可以达到出乎意料之外、又在情理之中的艺术效果，引发读者会心的微笑，并加深消费者对广告的好感和记忆，从而诱发购买欲望，如图 13-11 所示。

### 13.1.3　平面广告制作手法

平面广告与影视广告的制作手法是不同的，平面广告的制作一般包括以下 4 种手法。

图 13-11　幽默的创意

#### 一、摄影

广告摄影手法画面简洁、造型感强，图片细腻逼真，光影效果突出，具有强烈的形式感和真实美。

#### 二、手绘

将素描、速写、线描、漫画、版画、插图、油画等绘画表达技法应用于广告制作，可增加广告的艺术渲染力。

#### 三、电脑喷绘

喷绘在广告设计制作中占有非常重要的位置。大型广告画面一般采用喷绘输出。

#### 四、印刷

对于报纸、杂志、宣传材料、包装、产品样本等平面广告需要进行专业印刷，根据设计需要，印刷可分为单色印刷（专色印刷）、套色印刷及四色印刷。印刷广告的操作程序包括利用电脑创意设计，利用彩色喷墨打印机打印样稿、定稿、输出菲林片、彩色打样、校稿、晒版、印刷等环节。

## 13.2　设计报纸广告

报纸是大家熟知的广告宣传媒介之一，其内容十分广泛，题材几乎深入到社会生活的各个方面。因其阅读群体较为广泛，传播速度快，宣传效果明显，所以不少商家与企业倾向于利用报纸来刊登各种类型的广告。

本节以虚拟的"嘉华滨河湾"房地产为例来设计报纸广告，如图 13-12 所示。

图 13-12　"嘉华滨河湾"房地产报纸广告

**【操作步骤】**

**STEP 1** 新建【宽度】为"30 厘米"，【高度】为"23 厘米"，【分辨率】为"120 像素 / 英寸"的白色文件。

**STEP 2** 新建"图层 1"，利用█工具为其填充由黄色（R:227,G:202,B:140）到浅黄色（R:255,G:241,B:190）的线性渐变色。

**STEP 3** 执行【滤镜】/【杂色】/【添加杂色】命令，设置参数如图 13-13 所示，单击 确定 按钮，添加杂色后的画面效果如图 13-14 所示。

**STEP 4** 打开附盘中"图库\第 13 章"目录下名为"门楼 .jpg"的文件，将门楼图片移动复制到新建文件中，生成"图层 2"，如图 13-15 所示。

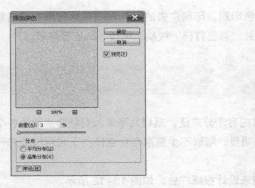

图 13-13　设置【添加杂色】参数　　　　　　　　　图 13-14　添加杂色后的画面效果

**STEP 5** 打开附盘中"图库\第13章"目录下名为"风景.jpg"的文件，将风景图片移动复制到新建文件中，生成"图层3"。

**STEP 6** 在【图层】面板中将"图层3"调整到"图层2"的下方，如图 13-16 所示。

图 13-15　图片在画面中的位置　　　　　　　　　图 13-16　调整图层后的效果

**STEP 7** 利用【图层】/【图层样式】/【描边】命令给"图层3"中的图片描绘【大小】为"5像素"的深褐色（R:70,G:50,B:30）边缘，效果如图 13-17 所示。

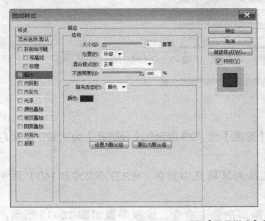

图 13-17　设置【图层样式】参数及添加描边后的效果

**STEP 8** 在【图层】面板中，单击 ⬤ 按钮，在弹出的菜单中选择【色相/饱和度】命令，设置参数如图 13-18 所示，调整颜色后的效果如图 13-19 所示。

图 13-18　设置【色相/饱和度】参数　　　　　　　　图 13-19　调整颜色后的效果

**STEP 9** 打开附盘中"图库\第 13 章"目录下名为"嘉华标志 .psd"的文件，将其移动复制到新建文件中，生成"图层 4"，并在画面中输入图 13-20 所示的文字。

图 13-20　输入的文字

**STEP 10** 在画面的下边位置输入图 13-21 所示的文字。

图 13-21　输入的文字

**STEP 11** 执行【图层】/【栅格化】/【文字】命令，将生成的文字层栅格化，单击【图层】面板中的图按钮设置锁定透明像素。

**STEP 12** 选取工具，打开【渐变编辑器】对话框，设置参数如图 13-22 所示。

**STEP 13** 单击 新建(W) 按钮，将设置的渐变载入到"预设"框中。

**STEP 14** 按住鼠标左键在文字上自左向右拖动为文字填充设置的渐变色，效果如图 13-23 所示。

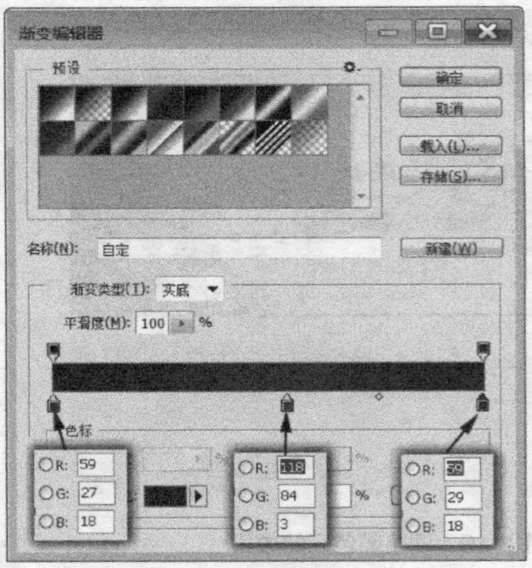

图 13-22 【渐变编辑器】对话框　　　　　　　　　　　　图 13-23　填充渐变效果

**STEP 15** 利用 T 工具，在画面中输入图 13-24 所示的字母及文字。

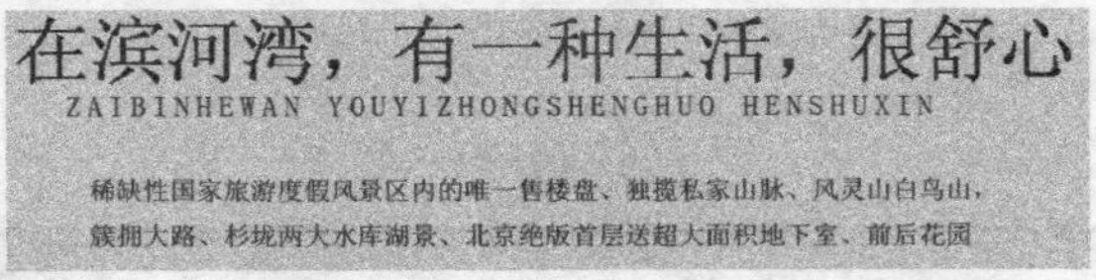

图 13-24　输入的文字

 **要点提示**

该案例中输入的文字只能作为参考。在实际工作过程中，要根据实际设计的广告内容来进行提炼，需要注意的是广告语必须通俗易懂，最好是易记易传、朗朗上口的大白话，给人喜闻乐见、亲切自然之感，用很少的言辞快速打动消费者，并注意不要违反广告法。

**STEP 16** 新建"图层 5"，利用 工具绘制图 13-25 所示的路径。

**STEP 17** 按 Ctrl+Enter 组合键将路径转换为选区，利用 工具，为选区填充刚才设定的渐变色，去除选区后的效果如图 13-26 所示。

　　　　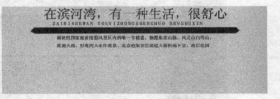

图 13-25　绘制的路径　　　　　　　　　　　　图 13-26　填充渐变色效果

**STEP 18** 在绘制的渐变色条上，再输入图 13-27 所示的文字。

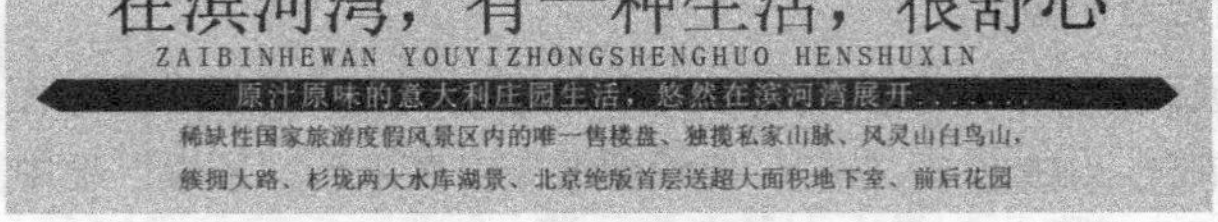

图 13-27　输入的文字

STEP **19** 设置前景色为深褐色（R:59,G:27,B:19），新建"图层 6"。

STEP **20** 选取工具，在【形状】面板中选取图 13-28 所示的形状图形。

STEP **21** 在属性栏中选择 [像素] 选项，然后在画面中绘制图 13-29 所示的图形。

图 13-28 选取的形状图形

图 13-29 绘制的图案

STEP **22** 在【图层】面板中复制"图层 6"，水平翻转后放置到图 13-30 所示的位置。

图 13-30 复制出的图形

STEP **23** 新建"图层 7"，利用工具绘制图 13-31 所示的图形，颜色填充为暗红色（R:60G:27,B:20）。

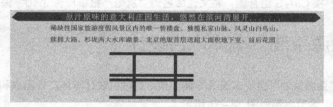

图 13-31 绘制的图形

STEP **24** 在"图层 7"下面新建"图层 8"，绘制图 13-32 所示的灰绿色（R:110,G:115, B:55）矩形图形。

STEP **25** 新建"图层 9"，利用工具绘制图 13-33 所示的黄色（R:255,G:241）圆形图形。

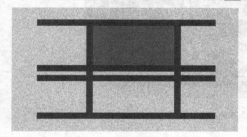

图 13-32 绘制的图形

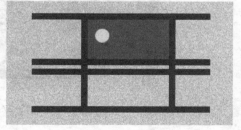

图 13-33 绘制的图形

STEP **26** 选取工具，在图形上面输入文字，得到图 13-34 所示的地图。

STEP **27** 新建"图层 10"，选取工具，在属性栏中设置【粗细】选项为"2 像素"，单击按钮，设置箭头属性如图 13-35 所示。

STEP **28** 设置前景色为深褐色（R:59,G:27,B:19），按住 Shift 键在画面中依次绘制图 13-36 所示的箭头。

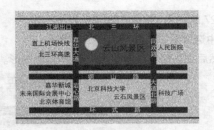

图 13-34　输入的文字　　　　　　　　　　　　　　图 13-35　设置箭头属性

图 13-36　绘制的线形

**STEP 29** 利用 T 工具，在画面的最下方输入地址文字，即可完成房地产报纸广告的设计。

**STEP 30** 按 Ctrl+S 组合键，将文件命名为"房地产报纸广告 .psd"保存。

## 13.3 "金源茶油"车体广告设计

本节以虚拟的"金源茶油"为例来设计车体广告，包括：设计车体广告画面和把广告画面贴到汽车的车体上面两个步骤，本节案例如图 13-37 所示。

图 13-37　"金源茶油"车体广告

### 13.3.1　设计车体广告画面

下面来设计车体广告画面。

【操作步骤】

**STEP 1** 新建【宽度】为"30 厘米"，【高度】为"8 厘米"，【分辨率】为"150 像素 / 英寸"的白色文件。

**STEP 2** 打开附盘中"图库 \ 第 13 章"目录下名为"远山 .jpg"的文件，将图片移动复制到新建文件中，生成"图层 1"。

**STEP** 3 新建"图层 2"，利用 ◎ 工具绘制图 13-38 所示的选区。

图 13-38　绘制的选区

**STEP** 4 选取 ■ 工具，打开【渐变编辑器】对话框，设置从深绿色（R:15,G:55,B:24）到绿色（G:131,B:55）的渐变色，单击 确定 按钮。

**STEP** 5 为选区填充图 13-39 所示的线性渐变色。

**STEP** 6 选取 ◎ 工具，在选区内单击鼠标右键，在弹出的菜单中执行【变换选区】命令，如图 13-40 所示。

图 13-39　填充渐变色后的效果

图 13-40　右键单击鼠标时的状态

**STEP** 7 在属性栏中单击 ◎ 按钮，设置【H】为"90%"，缩小变形后的选区如图 13-41 所示，按 Enter 键确认操作。

**STEP** 8 为选区填充浅绿色（R:73,G:125,B:47），效果如图 13-42 所示。

图 13-41　缩小变形后的选区

图 13-42　填充颜色后的效果

**STEP 9** 用与步骤6～7同样的方法，再次执行【变换选区】命令，在属性栏中设置【H】为"70%"，缩小变形后的选区如图13-43所示，按Enter键确认操作。

**STEP 10** 执行【编辑】/【描边】命令，在弹出的【描边】对话框中设置【宽度】参数为"3像素"，【颜色】为"白色"，【位置】为"居中"，单击 确定 按钮，描边效果如图13-44所示。

图13-43 缩小变形后的选区

图13-44 描边效果

**STEP 11** 选取 工具，在白线外边的绿色上单击添加图13-45所示的选区，打开【渐变编辑器】对话框，设置由浅绿色（R:120,G:177,B:43）到黄绿色（R:177,G:210,B:94）的渐变色，为选区填充设定的渐变色，效果如图13-46所示。

图13-45 添加的选区

图13-46 填充渐变色效果

**STEP 12** 选取 工具，确认属性栏中选择的 路径 选项，在画面中绘制如图13-47所示的路径。

**STEP 13** 选取 T 工具，沿路径输入图13-48所示的路径字母。

图13-47 绘制的路径

图13-48 输入的字母

**STEP 14** 选取 工具，拖动路径上的控制点，将文字调整到图 13-49 所示的位置，然后在【路径】面板的灰色区域单击隐藏文字路径。

**STEP 15** 利用 T 工具，在图形中输入图 13-50 所示的白色文字，执行【图层】/【栅格化】/【文字】命令，将文字层栅格化。

图 13-49　调整文字位置

图 13-50　输入的文字

**STEP 16** 选取 工具，设置由橙色（R:250,G:192,B:0）到金黄色（R:246,G:236,B:30）的对称渐变，如图 13-51 所示。

**STEP 17** 单击属性栏中的 按钮，为文字填充图 13-52 所示的对称渐变色。注意要激活【图层】面板左上角的 按钮。

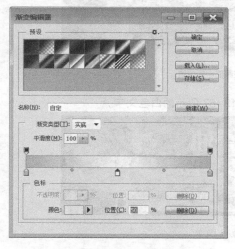

图 13-51　设置渐变颜色

图 13-52　填充渐变色效果

**STEP 18** 执行【图层】/【图层样式】/【描边】命令，给文字描绘【大小】为"3 像素"的黑色边缘，效果如图 13-53 所示。

**STEP 19** 打开附盘中"图库\第 13 章"目录下名为"花朵 .psd"的文件，将"花朵 01"图像移动复制到新建文件中，生成"图层 3"，效果如图 13-54 所示。

**STEP 20** 将"花朵 .psd"文件的其他素材图片移动复制到新建文件中，如图 13-55 所示。

**STEP 21** 打开附盘中"图库\第 13 章"目录下名为"油桶 .jpg"的文件，利用 工具将"油桶"图像选取后移动复制到新建的文件中，调整大小和角度后放置到图 13-56 所示的位置。

图 13-53　描边效果

图 13-54　花朵在画面中的位置

图 13-55　复制到画面中的图片

图 13-56　油桶在画面中的位置

**STEP 22** 选取 T 工具，在画面中输入图 13-57 所示的白色文字。

图 13-57　输入的文字

**STEP 23** 执行【编辑】/【变换】/【斜切】命令，将输入的文字适当倾斜，状态如图 13-58 所示，按 Enter 键确认操作。

图 13-58　倾斜文字时的状态

**STEP 24** 执行【图层】/【栅格化】/【文字】命令，将文字层栅格化。

**STEP 25** 单击囗按钮，锁定文字层的透明像素，选取▣工具，打开【渐变编辑器】对话框，设置由深绿色（R:15,G:55,B:24）到绿色（R:38,G:211,B:20）的渐变色，为文字填充设定的渐变色。

**STEP 26** 执行【图层】/【图层样式】/【描边】命令，给文字描绘【大小】为"7 像素"的白色边缘，效果如图 13-59 所示。

图 13-59　文字描边后的效果

**STEP 27** 至此，车体广告平面设计完成，按 Ctrl+S 组合键，将文件命名为"车体广告画面 .psd"保存。

### 13.3.2　制作车体广告效果图

下面把设计完成的车体广告画面贴到公共汽车上面来看一下广告效果。

**【操作步骤】**

**STEP 1** 打开附盘中"图库\第 13 章"目录下名为"公共汽车 .jpg"的文件。

**STEP 2** 选取🔍工具，在图片中的白色区域单击，创建图 13-60 所示的选区。

图 13-60　创建的选区

**STEP 3** 新建"图层 1"，并填充白色，然后去除选区。

**STEP 4** 将设计完成的"车体广告画面 .psd"文件打开，执行【图层】/【拼合图像】命令，将图层合并，然后将广告画面移动复制到"公共汽车 .jpg"文件中，生成"图层 2"。

**STEP 5** 执行【图层】/【创建剪贴蒙版】命令，画面效果及【图层】面板如图 13-61 所示。

图 13-61　创建剪贴蒙版后的效果

**STEP** 6 按 Ctrl+T 组合键为图像添加自由变换框，然后按住 Ctrl 键，将图像调整至图 13-62 所示的形态，再按 Enter 键确认操作。

图 13-62　调整广告画面状态 1

**STEP** 7 将广告画面再次移动复制到"公共汽车 .jpg"文件中，生成"图层 3"，此时画面会自动与下方的图像创建剪贴蒙版，然后利用【自由变换】命令将其调整至图 13-63 所示的形态。

图 13-63　调整广告画面状态 2

**STEP** 8 选取 工具，在画面中绘制选区，将多余的图像选取，如图 13-64 所示。

**STEP** 9 按 Delete 键，将多余的图像删除，效果如图 13-65 所示。

图 13-64　选取多余的图像　　　　　　　　　　图 13-65　删除多余图像后的效果

**STEP** 10 去除选区，至此车体广告效果图制作完成，整体效果如图 13-66 所示。

图 13-66　车体广告效果图

**STEP** 11 按 Ctrl+Shift+S 组合键，将文件另命名为"车体广告效果图 .psd"保存。

## 13.4　课堂实训

利用本章学习的内容，自己动手设计出下面的候车亭广告和另一种形式的房地产广告。

### 13.4.1　设计候车亭广告

候车亭处处可见，也是商家做广告宣传非常有利的位置，一般以灯箱的形式出现，具有白天和晚上的双重宣传作用。本节设计的灯箱广告及候车亭效果如图 13-67 所示。

图 13-67　候车亭广告

【**步骤解析**】

1. 新建文件后，利用▨工具为背景自上向下填充由白色到浅绿色（R:174,G:221,B:173）的渐变色。

2. 打开附盘中"图库\第 13 章"目录下名为"大山 .jpg"的文件，将大山图像移动复制到新建文件中生成"图层 1"文件，适当调整大山图片的位置。

3. 将"图层 1"的图层混合模式设置为"正片叠底"，然后给"图层 1"添加蒙版，编辑蒙版后得到图 13-68 所示的效果。

4. 打开附盘中"图库\第 13 章"目录下名为"建筑 .psd"的文件，将建筑物图像移动复制到新建文件中生成"图层 2"文件，利用蒙版将建筑物图像编辑成图 13-69 所示的效果。

图 13-68　编辑远山图片后的效果　　　　　　　　　图 13-69　编辑建筑图片后的效果

5. 依次将附盘中"图库\第 13 章"目录下名为"花 01.psd""花 02.psd"和"嘉华标志 .psd"的文件打开，并分别移动复制到新建文件中，调整大小后放置到图 13-70 所示的位置。

6. 利用 T 工具，在画面中输入图 13-71 所示的黑色文字，即可完成灯箱画面的制作。

图 13-70　复制入的素材图片及标志

图 13-71　输入的文字

7. 分别打开附盘中"图库\第 13 章"目录下名为"灯箱架 .jpg"和"候车亭 .jpg"的文件，将灯箱画面置入其中即可完成操作。

### 13.4.2　房地产广告设计

下面来设计另一种形式的房地产报纸广告。在设计过程中，将主要利用图层蒙版对图像进行合成。希望读者通过本例的学习，能将图层蒙版的使用方法熟练掌握。设计的广告效果如图 13-72 所示。

图 13-72　设计的房地产报纸广告

【步骤解析】

1. 新建【宽度】为"20 厘米"，【高度】为"15 厘米"，【分辨率】为"150 像素 / 英寸"的文件，【颜色模式】为"RGB 颜色"，【背景内容】为"白色"的文件。

2. 将附盘中的"图库\第 13 章"目录下名为"背景 .jpg"的文件打开，并将其移动复制到新建文件中生成"图层 1"，然后将其调整大小后放置到图 13-73 所示的位置。

3. 新建"图层 2"，利用 工具，绘制出图 13-74 所示的矩形选区，并为其填充上深紫色（R:107,G:30,B:55）。

图 13-73　图片放置的位置　　　　　　　　　　　图 13-74　绘制的选区

4. 将附盘中"图库\第 13 章"目录下名为"木桥 .psd"的文件打开，然后将其移动复制到新建文件中生成"图层 3"，并将其调整至"图层 2"的下方。

5. 将木桥图片调整大小后放置到图 13-75 所示的位置。

6. 将附盘中的"图库\第 13 章"目录下名为"水纹 .jpg"的文件打开，再将其移动复制到新建文件中生成"图层 4"，并将其调整至"图层 3"的下方，然后将水纹图片调整大小后放置到图 13-76 所示的位置。

图 13-75　图片放置的位置　　　　　　　　　　　图 13-76　图片放置的位置

7. 将"图层 4"的【图层混合模式】选项设置为【亮光】模式。

8. 将附盘中的"图库\第 13 章"目录下名为"树丛 .psd"和"城市 .jpg"的图片打开，并依次移动复制到新建文件中生成"图层 5"和"图层 6"，然后将其分别调整大小后放置到图 13-77 所示的位置。

9. 将"图层 6"调整至"图层 4"的下方，再为"图层 6"添加图层蒙版，然后利用 工具，在画面中喷绘黑色编辑蒙版，编辑蒙版后的画面效果如图 13-78 所示。

10. 将"图层 4"设置为当前层，并为其添加图层蒙版，然后利用 工具，在画面中喷绘黑色编辑蒙版，编辑蒙版后的画面效果如图 13-79 所示。

11. 将附盘中"图库\第 13 章"目录下名为"树枝 .psd"和"酒瓶 .psd"的文件打开，并依次移动复制到新建文件中生成"图层 7"和"图层 8"，然后分别调整其大小，再放置到图 13-80 所示的位置。

图 13-77　图片放置的位置

图 13-78　编辑蒙版后的效果

图 13-79　编辑蒙版后的效果

图 13-80　图片放置的位置

12. 将附盘中"图库\第 13 章"目录下名为"别墅 .jpg"的图片打开，然后将其移动复制到新建文件中生成"图层 9"。

13. 按 Ctrl+T 组合键，为"别墅"图片添加自由变形框，并将其缩放至图 13-81 所示的形态，然后按 Enter 键，确认图片的变换操作。

14. 将"图层 9"的【图层混合模式】选项设置为【叠加】模式，然后为其添加图层蒙版，并利用 工具，在"别墅"图片的四周喷绘黑色编辑蒙版，效果如图 13-82 所示。

图 13-81　调整后的图片形态

图 13-82　编辑蒙版后的效果

15. 将"图层 8"复制生成为"图层 8 副本",然后将其调整至"图层 4"的下方。

16. 按 Ctrl+T 组合键,为"图层 8 副本"中的"酒瓶"图像添加自由变形框,然后将其调整至图 13-83 所示的形态,再按 Enter 键,确认图像的变换操作。

17. 将附盘中"图库\第 13 章"目录下名为"标志.psd"的文件打开,并将其移动复制到新建文件中生成"图层 10",然后调整大小后放置到图 13-84 所示的位置。

图 13-83　调整后的图像形态

图 13-84　标志放置的位置

18. 利用 [T] 工具,依次输入图 13-85 所示的文字,即可完成房地产广告的设计。

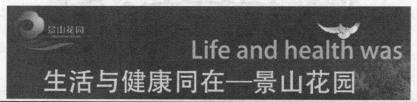

图 13-85　输入的文字

# 13.5 小结

本章主要讲解了广告设计的相关知识,包括广告设计基础理论知识以及典型的广告案例设计。好的广告创意作品都是在扎实的理论知识的指导下设计出来的,所以对本章介绍的理论知识内容,希望读者一定要深入地去领会学习。在案例设计部分,主要讲解了图像的基本合成方法,没有太大的技术操作难度。在生活中,读者要多留意城市里各种店面的装潢,以便提高自己的欣赏力和设计能力。

# 13.6 习题

1. 灵活运用对文字的变形调整,来制作服装店的门头效果,如图 13-86 所示。

图 13-86　制作的服装店门头效果

2. 综合运用各种工具及菜单命令，来制作图 13-87 所示的手机短信报纸广告。

图 13-87　设计的手机短信报纸广告

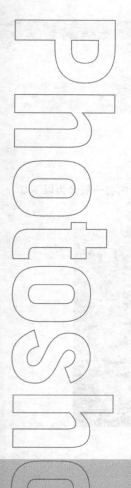

# Chapter

# 14

## 第14章

## 海报设计

　　海报又称"招贴"，是一种张贴在墙壁或其他地方的大幅面广告。由于海报的幅面远远超过了报纸广告和杂志广告，从远处看更能吸引大众的注意，因此，海报在宣传媒介中占有很重要的位置。

### 学习目标

- 掌握海报设计的基础知识。
- 了解海报的分类和设计流程。
- 掌握POP海报的设计方法。
- 掌握易拉宝海报的设计方法。
- 通过本章的学习，学会图14-1所示各种海报的设计与制作方法。

图 14-1　各种海报效果

# 14.1 海报设计基础知识

下面来介绍海报设计的基础知识。

## 14.1.1 海报的设计内容

海报设计的内容十分广泛,其题材几乎深入到社会生活中的各个方面,其设计内容一般分为以下3类,如图14-2所示。

图14-2 海报的设计内容

### 1. 社会公益海报

包括政治活动、节日、环保、交通、劳动、社会公德等公益宣传内容。

### 2. 文化事业海报

包括电影、戏剧、音乐、体育、美术、科研、展览等方面的宣传。

### 3. 商业海报

主要涉及工商企业的形象宣传或产品宣传等。

## 14.1.2 海报的表现形式

海报无论是以图案形式来表达还是以摄影作品来表达,在设计时一定要注意与所宣传的内容相配合,不同性质和内容的海报要有不同的表现形式,表现形式一般分为以下4种。

### 一、写实

写实表现手法是画家通过不同的绘画材料和方法将事物进行细致真实的形象描写,此种表现手法给观众以真实、自然的感觉。

### 二、抽象

抽象表现手法是画家将事物的形态进行不同的抽象变形,一般用线条或几何图形来夸大描写,用不同的颜料混合变化产生一种偶然的效果,这种手法极具丰富的想象力和创造力。

### 三、装饰性

它是工艺美术师将事物进行提炼、加工改造,使之具有装饰性的表现手法,这种手法给观众一种装饰艺术的美感。

## 四、摄影

摄影艺术表现手法是与群众关系最密切、形象最真实生动的表现手法，照片生动的形象、迷人的画面效果极具吸引力。

### 14.1.3 海报的设计准则

海报设计不管采取哪种表现形式，所选用的图案或摄影作品都要与所宣传的内容相配合。例如，宣传机器或重工业的海报设计，需要配合粗壮的图案或标题。关于舞蹈或其他轻巧类事物的宣传，画面则要进行柔和细致的描写。另外，如要设计一幅关于音乐的海报，我们可首先考虑主题的造型，可以联想到音符，各种中西乐器的形状，或者是流水、海、云、线条的跳动等。

关于色彩方面，假如是暖风机、暖气片等冬天用品，宜采用红色或黄色等暖色系颜色进行设计，这样才能给受众一种温暖的感觉。相反，如果是冷气机、风扇、或电冰箱等夏天用品，宜采用蓝色、绿色或青紫色等冷色系颜色，给受众一种清新凉快的感觉。

### 14.1.4 海报的构图

海报构图是指将图形、色彩和文字等素材做适当的空间安排，给观众一种愉快的感觉。因为海报的版式形状大都是长方形或正方形，所以设计者要做精心的安排，使画面中的图形和字体新颖、突出，强调画面的主要部分，使图形和文字紧密结合，互相呼应，要避免平板、无趣的弊病。同时还要注意画面的空间处理，密的地方不显拥挤，疏的地方不会感到空缺，使画面保持一种密切和新鲜的感觉。

### 14.1.5 海报的字体安排

海报字体的选择和排列对整幅画面视觉效果有很大的影响。海报上的文字，一般分为标题大字和内文说明。除了图形之外，标题是整个画面的视觉中心，是向观众说明所宣传内容的前提。海报文字的应用还有中文和英文之分，如果是中文内容的海报，要注意是横排还是竖排。一般横排的文字可采用"平体"，竖排的文字可采用"长体"。由于中文是方块字，字很多时，笔画有多有少，又有上下左右的疏密。英文字也有不匀称的地方，所以还需要注意字与字之间的间隔和行与行之间的空位。

在设计时还要考虑所选用的字体在画面的底色中是否容易辨认。一般正文内容小字采用红色和绿色比较难读，所以红色和绿色只适合做标题大字。白色底色不适宜配上黄色或橙色的字体，但黄色字体可以配上黑色或紫色底色，有较好的对比效果。标题的字数不要太多并且要简单，最好不要超过 10 个字。内文的细字说明要尽量少。除了时间、地点和标志外，其他字体最好靠画面来表达。在进行画面的设计时，一行字体可以当作一条线，一个大字可以当作一个面，一个小字可以当作一个点来处理。在字体的排列上要有新意，有时可以根据图案的形状把字体排成弧线或曲线，这样可以打破方形版式排列的呆板，使画面活泼有趣。

### 14.1.6 海报的规格

海报的规格最常见的是对开和四开尺寸。近年来全开大小的海报也有很多，其印刷方式大都采用平板印刷或丝网印刷。对开尺寸较适合一般场合张贴，如果是小的商店张贴，要考虑海报的面积，可采用四开、长三开或长六开尺寸。纸张厚薄与面积大小成正比，面积较大应使用较厚的纸；面积较小，应使用较薄的纸。纸质的选择也是很重要的，一般采用铜版纸。

## 14.2 POP 海报设计

随着商品经营活动和传播媒体的发展，广告的传播手段越来越先进，广告的设计手法也越来越高明。为了适应市场的变化和消费需求层次的提高，一些新的广告形式正在不断涌现，并且越来越受到企业和广告经营者的重视，POP 广告就是其中一种。POP 广告是英文 POINT OF PURCHASE 的缩写，POINT 是"点"的意思，PURCHASE 是"购买"的意思，意为卖点广告，简称 POP 广告，俗称店内海报，是国际零售行业应用最多的店面促销手段之一。具体讲，POP 广告是在有利、有时间和有效的空间位置上，为宣传商品、吸引顾客、引导顾客了解商品内容或商业性事件，从而诱导顾客产生参与动机及购买欲望的商业广告。

### 14.2.1　POP 海报设计基础知识

由于 POP 广告符合现代消费者的消费习惯，并且成本低廉、简单快捷，具有其他促销手段所无法比拟的优势，在国际零售行业中，担负着商品销售的重要角色。

#### 一、POP 广告分类

POP 广告从功能上可以分为两大类：气氛类 POP 和促销类 POP。气氛类 POP 主要作用是烘托卖场气氛，构建卖场与众不同的个性文化风格与理念；而促销类 POP 的功能主要在于通过简洁的信息传递刺激顾客的购买冲动，实现成功的交易。按照使用目的和场合，具体分为以下类别。

（1）店面 POP 广告：置于店面的 POP 广告，如看板、站立广告牌、实物大样本等。

（2）天花板垂吊 POP：如广告旗帜、吊牌广告物等。

（3）地面 POP：从店头到店内的地面上放置的 POP 广告，具有商品展示与销售功能。

（4）柜台 POP：放置在商店柜台上面的广告牌、商品实物模型等。

（5）壁面 POP：附在墙壁上的 POP 广告，如海报板、告示牌等。

（6）陈列架 POP：附在商品陈列架上的小型 POP，如展示卡等。

在我国古代，酒店外面挂的酒葫芦、酒旗，饭店外面挂的幌子，客栈外面悬挂的幡帜，或者药店门口挂的药葫芦、膏药或画的仁丹，以及逢年过节和遇有喜庆之事的张灯结彩等，都可谓 POP 广告的鼻祖。图 14-3 所示为常见的 POP 广告。

图 14-3　各种类型的 POP 广告

#### 二、POP 广告的作用

实践已经证明，POP 广告是零售企业开展市场营销活动、赢得竞争优势的利器，其作用主要分为以下几点。

1．及时传递商品信息

在商场的货架上、墙壁上、立柱上、天花板下、楼梯口处，都可将有关商品的信息及时地向顾客进行展示，从而使消费者了解商品的功能、价格、使用方法以及各种服务信息等。

2．营造欢乐的气氛

每逢换季、节假日，众商家都不忘抓住这一有利的黄金时段进行各种类型的促销，例如春节期间，各个商场都会张贴对联、挂起红灯笼，以此来衬托欢乐的节日氛围，这样会使消费者为之一振，并自然地走进商场去逛一逛，顺便买点儿东西。

3. 吸引顾客注意，引发兴趣

POP 广告可以凭借其新颖的图案，绚丽的色彩，独特的构思等形式引起顾客注意，使之驻足停留进而对广告中的商品产生兴趣。

4. 巧妙利用销售空间与时间，达成即时的购买行为

零售企业可充分利用空间与时间的巧妙安排，调动消费者的情绪，将潜在的购买力转化成即时的购买力。

5. 塑造企业形象，与顾客保持良好的关系

POP 广告是企业视觉识别系统中重要的一部分内容。零售企业可将商店的标识、标准字、标准色、企业形象图案、宣传标语、口号等制成各种形式的 POP 广告，以塑造富有特色的企业形象，如麦当劳的金黄色 "M" 字样，已为广大消费者所熟知，当消费者看到金黄色的 "M" 字样时，就会明白它代表的是麦当劳。

6. 取代推销员，传达商品信息

POP 广告传达着商品的信息，刻画着商品的个性。它们不会轻易擅离职守，因此，被誉为 "无声推销员" 和 "最忠诚推销"。

### 三、POP 广告设计的原则

POP 广告设计的总体要求就是独特，不论何种形式，都必须新颖，能够很快地引起顾客的注意，激发顾客 "想了解" "想购买" 的欲望。在设计 POP 广告时，应遵循以下 3 个原则。

1. 造型简练、设计醒目

要想使 POP 广告所宣传的内容在纷繁众多的商品中引起消费者的注意，在设计时必须以简洁的形式、新颖的格调、和谐的色彩来突出自己的形象。

2. 重视陈列设计

POP 广告是企业经营环境文化的重要组成部分，因此，在设计 POP 广告时要充分考虑企业形象的树立，并加强和渲染购物场所的艺术气氛。

3. 强调现场广告效果

应根据零售店经营商品的特色，如经营档次、零售店的知名度、各种服务状况以及顾客的心理特征与购买习惯，力求设计出最能打动消费者的广告。

## 14.2.2 POP 海报设计

本节以虚拟的 "全家乐食品" 为例，来设计美味鸡翅汉堡的 POP 海报，如图 14-4 所示。

【操作步骤】

**STEP 1** 按 Ctrl+N 组合键，新建【宽度】为 "21 厘米"，【高度】为 "29.7 厘米"，【分辨率】为 "120 像素 / 英寸" 的白色文件。

**STEP 2** 为 "背景" 层填充上深黄色（R:255,G:176），新建 "图层 1"，利用 工具绘制出图 14-5 所示的矩形选区。

**STEP 3** 为选区填充上橘红色（R:255,G:136），然后按 Ctrl+D 组合键将选区去除。

**STEP 4** 新建 "图层 2"，选取 工具，按住 Shift 键，绘制出图 14-6 所示的圆形选区。

**STEP 5** 选取 工具，激活属性栏中的 按钮，在选区内由中间向下拖动鼠标，填充从暗红色（R:163,G:8,B:8）到红色（R:242,G:10,B:10）的径向渐变色，效果如图 14-7 所示。

图 14-4　POP 海报

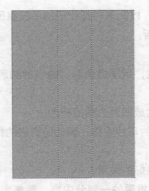

图 14-5　绘制的矩形选区

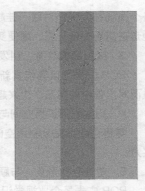

图 14-6　绘制的圆形选区

**STEP** **6** 新建"图层 3"，将前景色设置为黄色（R:255,G:245）。

**STEP** **7** 选取 ▣ 工具，激活属性栏中的 ▣ 按钮，在【渐变编辑器】对话框中设置"前景色到透明渐变"样式，然后在选区中按下鼠标左键拖动，如图 14-8 所示。释放鼠标后填充的渐变颜色效果如图 14-9 所示。

图 14-7　填充渐变色后的效果

图 14-8　拖动鼠标状态

图 14-9　填充颜色后的效果

**STEP** **8** 利用 ⬧ 和 ↘ 工具，绘制并调整出图 14-10 所示的钢笔路径，然后按 Ctrl+Enter 组合键，将路径转换为选区。

**STEP** **9** 新建"图层 4"，为选区填充上红色（R:240,G:10,B:10），然后按 Ctrl+D 组合键，将选区去除，填充颜色后的效果如图 14-11 所示。

图 14-10　绘制的路径

图 14-11　填充颜色后的效果

**STEP** **10** 利用 ⬧ 和 ↘ 工具，绘制并调整出图 14-12 所示的钢笔路径，然后按 Ctrl+Enter 组合键，将路径转换为选区。

**STEP** **11** 新建"图层 5"，为选区填充上暗红色（R:198），然后按 Ctrl+D 组合键，将选区去除，填充颜色后的效果如图 14-13 所示。

**STEP** **12** 新建"图层 6"，利用路径工具绘制出图 14-14 所示的黑色结构图形。

**STEP** **13** 将"图层 4"～"图层 6"同时选择后复制，并执行【编辑】/【变换】/【水平翻转】命令，将复制出的图形翻转，然后将其移动至图 14-15 所示的位置。

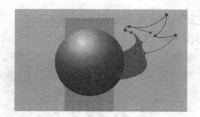

图 14-12  绘制的路径

图 14-13  填充颜色后的效果

图 14-14  绘制的结构图形

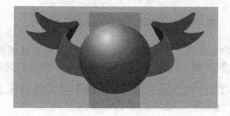

图 14-15  图形放置的位置

**STEP 14** 新建"图层 7"，并将前景色设置为黄色（R:255,G:245），然后利用 和 工具，绘制并调整出图 14-16 所示的路径。

**STEP 15** 选取 工具，设置笔头大小为"13 像素"，然后单击【路径】面板底部的 按钮，用前景色描绘路径，按 Ctrl+H 组合键隐藏路径，描绘后的效果如图 14-17 所示。

图 14-16  绘制的路径

图 14-17  描绘路径后的效果

**STEP 16** 利用 工具，输入图 14-18 所示的白色英文字母。

**STEP 17** 执行【图层】/【图层样式】/【投影】命令，在弹出的【图层样式】对话框中设置各项参数如图 14-19 所示。

图 14-18  输入的英文字母

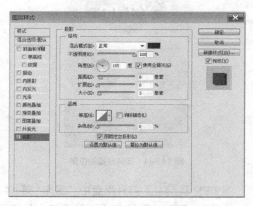

图 14-19  设置【图层样式】参数

STEP 18 单击 [ 确定 ] 按钮，添加图层样式后的文字效果如图 14-20 所示。

STEP 19 用与步骤 16 ~ 18 相同的方法，制作出图 14-21 所示的文字效果。

图 14-20　添加图层样式后的文字效果　　　　　　　　　图 14-21　制作出的文字效果

STEP 20 新建 "图层 8"，并将其调整至 "图层 2" 的下方位置，再选取 [ ] 工具，按住 Shift 键，绘制出图 14-22 所示的圆形选区，然后为选区填充上白色。

STEP 21 执行【选择】/【变换选区】命令，为当前选区添加自由变形框，然后将属性栏中 W: 70% H: 70.0% 选项的参数设置为 "70"。

STEP 22 按 Enter 键，确认选区的变换操作，然后按 Delete 键，删除选择的内容。

STEP 23 按 Ctrl+D 组合键，将选区去除，然后将圆环移动至图 14-23 所示的位置。

图 14-22　绘制的选区　　　　　　　　　　　　　　　图 14-23　圆环放置的位置

STEP 24 将 "图层 8" 依次复制生成为 "图层 8 副本" 和 "图层 8 副本 2"，然后利用【编辑】/【自由变换】命令，将复制出的圆环调整一下大小后分别放置到图 14-24 所示的位置。

STEP 25 将 "图层 8 副本" 设置为当前层，然后选取 [ ] 工具，将鼠标光标移动至左侧白色圆环图形内单击左键添加选区，添加的选区如图 14-25 所示。

图 14-24　圆环放置的位置　　　　　　　　　　　　　图 14-25　添加的选区

STEP 26 打开附盘中 "图库 \ 第 14 章" 目录下名为 "汉堡 .jpg" 的文件。

STEP 27 按 Ctrl+A 组合键，将汉堡图片全部选择，然后按 Ctrl+C 组合键，将选择的图片复制到剪贴板中。

**STEP 28** 将新建的文件设置为工作状态，然后按 Ctrl+Shift+V 组合键，将剪贴板中的图片贴入当前选区中，效果如图 14-26 所示。

**STEP 29** 打开附盘中"图库\第 14 章"目录下名为"鸡翅.jpg"的文件，然后用与步骤 25 ~ 28 相同的方法，将其贴入到新建文件中，效果如图 14-27 所示。

图 14-26　贴入的图片效果

图 14-27　贴入的图片效果 2

**STEP 30** 利用 T 工具，输入图 14-28 所示的黑色文字。

**STEP 31** 执行【图层】/【图层样式】/【描边】命令，在弹出的【图层样式】对话框中设置各项参数如图 14-29 所示。

图 14-28　贴入的图片效果

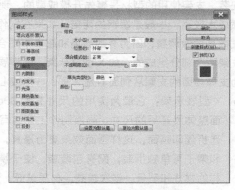

图 14-29　【图层样式】对话框

**STEP 32** 单击 确定 按钮，为文字添加黄色的描边样式，利用【自由变换】命令将其调整至合适的角度后放置到图 14-30 所示的位置。

**STEP 33** 利用 T 工具及【图层】/【图层样式】/【描边】命令，依次输入图 14-31 所示的黑色文字，即可完成汉堡 POP 海报设计。

图 14-30　文字放置的位置

图 14-31　输入的文字

**STEP 34** 按 Ctrl+S 组合键，将此文件命名为"POP 海报 .psd"保存。

# 14.3 易拉宝海报设计

易拉宝又称海报架、展示架，是树立式宣传海报。摆放位置相对灵活并可以随时移动或收起来重复利用，所以是目前商业宣传活动中非常重要的一种广告形式。

## 14.3.1 易拉宝海报设计基础知识

### 一、使用范围

易拉宝的构造是一个座地的卷轴，由地面向上是一支伸缩柱，柱顶有一个扣，使用时由卷轴拉出一幅直立式的海报即可。常用于会议、展览、销售宣传等场合，是使用频率最高，也是最常见的便携展具之一。

### 二、产品分类

按照易拉宝产品的具体类型和属性，展示架分为常规展示架和异形展示架。

1. 常规展示架

常规展示架有行业内常用的尺寸约定，必须按照其规定尺寸设计和制作画面。为便于支架和画面的组合安装，支架使用的型材是事先开模成型的，现常用的有铝合金和 RP 材料（就是常说的塑钢），铝合金材质成本较高，一般是塑钢的两倍。如果在制作工艺允许的范围内，可以根据客户要求对展示架的宽度和支撑高度做调整，因为有的商场和超市不适合放置较大的广告用品。基本上所有的展示架都是由画面和支架两个部分组成的，如 X 型展示架，H 型展示架，L 型展示架等。之所以将其定义为这几类展架，是因为支撑画面的支架从侧面看是 X 形、H 形或 L 型。

- X 型展示架：它最为实用的尺寸有宽 60cm× 高 160cm 和宽 80cm× 高 180cm，这是 X 架画面整体展开后的尺寸。画面制作工艺为写真或者丝印，材料为 PVC，如果制作数量巨大就可以选折丝印画面，这样画面效果更为逼真，更富有质感，画面颜色跟设计原稿的偏差极小。画面和架子可单独拆装，配有包装袋，便于携带，适合户外展览展示，广告促销等。支架有各种各样的样式和型号，档次越高，材质越好，价位也越高。

- H 型展示架：它最为实用的尺寸有宽 80cm× 高 200cm、宽 100cm× 高 200cm 和宽 120cm× 高 200cm，这是 H 架画面整体展开后的尺寸。画面制作工艺为写真或者丝印，材料常用合成纸和相纸等，画面可以自由收缩到支架的盒子里面，配有包装袋，便于携带。H 架的支架材质分为 RP（塑钢）和铝合金，有多种样式和型号。

- L 型展示架：它最为实用的尺寸有宽 60cm× 高 160cm 和宽 80cm× 高 180cm，这是 L 架画面整体展开后的尺寸。画面制作工艺为写真或者丝印，材料为 PP，合成纸。如果制作数量巨大就可以选折丝印画面，这样画面效果更为逼真，更富有质感，画面颜色跟设计原稿的偏差极小。其画面和架子可单独拆装，配有包装袋，便于携带，适合户外展览展示，广告促销等。

2. 异形展示架

异形展示架没有固定的标准尺寸，是客户按自身需求定做的产品。

### 三、主要特点

（1）合金材料，造型简练，造价相对便宜。

（2）轻巧便携，方便运输、携带和存放。

（3）安装简易，操作方便。

（4）经济实用，可多次更换画面。

### 14.3.2　易拉宝海报设计

易拉宝由于体积小，便于设计制作并可在任意位置摆放，所以非常受商家欢迎。下面来为"浓怡咖啡"设计易拉宝广告，效果如图 14-32 所示。

【操作步骤】

**STEP** 1　新建一个【宽度】为"20 厘米"，【高度】为"50 厘米"，【分辨率】为"100 像素 / 英寸"，【颜色模式】为"RGB 颜色"，【背景内容】为"白色"的文件，然后为"背景"层填充上暗红色（R:45）。

**STEP** 2　将附盘中"图库 \ 第 14 章"目录下名为"纹理 .jpg"的图片打开，利用 工具，在纹理图像下方的白色区域处单击添加选区。

**STEP** 3　按 Ctrl+Shift+I 组合键，将选区反选，然后将其移动复制到新建的文件中，调整至图 14-33 所示的大小及位置。

**STEP** 4　新建"图层 2"，然后将前景色设置为红色（R:230,B:18）。

**STEP** 5　选取 工具，将渐变样式设置为"前景色到透明渐变"，取消【反向】选项的勾选，然后为画面的左上角由左上至右下填充从前景到透明的线性渐变色，效果如图 14-34 所示。

图 14-32　设计的易拉宝效果

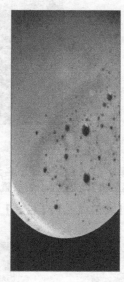

图 14-33　调整后的纹理

图 14-34　填充渐变色后的效果

**STEP** 6　新建"图层 3"，将前景色设置为黑色，然后利用 工具，在左上角位置填充由黑色到透明的线性渐变色，效果如图 14-35 所示。

**STEP** 7　新建"图层 4"，利用 工具，在画面的下方绘制选区，并为其填充图 14-36 所示的渐变色。渐变颜色自左向右分别为黑红色（R:50）、暗红色（R: 100）和红色（R:220）。

**STEP** 8　按 Ctrl+D 组合键去除选区。

**STEP** 9　将附盘中"图库 \ 第 14 章"目录下名为"咖啡豆 .jpg"的图片打开，并将其移动复制到新建文件中生成"图层 5"。

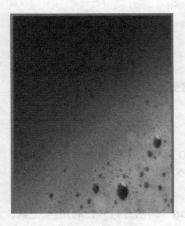

图 14-35　填充的颜色　　　　　　　　　　　　图 14-36　设置的渐变颜色及填充后的效果

**STEP 10** 按 Ctrl+T 组合键，为咖啡豆图片添加自由变形框，并将其调整至图 14-37 所示的形态及位置，然后按 Enter 键，确认图形的变换操作。

**STEP 11** 单击【图层】面板下方的 ◻ 按钮，为"图层 6"添加图层蒙版，然后利用 ✓ 工具绘制黑色来编辑蒙版，得到图 14-38 所示的效果。

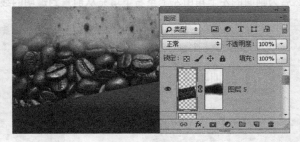

图 14-37　调整后的图像形态及位置　　　　　　图 14-38　编辑蒙版后的效果

**STEP 12** 将附盘中"图库\第 14 章"目录下名为"咖啡杯 .psd"的图片打开，并将其移动复制到新建文件中生成"图层 7"，然后将其调整大小后放置到图 14-39 所示的位置。

**STEP 13** 执行【图层】/【图层样式】/【投影】命令，在弹出的【图层样式】对话框中设置参数如图 14-40 所示。

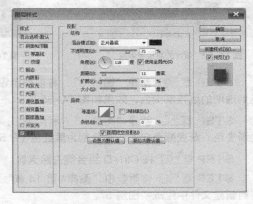

图 14-39　图形放置的位置　　　　　　　　　　图 14-40　设置【图层样式】参数

STEP 14 单击[ 确定 ]按钮，添加投影样式后的效果如图 14-41 所示。

STEP 15 利用[T]工具，依次输入图 14-42 所示的白色文字和英文字母。

图 14-41　添加投影样式后的效果　　　　　　　　　　图 14-42　输入的文字

STEP 16 执行【图层】/【图层样式】/【投影】选项，在弹出的【图层样式】对话框中设置
参数如图 14-43 所示。

STEP 17 单击[ 确定 ]按钮，添加投影样式后的文字效果如图 14-44 所示。

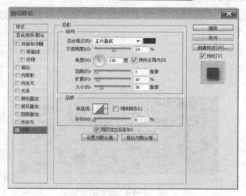

图 14-43　设置【图层样式】参数　　　　　　　　　　图 14-44　添加投影样式后的文字效果

STEP 18 利用[T]工具，在白色文字的上方输入红色（R:255）的"味浓，情更浓"文字。

STEP 19 执行【图层】/【图层样式】/【混合选项】命令，在弹出的【图层样式】对话框中
设置参数如图 14-45 所示。

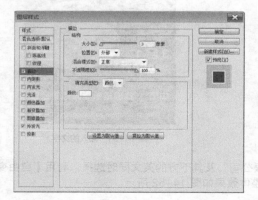

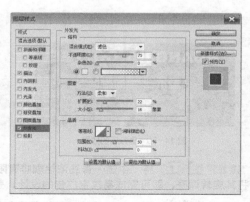

图 14-45　设置【图层样式】参数

**STEP 20** 单击 ▭确定▭ 按钮，添加图层样式后的文字效果如图 14-46 所示。

**STEP 21** 利用 T 工具，依次输入图 14-47 所示的白色文字和英文字母。

图 14-46　添加图层样式后的效果

图 14-47　输入的文字

**STEP 22** 在"浓怡咖啡"文字层上单击鼠标右键，在弹出的右键菜单中选择【拷贝图层样式】命令，然后分别在"爱尔兰 皇家咖啡"和"COFFEE"文字层上单击鼠标右键，选择【粘贴图层样式】命令，效果如图 14-48 所示。

**STEP 23** 新建"图层 8"，然后将前景色设置为白色。

**STEP 24** 选取 ✐ 工具，在属性栏中选择 ▭像素▭ 选项，并将【粗细】选项的参数设置为"3像素"，然后按住 Shift 键，绘制出图 14-49 所示的白色直线。

图 14-48　添加投影样式后的效果

图 14-49　绘制的直线

**STEP 25** 利用 ▭ 工具，绘制矩形选区，并按 Delete 键，删除选择的内容，效果如图 14-50 所示，然后将选区去除。

**STEP 26** 利用 T 工具，依次输入图 14-51 所示的白色文字和英文字母。

图 14-50　删除后的效果

图 14-51　输入的文字

**STEP 27** 将"中国·青岛浓怡咖啡有限公司"及其下方的英文同时选择，利用【自由变换】命令将其旋转调整，即可完成易拉宝广告的设计，整体效果如图 14-52 所示。

**STEP 28** 按 Ctrl+S 组合键，将文件命名为"易拉宝画面 .psd"保存。

接下来，我们将设计的易拉宝画面放置到展架素材图片中，看一下做成实物后的效果。

**STEP 29** 将附盘中"图库\第14章"目录下名为"易拉宝架.jpg"的图片打开，如图 14-53 所示。

**STEP 30** 将保存的"易拉宝画面.psd"打开后合并图层，然后将其移动复制到"易拉宝架.jpg"文件中，根据展架的造型，把画面调整到适合展架的形态，如图 14-54 所示。

图 14-52　设计完成的易拉宝　　　　　图 14-53　打开的文件　　　　　图 14-54　调整后的形态

**STEP 31** 按 Ctrl+Shift+S 组合键，将此文件另命名为"易拉宝.psd"保存。

## 14.4　招贴设计

招贴是现代广告中使用最频繁、最广泛、最便利、最快捷和最经济的传播手段之一。

下面灵活运用图像的【复制】和【粘贴】等命令，设计图 14-55 所示的理发店招贴。

**【操作步骤】**

**STEP 1** 新建一个【宽度】为"22 厘米"、【高度】为"28 厘米"、【分辨率】为"150 像素 / 英寸"、【模式】为"RGB 颜色"、背景色为"白色"的文件。

**STEP 2** 新建"图层 1"，利用 工具绘制出图 14-56 所示的矩形选区，然后为其填充洋红色（C:8,M:100,Y:65）。

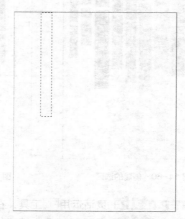

图 14-55　设计的理发店招贴　　　　　图 14-56　绘制的矩形选区

**STEP 3** 利用 ▦ 工具绘制矩形选区，然后按 Delete 键删除选区内的图形，效果如图 14-57 所示。

**STEP 4** 用与步骤 2 ~ 3 相同的方法，依次新建图层并分别绘制不同颜色的图形，最后按 Ctrl+D 组合键去除选区，效果如图 14-58 所示。

**STEP 5** 打开附盘中"图库\第 14 章"目录下名为"美发 01.jpg"的图片，如图 14-59 所示。

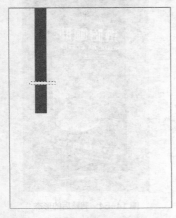

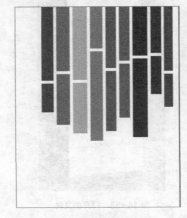

图 14-57　删除图形后的效果　　　　　图 14-58　绘制的图形　　　　　图 14-59　打开的图片

**STEP 6** 按 Ctrl+A 组合键选择整个图像，然后按 Ctrl+C 组合键，将选区内的图像复制到剪贴板中。

**STEP 7** 将新建的文件设置为工作状态，然后将"图层 1"设置为工作层，并利用 ✎ 工具创建图 14-60 所示的选区。

**STEP 8** 按 Ctrl+Shift+V 组合键，将复制的图像贴入选区内，然后利用【自由变换】命令将其调整至图 14-61 所示的大小及位置，并按 Enter 键确认。

**STEP 9** 用与步骤 5 ~ 8 相同的方法，依次将教学辅助资料中名为"美发 02.jpg"~"美发 09.jpg"的图片打开，并分别复制后贴入指定的选区中，最终效果如图 14-62 所示。

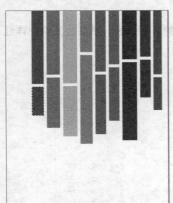

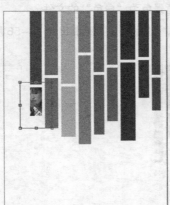

图 14-60　创建的选区　　　　　图 14-61　图像调整后的大小　　　　　图 14-62　贴入图像后的效果

**STEP 10** 灵活运用 T 工具，在贴入图像的下方依次输入图 14-63 所示的文字。

**STEP 11** 利用 T 工具在画面的左上角输入文字，即可完成招贴的设计。

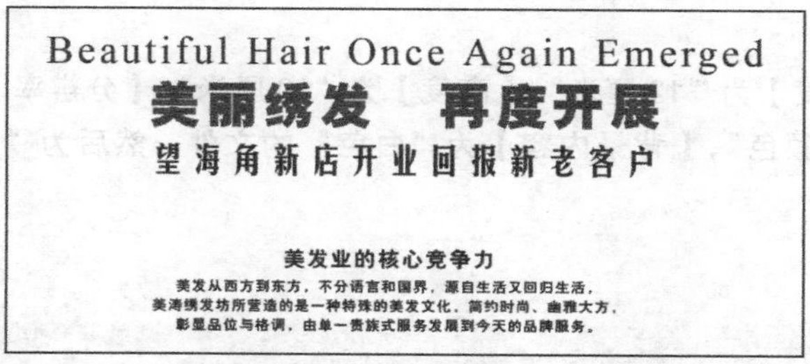

Beautiful Hair Once Again Emerged
美丽绣发 再度开展
望海角新店开业回报新老客户
美发业的核心竞争力
美发从西方到东方，不分语言和国界，源自生活又回归生活，
美涛绣发坊所营造的是一种特殊的美发文化，简约时尚、幽雅大方，
彰显品位与格调，由单一贵族式服务发展到今天的品牌服务。

图 14-63 输入的文字

**STEP 12** 按 Ctrl+S 组合键，将此文件命名为“招贴设计 .psd”保存。

# 14.5 课堂实训

灵活运用各种工具及菜单命令设计出下面的商场促销海报和 X 展架。

## 14.5.1 商场促销海报设计

设计的商场促销海报如图 14-64 所示。

**【步骤解析】**

1. 将附盘中“图库 \ 第 14 章”目录下名为“促销海报背景 .jpg”的文件打开。

2. 灵活运用【横排文字】工具 T，依次输入相应的文字内容即可。

亚中国际购物广场
惠聚春天
春装
Sale特卖会
SPRING

图 14-64 设计的商场促销海报

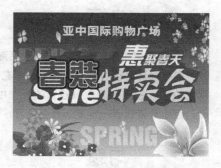

## 14.5.2 X 展架设计

设计的展架画面如图 14-65 所示；制作出的 X 展架效果如图 14-66 所示。

视觉春秋
名师油画作品
展
展览地点：画展博物馆（崂山区文岭东路12号）
开幕时间：12月1日上午10:00
主 办：文学艺术界联合会
科技大学
承 办：画展博物馆
美术家协会
油画学会
协 办：文岭汽车销售服务有限公司

图 14-65 设计完成的展架画面

视觉春秋
名师油画作品
展

图 14-66 制作的展架效果

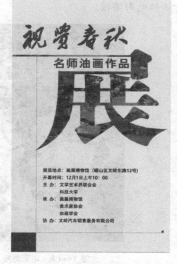

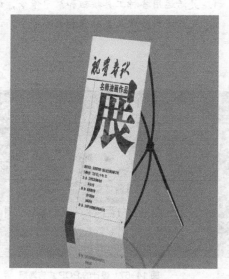

**【步骤解析】**

1. 新建一个【宽度】为"12厘米"，【高度】为"20厘米"，【分辨率】为"120像素/英寸"，【颜色模式】为"RGB颜色"，【背景内容】为"白色"的文件，然后为"背景"层填充上黄灰色（R:255,G:235,B:210）。

### 要点提示

*在实际的做图过程中，读者一定要按照要求的尺寸创建文件大小，此处只是用于练习，为了提高电脑的运行速度，所以创建了小尺寸的文件。*

2. 将前景色设置为深红色（R:160,G:35,B:45），然后利用【横排文字】工具 T 输入"展"字。

3. 将"展"文字栅格化并对字形进行修改，然后利用剪贴蒙版制作图案字效果，再依次输入其他文字，即可完成展架画面的设计。

4. 最后利用【自由变换】命令将画面制作为实体效果。

# 14.6 小结

本章主要讲解了海报设计，包括海报设计基础理论知识以及POP海报、易拉宝和招贴广告案例设计。海报设计必须有相当的号召力与艺术感染力，要调动形象、色彩、构图、形式感等因素形成强烈的视觉效果。它的画面应有较强的视觉中心，应力求新颖、单纯，还必须具有独特的艺术风格和设计特点。因此希望读者一定要认真去学习，以便在实际工作过程中灵活运用。

# 14.7 习题

1. 灵活运用各种工具按钮和菜单命令，设计出图14-67所示的商场海报。
2. 灵活运用各种工具按钮和菜单命令，设计出图14-68所示的电影海报。

图14-67 设计的POP广告海报

图14-68 电影海报

# Chapter
# 15

## 第15章
## 包装设计

包装装潢设计是对商品及其容器的艺术设计。在进行包装装潢设计时，要根据不同的产品特性和不同的消费群体需求，分别采取不同的艺术处理和相应的印刷制作技术，其目的是向消费者传递准确的商品信息，树立良好的企业形象，同时对商品起到保护、美化、宣传和提高商品在同类产品中的销售竞争力的作用。优秀的包装设计一般都具有科学性、经济性、艺术性、实用性及民族特色等特点。

### 学习目标

- 掌握包装设计的基础知识。
- 了解包装的分类和设计流程。
- 掌握包装袋的设计方法。
- 掌握制作立体包装盒的方法。
- 掌握书籍装帧的设计方法。
- 掌握塑料袋包装的设计方法。
- 通过本章的学习，掌握图15-1所示包装形式的设计与制作方法。

图15-1  各种包装效果

## 15.1 包装设计的基础知识

在学习包装设计之前，首先要了解关于包装设计的基础知识，包括包装概述、包装分类、包装设计的功能等。

### 15.1.1 包装概述

任何商品都离不开包装，包装是现代生活中不可缺少的重要组成部分。走进商场，五花八门的包装形式尽入眼底，这也对包装设计者提出了更高的要求。

每个国家对包装的定义都有简洁明了的规范条文，如英国为"包装是为货物的运输和销售所做的艺术、科学和技术上的准备工作"。美国为"包装是为商品的运出和销售所做的准备行为"。加拿大为"包装是将商品由供应者送达顾客或消费者手中而能保持商品完好状态的工具"。而我国对包装下的定义是，为在流通过程中保护商品，方便储运，促进销售，按一定技术方法而采用的容器、材料及辅助物等的总称。

在人们的生活消费中，约有六成以上的消费者是根据商品的包装来选择购买商品的。由此可见，有商品的"第一印象"之称的包装，在市场销售中发挥的作用越来越重要。

随着市场竞争日益激烈，包装对一个企业而言，已经不再是为包装而包装了，而是含有了其实现商业目的、使商品增值的一系列经济活动。在包装设计运作之前，首先应完成一系列的市场调查，对消费对象进行心理分析，完成对整个商品的企划及投资分析，旨在通过包装去树立企业品牌，促进商品的销售和在同类商品中的竞争优势，增加商品的附加值。这种包装前的市场调查是一种前包装意识上的理念，它将会指导包装设计的整个过程，避免包装设计中的随意性，避免企业盲目的经济上的投资。包装从设计、印刷、制作到成品包装完成，称之为有形的功能包装。包装之后的商品不但需要尽快地投入到市场中，而且通过大量的商业活动去宣传商品，也是实现包装理念的重要环节。其宣传包括各类广告媒体、营销、服务、信息、网络等商业活动手段，整个包装之后的宣传称之为商品的后包装。因此，一个完整的包装概念由商品的前包装、功能包装和商品的后包装 3 个过程组成，任何一个环节动作的好坏都是决定包装成败的关键。

因此，目前市场上的包装不再是原有单一的功能包装，而是包含有科技、文化、艺术和社会心理、生态价值等多种因素的一个"包装系统工程"，更是一种科学的、现代的、商品经济意识的理念。

### 15.1.2 包装的分类

商品种类繁多，形态各异，包装也就各有特色。依据不同的标准，将包装分类介绍如下。

#### 1. 按商品内容分类

商品的种类繁多，一般可分为食品、烟酒、化妆品、医药、文体、工艺品、化学品、五金家电、纺织品等。

#### 2. 按包装容器形状分类

包装容器的形状各异，一般可分为箱、袋、包、桶、筐、捆、罐、缸、瓶等。

#### 3. 按包装大小分类

按包装大小可分为个包装、中包装和大包装 3 种。个包装也称内包装或小包装，它与商品直接接触，也是商品走向市场的第一道保护层。个包装一般陈列在商场或超市的货架上，因此在设计时，要突出体现商品的特性以吸引消者。中包装主要是为了增强对商品的保护、便于厂家统计数量而对商品进行的组装或套装，比如一箱啤酒是 12 瓶、一捆是 9 瓶、一条香烟是 10 包等。大包装也称外包装或运输包装，它的主要作用也是增加商品在运输中的安全，且便于装卸与统计数量。大包装在设计时相对较简单，一般是标明商品的型号、规格、尺寸、颜色、数量、出厂日期等，再加上一些特殊视觉符号，比如"小心轻放""防潮""防火""易碎""有毒"等。

#### 4．按包装材料分类

不同的商品，它的运输方式与展示效果不同，所以使用材料也不同，最为常见的有纸制包装、木制品包装、金属制品包装、玻璃制品包装、塑料制品包装、陶瓷制品包装、棉麻和布制品包装等。

### 15.1.3　包装设计的功能

下面来介绍一下包装设计的功能。

#### 1．保护功能

包装不仅要防止商品在运输过程中的物理性损坏，如防冲击、防震动、耐压等，还要考虑各种化学性及其他方式的损坏，如一般选择深绿色或深褐色的啤酒瓶来保护啤酒少受光线的照射，使其不易变质。其他一些复合膜材料的包装可以在防潮、防光线辐射等方面起到保护商品不变质的作用。包装不仅要起到防止由外到内的商品损伤，也要防止商品本身由内到外产生的破坏，如化学品的包装如果达不到要求而发生渗漏，就会对环境造成破坏。

不同的商品对包装的保护时间也是有不同要求的，如红酒的包装就要求提供长时间不变质的保护作用，而即食即用商品的包装则可以运用简单的方式设计制作，但也要考虑使用后容易处理的目的。

#### 2．方便功能

方便功能是指便于商品运输与装卸，便于保管与储藏，便于携带与使用，便于回收与废弃处理。同时，要考虑科学的时间方便性，来为消费者节约时间，如易开包装等；考虑空间的方便性，包装的空间大小对降低商品流通费用至关重要，如对于周转较快的超市来说，是十分重视货架利用率的，因而更加讲究包装的空间方便性；省力也是不容忽视的设计内容，按照人体工程学原理，结合实践经验设计的合理包装，能够节省人的体力消耗，给人一种现代生活的享乐感。

#### 3．促销功能

促销功能是商品包装设计最主要的功能之一。在商场内，不同厂家的同类商品种类繁多，使消费者眼花缭乱，为了在货架上突显自己的商品，就要依靠产品的包装展现自己的特色，所以设计者在设计包装时必须要在精巧的造型、醒目的商标、得体的文字和明快的色彩等艺术语言方面多下工夫。

### 15.1.4　包装设计的流程

包装设计的目的是解决企业在市场营销方面的问题，也就是推销商品与宣传企业形象。要解决这方面的问题，就要有科学的营销策略和实施步骤，包装设计的一般流程如图 15-2 所示。

对于初学包装设计的人员来说，必须了解包装设计的整个流程，因为这是包装设计的基础。在包装设计的各个阶段中，市场调研与设计定位起着非常重要的作用，它们是完成一个成功包装设计的前提。市场调研是包装设计的前提，如果离开了市场调研，所有设计的结果只能是纸上谈兵，商品进入商场之后就不能满足市场的需要。所以，市场调研是包装设计最重要的一个环节。

在市场调研的基础上，为了保证创意方案的实施，设计公司都会根据设计项目组成设计小组，由创意总监负责设计方案的汇总和协调各种关系，并组织人员对包装宣传的内容和结构进行设计方案的研讨，并对商品竞争对手进行研究，做到知己知彼，从而发挥创意的最佳设计优势，提高设计效率。

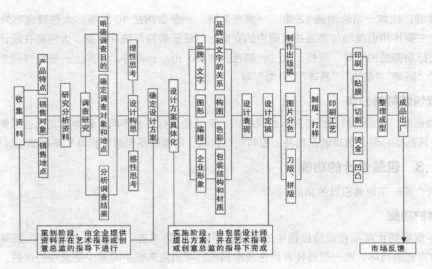

图 15-2 包装设计的一般流程图

创意设计阶段要求设计人员尽可能多地准备几套方案，前期一般以草稿的形式表现，但要求尽可能准确地表现出包装的结构特征、文字和图片的编排方式、造型特征、材质的运用等，经过设计小组讨论后，确定创意方案并安排具体的实施方式。

## 15.1.5　包装设计的基本原则

包装设计一定要遵循基本设计原则，即醒目、易理解、易产生好感3个原则。

### 一、醒目

包装首先要醒目，要能引起消费者的注意，在商场内只有引起消费者注意的商品才有被购买的可能。因此，在设计包装时要在新颖别致的造型、鲜艳夺目的色彩、美观精巧的图案、不同特点的材质上下工夫。

### 二、易理解

优秀的包装不仅要能通过造型、色彩、图案或材质等引起消费者对商品的注意，还要能使消费者通过包装来认识和理解包装内的商品。因为消费者的购买目的并不是包装，而是包装内的商品，所以用什么样的形式可以准确、真实地传达包装的实物，就是设计者必须要考虑的因素。对于需要突出商品形象的，可以采用全透明包装、在包装容器上开窗展示、绘制商品图形、做简洁的文字说明及印刷彩色的商品图片等方式。

准确地传达商品信息，也要求包装的档次与商品的档次相适应，掩盖或夸大商品的质量、功能等都是失败的包装。如名贵的人参，若用布袋、纸箱包装，消费者就很难通过包装去识别其高档性。

而类似儿童小食品包装，则应使其色彩醒目、图案华丽，这样才能对儿童产生更大的诱惑力，尽管很多袋内食品的价值与售价不成正比，但类似的包装迎合了儿童心理。

### 三、易产生好感

商品给消费者的好感一般来自两个方面。一是实用方面，即包装本身能给消费者带来多大实用上的方便，如给商品的运输、携带、使用等提供方便，这要在包装的大小、多少、精美等方面考虑。比如同样的化妆品，可以是大瓶装，也可以是小盒装，消费者可以根据自己的习惯选择。当商品的包装给消费者提供了方便时，自然会给消费者留下好感。

另一方面的好感来自消费者对包装的造型、色彩、图案、材质等的感觉，因为消费者对商品的第一感觉起着极为重要的作用。

# 15.2 手提袋设计

手提袋是较为廉价的容器，用于盛放物品，因为其可以用手提方式携带而得名。制作材料有纸张、塑料和无纺布等。手提袋可以分为广告性手提袋、购物手提袋和礼品性手提袋。

### 一、广告性手提袋

广告性手提袋设计是通过视觉传达设计的，注重广告的推广发展，通过图形的创意、符号的识别、文字的说明及印刷色彩的刺激，引发消费者的注意力，从而产生亲切感，促进产品的销售。广告性手提袋设计占据了手提袋市场很大部分，广告性手提袋还分为购物手提袋、促销手提袋、品牌手提袋、VI 计划推广手提袋。

### 二、购物手提袋

购物手提袋是为超市和商场等场所设计的。超市、商场等为了方便消费者购物，并联结与消费者的感情而设计出专用手提袋。这类手提袋印刷多采用塑料材质，它较之其他手提袋，结构、材质都比较坚实，更能容纳较多的物品。购物手提袋上的视觉要素，主要是购物场所特定的宣传标识，以突出超市、商场的形象，传达购物场所的信息。

### 三、礼品性手提袋

礼品性手提袋是为了提高礼品的价值，携带方便而设计的手提袋形式。礼品性手提袋设计造型比较精致，且图形华丽、美观。

## 15.2.1 设计手提袋画面

设计的手提袋画面效果如图 15-3 所示。

【操作步骤】

STEP 1 新建【宽度】为"12 厘米"、【高度】为"10 厘米"、【分辨率】为"300 像素 / 英寸"、【背景内容】为"白色"的文件。

STEP 2 将前景色设置为粉色（R:250,G:228,B:237），然后将其填充至背景层中。

STEP 3 打开附盘中"图库 \ 第 15 章"目录下名为"花纹 .psd"的文件，然后将其移动复制到新建的文件中生成"图层 1"。

STEP 4 将"图层 1"的图层混合模式设置为【变暗】，然后执行【编辑】/【变换】/【水平翻转】命令，将图像在水平方向上翻转，再利用【自由变换】命令将其调整至图 15-4 所示的大小及位置。

STEP 5 按 Enter 键确认图像的大小调整，然后单击 按钮，为其添加图层蒙版。

STEP 6 选择 工具，设置合适的笔头大小后，在花纹图像的右上角位置拖曳鼠标描绘黑色，将最上方的残缺花朵隐藏，效果及【图层】面板如图 15-5 所示。

STEP 7 在【图层】面板中将"图层 1"，复制为"图层 1 副本"，然后依次执行【编辑】/【变换】/【水平翻转】命令和【编辑】/【变换】/【垂直翻转】命令，将复制出的图形翻转，并调整至画面的左上角位置，如图 15-6 所示。

图 15-3 设计的手提袋画面效果

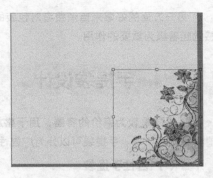

图 15-4 花纹图像调整的大小及位置

图 15-5 隐藏上方残缺花朵后的效果

图 15-6 复制图形调整后的位置

**STEP** 8 用第 5.3.3 节讲解的添加参考线的方法，在画面中依次添加图 15-7 所示的参考线。

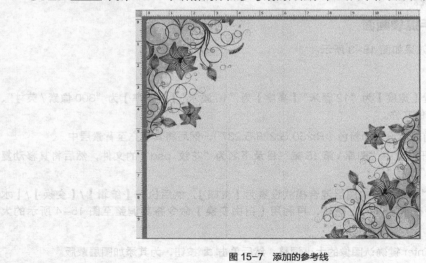

图 15-7 添加的参考线

**STEP** 9 选择 工具，将鼠标光标移动到画面的中心位置，然后按住 Alt+Shift 组合键，并拖曳鼠标光标，以画面的中心点为圆心，绘制出图 15-8 所示的圆形选区。

**STEP** 10 新建"图层 2"，然后为选区填充深红色（R:164,B:93）。

**STEP** 11 执行【选择】/【变换选区】命令，为选区添加自由变换框，然后激活属性栏中的 按钮，并将【W】的参数设置为"90%"，以中心为参考点等比例缩小后的圆形选区如图 15-9 所示。

图 15-8 绘制的圆形选区

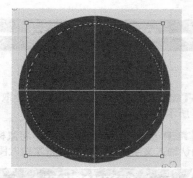

图 15-9 缩小后的选区

**STEP** ⏎**12** 按 Enter 键，确认选区的大小调整，然后新建"图层 3"，并执行【编辑】/【描边】命令，在弹出的【描边】对话框中设置各项参数如图 15-10 所示，其中【颜色】为白色。

**STEP** ⏎**13** 单击 [ 确定 ] 按钮，沿选区向其内部描绘边缘，取消选区后的效果如图 15-11 所示。

图 15-10 【描边】对话框参数设置

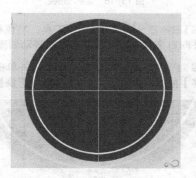

图 15-11 描边后的效果

**STEP** ⏎**14** 利用 T 工具在圆形中输入图 15-12 所示的白色文字，然后新建"图层 4"，并利用 工具，绘制出图 15-13 所示的白色直线。

图 15-12 输入的文字

图 15-13 绘制的直线

**STEP** ⏎**15** 按 Ctrl+D 组合键取消选择，然后继续利用 T 工具输入图 15-14 所示的 "FENFANGMEI" 字母。

**STEP** ⏎**16** 利用 工具，根据输入的字母绘制矩形选区，然后将"图层 4"设置为工作层，并按 Delete 键，将选区内的直线删除，如图 15-15 所示。

图 15-14　输入的字母

图 15-15　删除线形后的效果

**STEP 17** 按 Ctrl+D 组合键取消选择，然后利用 和 工具在圆形的下方，绘制出图 15-16 所示的路径。

**STEP 18** 选择 工具，将鼠标光标移动到路径的左侧位置，当鼠标光标显示为 形状时单击，确认输入文字的起点，然后依次输入图 15-17 所示的英文字母。

图 15-16　绘制的路径

图 15-17　输入的英文字母

**STEP 19** 选择 工具，将鼠标光标移动到字母的左侧位置，当鼠标光标显示为 形状时，按下并向右拖曳，将字母的起始点移动到图 15-18 所示的位置。

**STEP 20** 选择 工具，并单击属性栏中的 按钮，在弹出的【字符】面板中，将【设置基线偏移】的参数设置为"4.7 点"，字符调整后的效果如图 15-19 所示。

图 15-18　调整输入点时的状态

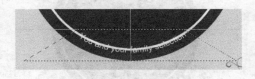

图 15-19　调整基线偏移后的效果

**STEP 21** 按 Ctrl+R 组合键，将标尺调出，然后根据输入字母的位置添加图 15-20 所示的参考线。

**STEP 22** 选择 工具，根据添加的参考线绘制出图 15-21 所示的选区。

图 15-20　添加的参考线

图 15-21　绘制的选区

**STEP 23** 将"图层 3"设置为工作层，然后按 Delete 键删除。

**STEP 24** 按 Ctrl+D 组合键取消选择，即可完成手提袋画面的制作。

**STEP 25** 按 Ctrl+S 组合键，将此文件命名为"手提袋平面图 .psd"保存。

## 15.2.2　制作手提袋的立体效果

制作的手提袋立体效果如图 15-22 所示。

**【操作步骤】**

**STEP 1** 新建【宽度】为"14 厘米"、【高度】为"11 厘米"、【分辨率】为"300 像素 / 英寸"、【背景内容】为"白色"的文件。

**STEP 2** 选择 工具，并激活属性栏中的 按钮，然后为背景层填充由浅灰色（R:222,G:222,B:222）到深灰色（R:79,G:78,B:78）的径向渐变色，如图 15-23 所示。

图 15-22　制作的手提袋效果

图 15-23　填充的径向渐变色

**STEP 3** 将上一节设计的"手提袋平面图 .psd"文件设置为工作状态，然后按 Ctrl+Alt+Shift+E 组合键，将所有图层复制并合并为一个新层。

**STEP 4** 将合并后的图层移动复制到新建的文件中生成"图层 1"，然后利用【自由变换】命令将其调整至图 15-24 所示的透视形态。

**STEP 5** 执行【图层】/【图层样式】/【渐变叠加】命令，在弹出的【图层样式】对话框中设置各项参数如图 15-25 所示。

图 15-24　调整后的形态

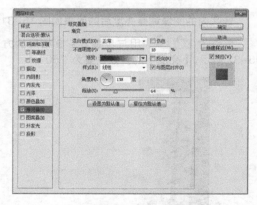

图 15-25　【图层样式】对话框参数设置

**STEP 6** 单击 确定 按钮，为图形添加【渐变叠加】样式，使其显示出不同的明暗关系，如图 15-26 所示。

**STEP 7** 新建"图层 2"，利用 工具绘制出图 15-27 所示的粉色（R:205,G:165,B:192）图形。

**STEP 8** 利用 工具绘制出图 15-28 所示的选区，然后按住 Ctrl+Alt+Shift 组合键，单击【图层】面板中"图层 2"的图层缩览图，生成的选区形态如图 15-29 所示。

图 15-26　渐变叠加后的效果

图 15-27　绘制的图形

**STEP 9** 单击【图层】面板底部的 ◎.按钮，在弹出的菜单命令中选择【亮度 / 对比度】命令，然后在弹出的【亮度 / 对比度】面板中设置各项参数如图 15-30 所示。

图 15-28　绘制的选区

图 15-29　生成的新选区

图 15-30　【亮度 / 对比度】参数设置

选区内的图像调整亮度后的效果如图 15-31 所示。

**STEP 10** 用与步骤 8 ~ 9 相同的方法，选择下方的三角形区域，并将其调暗，效果如图 15-32 所示，【亮度】的参数设置为 "50"。

图 15-31　调暗后的效果

图 15-32　调整出的侧面图形

**STEP 11** 按 Ctrl+D 组合键取消选择，然后利用 ✐ 和 ↖ 工具绘制出图 15-33 所示的路径。
**STEP 12** 选择 ✐ 工具，并激活属性栏中的 ▣ 按钮，然后在弹出的【画笔】面板中设置笔头各项参数如图 15-34 所示。

图 15-33　绘制的路径

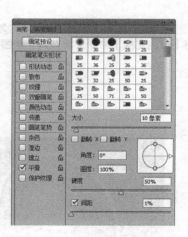

图 15-34　【画笔】面板

**STEP　13** 新建"图层 3"，将前景色设置为白色，然后单击【路径】面板下方的 ⊙ 按钮，描绘路径，效果如图 15-35 所示。

**STEP　14** 按 Ctrl+T 组合键，为线形添加自由变换框，并将其调整至图 15-36 所示的形态。

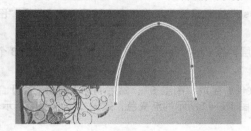

图 15-35　描绘后的效果

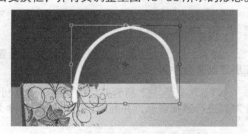

图 15-36　调整后的形态

**STEP　15** 按 Enter 键，确认线形的调整，然后为其添加【斜面和浮雕】样式，各项参数设置如图 15-37 所示，效果如图 15-38 所示。

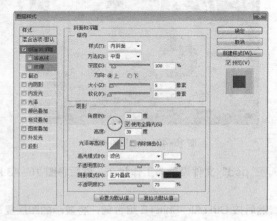

图 15-37　设置的选项参数

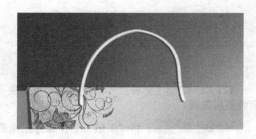

图 15-38　添加样式后的效果

**STEP　16** 新建"图层 4"，并将其调整至"图层 3"的下面，然后利用 ⊙ 工具依次绘制出图 15-39 所示的黑色圆形，作为手提袋的穿绳孔。

**STEP** 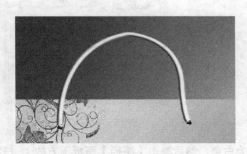 17 将"图层3"复制为"图层3副本"层，然后将其调整至"图层1"的下面，并利用【自由变换】命令，将其调整至图15-40所示的形态及位置。

图 15-39 绘制的黑色图形

图 15-40 制作的手提袋效果

接下来，我们再来制作另一种形式的手提袋。

**STEP** 18 将上一节设计的"手提袋平面图.psd"文件设置为工作状态，然后将除"背景""图层1"和"图层1副本"的图层隐藏。

**STEP** 19 将"图层1副本"层设置为工作层，按 Ctrl+Alt+Shift+E 组合键，将显示的3个图层复制并合并为一个新层。

**STEP** 20 将合并后的图层移动复制到新建文件中生成"图层5"，然后利用【自由变换】命令对其进行透视变形，并利用【渐变叠加】命令为其添加图15-41所示的渐变色，效果如图15-42所示。

图 15-41 叠加的渐变色

图 15-42 调整后的效果

**STEP** 21 将上一节设计的"手提袋平面图.psd"文件设置为工作状态，然后将图15-43所示的图层隐藏。

**STEP** 22 将"图层2"设置为工作层，然后按 Ctrl+Alt+Shift+E 组合键，将显示的图层复制并合并为一个新层。

**STEP** 23 将合并后的图层移动复制到新建文件中生成"图层6"，然后利用【自由变换】命令将其调整至图15-44所示的效果。

图 15-43 隐藏的图层

图 15-44 调整后的效果

**STEP 24** 用与步骤 7 ~ 10 相同的方法，为手提袋制作出图 15-45 所示的侧面图形。

**STEP 25** 在【图层】面板中，将"图层 3""图层 4"和"图层 3 副本"层同时选择并复制，然后将生成的"图层 3 副本 2"层和"图层 4 副本"层调整至"图层 6"的上方，生成的"图层 3 副本 3"层调整至"图层 5"的下方，如图 15-46 所示。

图 15-45 制作的侧面图形

图 15-46 复制出的图层

**STEP 26** 分别选择复制出的图层，利用【自由变换】命令，依次调整至图 15-47 所示的效果。至此，手提袋的立体效果制作完成，下面来制作其阴影和倒影效果。

**STEP 27** 新建"图层 7"，并将其调整至"图层 1"的下面，然后利用 工具绘制选区并为其填充黑色，如图 15-48 所示。

**STEP 28** 按 Ctrl+D 组合键取消选择，然后执行【滤镜】/【模糊】/【高斯模糊】命令，在弹出的【高斯模糊】对话框中将【半径】选项的参数设置为"10 像素"。

**STEP 29** 单击 确定 按钮，将黑色图形模糊处理，然后在【图层】面板中，将其【不透明度】的参数设置为"70%"，生成的投影效果如图 15-49 所示。

**STEP 30** 新建"图层 8"，然后用与步骤 27 ~ 29 相同的方法，为另一手提袋图形制作投影效果，如图 15-50 所示。

图 15-47　调整后的效果

图 15-48　绘制的图形

图 15-49　制作的投影效果

图 15-50　制作的投影效果

**STEP 31** 将"图层 1"复制为"图层 1 副本"层，然后执行【编辑】/【变换】/【垂直翻转】命令，将复制出的图形在垂直方向上翻转，再利用【自由变换】命令调整至图 15-51 所示的效果，即将复制出的图形的上边缘与原图形的下边缘对齐。

**STEP 32** 将"图层 1 副本"层的【不透明度】参数设置为"20%"，然后为其添加图层蒙版，并利用 工具编辑蒙版，制作出图 15-52 所示的倒影效果。

图 15-51　调整后的效果

图 15-52　制作的倒影效果

**STEP** **33** 在【图层】面板中将图 15-53 所示的图层选择，然后按 Ctrl+Alt+E 组合键，将选择的图层复制并合并。

**STEP** **34** 用与步骤 31 ~ 32 相同的制作倒影的方法，制作出侧面图形的倒影效果，如图 15-54 所示。

图 15-53　选择的图层

图 15-54　制作的倒影效果

**STEP** **35** 用与以上制作倒影效果相同的方法，为另一手提袋制作倒影效果。

**STEP** **36** 按 Ctrl+S 组合键，将此文件命名为"手提袋立体效果 .psd"保存。

## 15.3　课堂实训——"怡和春"茶叶包装设计

"怡和春"茶叶包装平面展开图如图 15-55 所示，立体效果图如图 15-56 所示。

图 15-55　制作的平面展开图

图 15-56　设计的茶叶包装盒

【步骤解析】

1. 新建一个【宽度】为"46 厘米"，【高度】为"40 厘米"，【分辨率】为"100 像素 / 英寸"的白色文件，然后为"背景"层填充上深绿色（R:16,G:79,B:33）。

2. 按 Ctrl+R 组合键，将标尺显示在图像窗口中，然后执行【视图】/【新建参考线】命令，依次在图像窗口中添加参考线。

 **要点提示**

添加参考线的水平位置分别为"5厘米"和"35厘米"处；垂直位置分别为"5厘米"和"41厘米"处。在画面中添加参考线后，选择【移动】工具，将鼠标光标放置在参考线上，当鼠标光标显示为双向箭头图标时，按下鼠标左键拖曳，可移动参考线的位置，当将鼠标光标拖曳到画面之外时，参考线会被删除。

3. 根据添加的参考线依次绘制图形，并导入相关素材图片，再输入文字，即可完成茶叶包装的平面展开图。

4. 利用【自由变换】命令，在平面展开图的基础上制作出包装盒的立体效果。

# 15.4 小结

本章讲解了有关包装设计的内容，其中，理论知识介绍得比较详细，希望读者能够认真阅读和体会。本章通过对手提袋及茶叶等包装设计的讲解，强调了包装首先要制作平面展开图，然后再制作立体效果图。在制作立体效果时，要注意【自由变换】命令的使用，此命令在实际工作中经常用到，希望读者能将其掌握。另外，在制作各立体图形的侧面时，需要注意调整层的灵活运用，掌握对立体造型高光及阴影区域进行设置的方法。同时，需要读者深刻理解物体在光源的照射下所体现出来的不同明暗区域，只有这样才能够绘制出更加逼真的立体效果来。

# 15.5 习题

1. 灵活运用图像的变形操作命令进行书籍装帧设计，效果如图 15-57 所示。
2. 综合运用各种工具及菜单命令，设计出图 15-58 所示的食品塑料袋包装。

图 15-57　书籍装帧效果　　　　　　　　　　　图 15-58　设计的食品塑料袋包装

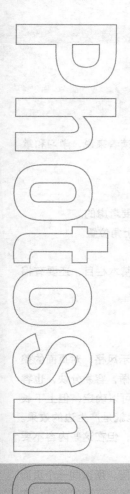

Chapter

# 16

## 第16章
## 网站版式设计

随着电子信息技术的发展，网络已经进入千家万户，登录网站后看到最多的可能就是各种花样的广告了，所以众多商家都乐于通过网络这一快速有效的媒体来宣传企业形象或商品。

网站主页设计的好坏是一个网站设计成功与否的关键。人们往往看到主页时，就能对所浏览的站点有一个整体的感觉，可以说，是否能够吸引浏览者留在站点上继续查看，就全凭网站主页了。

### 学习目标

- 了解网站设计的基本知识。
- 掌握网站主页设计包含的内容。
- 了解图像的优化与输出。
- 通过本章的学习，掌握图16-1所示网站的设计。

图16-1　设计的美食网站

# 16.1 网站设计基本知识

一个漂亮的网页离不开美工的精心策划设计，而对于没有一定美术设计功底的读者来说，学习和掌握一些网页美工设计基础知识是非常有必要的。

## 16.1.1 主页设计包含的内容

在主页设计中，有一些要素内容基本是相同的，这些内容是设计一个网站必须要考虑的。

（1）网页的每一个页面中要都包含一个 Logo 标志，一般放置在页面顶部的左上角位置。

（2）Logo 标志旁边放置简短易记，且能够体现企业形象或宣传内容的广告语。

（3）要有"网站名称""关于我们""友情链接""主菜单""新闻""搜索"等基本栏目，还要有相关的业务信息等内容。

（4）每个页面的底部都要包含"版权声明"。

## 16.1.2 如何设计主页的版面

着手设计主页的版面时，必须要根据企业的特点掌握企业要展现的内容以及展示风格，对页面的整体先进行分块。对于设计一般的广告版面或杂志来说，因为都有边界，也就有边可循，容易分块，也容易安排构图，但对于 Web 的页面，边的概念被淡化了，在电脑屏幕上，左右边界可以确定，但上下长度可以超出显示范围。所以在设计网页的版面时，分块是非常有必要的，其目的也就是产生边的效果。在编排分块时，可以采用不同颜色或明度的色块、线框、细线、排列整齐的文字等，但在这些内容不要过于醒目，否则会喧宾夺主，因为页面的重点是内容。

版面指的是浏览器看到的一个完整的页面。因为每个人的显示器分辨率设置不同，所以同一个页面的大小可能出现 640 像素 ×480 像素、800 像素 ×600 像素、1024 像素 ×768 像素等不同的尺寸，在设计时主页可以针对不同分辨率的浏览器进行版面尺寸的建立。

## 16.1.3 网页的色彩搭配

在开始设计网页之前，版面的分块固然重要，但色彩搭配是否合理也是一个网页设计成功与否的关键。针对网页设计而言，在色彩的搭配上有几点是设计者必须要考虑和遵循的。

（1）色彩的平衡。色彩在页面中可以形成多种视觉效果，强烈的色彩对比，可以突出页面的主题；唯美的调和色彩，可以使表达的主题意蕴更加深厚。在一个网页中，一般情况下，页面上方的颜色宜采用深色调，厚重的颜色才能压住下面的颜色，如果采用亮颜色，容易使设计的页面显得不稳重，下面的文字内容和图片有轻飘飘的感觉。因此，要使设计出的整个页面有平衡感，必须要有不同面积、不同位置和不同明暗的颜色搭配。

（2）色彩的呼应。如果将一种比较突兀的色彩放在页面中，无论是突出重点也好，还是强调 Logo 图标也好，都会给整个页面带来副作用。因此，在页面中的不同位置必须要有与该颜色相同色系的色彩，起到遥相呼应，弱化某一颜色的作用。

（3）整体色调的把握。色调的整体就是浏览者看到网页的第一印象，是蓝色、红色还是绿色等，所以在开始设计一个网页之前确定好整体色调是非常重要的。整体色调确定好了，背景色、分块色、图片颜色等基本要素都要向整体色调上靠，可以把同一色系分成不同的明度来运用。

## 16.1.4 字体的设置

字体的设置也是网页设计的重点，在设计网页时下面几条基本原则可供参考。

（1）不要使用 3 种以上的字体，字体太多会显得杂乱，没有主题。

（2）不要用太大的字，因为版面是宝贵、有限的，粗陋、笨拙的大字体不能带给访问者更多信息。

（3）不要使用太多的不停闪烁的动态文字，否则会引起访问者视觉疲劳，也有可能会认为是垃圾广告。

（4）一般标题的字号要比正文字号略大些，颜色也应有所区别。

## 16.2 "美尔乐"食品网站主页设计

本节以"美尔乐"食品网站主页为例来学习网站美工设计的方法和流程，案例效果如图 16-1 所示。

【操作步骤】

**STEP 1** 新建一个【宽度】为"35 厘米"，【高度】为"25 厘米"，【分辨率】为"120 像素 /英寸"的白色文件。

**STEP 2** 利用【渐变】工具为"背景"层自下向上填充由灰色（R:200,G:200,B:200）到白色的线性渐变色，效果如图 16-2 所示。

**STEP 3** 利用【钢笔】工具和【转换点】工具绘制出图 16-3 所示的路径。

图 16-2　填充的渐变色

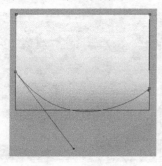

图 16-3　绘制的路径

**STEP 4** 按 Ctrl+Enter 键将路径转换为选区，新建"图层 1"并为选区填充白色，效果如图 16-4 所示。

**STEP 5** 利用【钢笔】工具和【转换点】工具绘制出图 16-5 所示的路径。

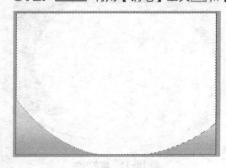

图 16-4　填充白色后的效果

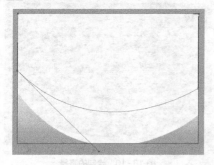

图 16-5　绘制的路径

**STEP 6** 将路径转换为选区，新建"图层 2"，然后利用【渐变】工具为选区自左向右填充由深黄色（R:248,G:181）到橘红色（R:248,G:118）的线性渐变色，效果如图 16-6 所示。

STEP **7** 利用【钢笔】工具 ✍ 和【转换点】工具 ⌐ 绘制出图 16-7 所示的路径。

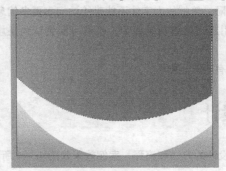

图 16-6　设置的渐变颜色

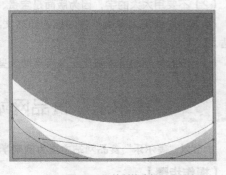

图 16-7　绘制的路径

STEP **8** 将路径转换为选区，新建"图层 3"，然后利用【渐变】工具 ■ 为选区自左向右填充由橘红色（R:242,G:114,B:52）到红色（R:242,G:65,B:52）的线性渐变色，效果如图 16-8 所示。

STEP **9** 选择【套索】工具 ⌐，设置属性栏中【羽化】选项的参数为"80 像素"，然后在画面的左上角位置绘制选区，并在新建的"图层 4"中为选区填充白色，效果如图 16-9 所示。

图 16-8　填充的渐变颜色

图 16-9　绘制的选区并填充的白色

STEP **10** 利用【钢笔】工具 ✍ 和【转换点】工具 ⌐，绘制出图 16-10 所示的路径。

STEP **11** 将路径转换为选区，新建"图层 5"并填充白色，效果如图 16-11 所示。

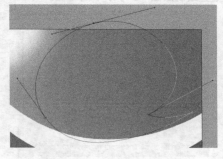

图 16-10　绘制的路径

图 16-11　填充白色

STEP **12** 复制"图层 5"为"图层 5 副本"层，单击左上角的 ▣ 按钮，锁定"图层 5 副本"层的透明像素，然后为图形填充褐色（R:210:108,B:20），效果如图 16-12 所示。

**STEP** 🔽**13**  执行【图层】/【排列】/【后移一层】命令，将"图层 5 副本"层调整到"图层 5"的下面。

**STEP** 🔽**14**  执行【编辑】/【自由变换】命令，给图形添加自由变换框，按住 Ctrl 键将图形调整成图 16-13 所示的形态。

图 16-12　填充颜色效果

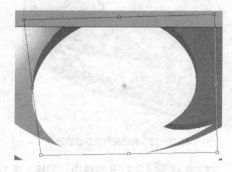

图 16-13　调整图形

**STEP** 🔽**15**  复制"图层 5"为"图层 5 副本 2"层，按住 Ctrl 键单击复制图层的图层缩览图，给图形添加选区，然后为图形填充绿色（R:130,G:190,B:34）到白色的渐变色，如图 16-14 所示。

**STEP** 🔽**16**  利用【自由变换】命令把图形调整成图 16-15 所示的形状。

图 16-14　填充颜色效果

图 16-15　调整后的形状

**STEP** 🔽**17**  利用【钢笔】工具 ✐ 和【转换点】工具 ⌐ 绘制出图 16-16 所示的路径。

**STEP** 🔽**18**  将路径转换为选区，新建"图层 6"并填充褐色（R:210:108,B:20），效果如图 16-17 所示。

图 16-16　绘制的路径

图 16-17　填充颜色效果

**STEP 19** 将"图层6"调整到"图层5副本2"层的下面，画面效果如图16-18所示。

**STEP 20** 将"图层4"设置为工作层，选择【多边形套索】工具，在属性栏中设置【羽化】的参数为"50像素"，绘制选区并填充白色，效果如图16-19所示。

图16-18　调整图层顺序后的效果

图16-19　绘制的选区并填充白色

**STEP 21** 打开附盘中"图库\第16章"目录下名为"水果.jpg"的文件。

**STEP 22** 利用【魔棒】工具将水果图片选择后移动复制到新建文件中，调整大小后放置到图16-20所示的位置。

**STEP 23** 执行【图层】/【创建剪贴蒙版】命令，当前"图层7"和下面的"图层5副本"层成了剪贴蒙版效果，画面效果如图16-21所示。

图16-20　图片放置的位置

图16-21　画面效果

**STEP 24** 打开附盘中"图库\第16章"目录下名为"汉堡.jpg"的文件，将图片移动复制到新建文件中，如图16-22所示。

**STEP 25** 执行【图层】【创建剪贴蒙版】命令，当前"图层8"和下面的图层创建成剪贴蒙版，画面效果如图16-23所示。

图16-22　复制的图片

图16-23　画面效果

**STEP 26** 单击【图层】面板下面的 ▣ 按钮，为"图层 8"添加图层蒙版，然后通过编辑蒙版得到图 16-24 所示的效果。

**STEP 27** 打开附盘中"图库\第 16 章"目录下名为"树叶 .psd"的文件，将图片移动复制到新建文件中，调整大小后放置到画面的左上角位置，如图 16-25 所示。

图 16-24　编辑蒙版后的效果　　　　　　　　　　　　　　　　　　　　图 16-25　树叶位置

**STEP 28** 选择【圆角矩形】工具 ▣ ，在属性栏中选择 路径 选项，并设置【半径】选项的参数为"30 像素"，在画面的左侧绘制出图 16-26 所示的路径。

**STEP 29** 新建"图层 10"，将路径转换为选区，选择【画笔】工具 ✐ ，并将前景色设置为棕色（R:240,G:130,B:17），沿着选区的上边缘描绘出图 16-27 所示的颜色效果，按 Ctrl+D 组合键将选区去除。

**STEP 30** 选择【直线】工具 ✐ ，在属性栏中选择 像素 选项，并设置【粗细】的参数为"3 像素"。

**STEP 31** 将前景色设置为棕色（R:209,G:1080,B:20），在画面中绘制出图 16-28 所示的线。

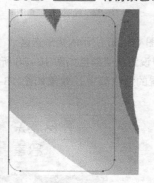

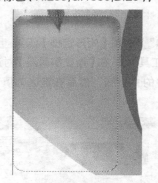

图 16-26　绘制的路径　　　　　　　　图 16-27　绘制的颜色　　　　　　　　图 16-28　绘制的线

**STEP 32** 选择【横排文字】工具 T ，在绘制的线上面依次输入图 16-29 所示的文字。

**STEP 33** 利用【钢笔】工具 ✐ 和【转换点】工具 ⊾ 绘制出图 16-30 所示的路径。

**STEP 34** 新建"图层 12"，将前景色设置为红色（R:255,G:17），选择【画笔】工具 ✐ ，设置画笔大小为"4 像素"，单击【路径】面板底部的 ○ 按钮描边，效果如图 16-31 所示。

**STEP 35** 使用相同的方法，再描绘出另一条红色的线，如图 16-32 所示。

**STEP 36** 新建"图层 13"，在画面的右上角位置利用基本绘图工具分别绘制出图 16-33 所示的圆形、圆角矩形和矩形。圆形分别为黄色（R:255,G:200）和红色（R:255,G:30），圆角矩形为深红色（R:177），矩形分别为白色和灰色（R:214,G:214,B:214）。

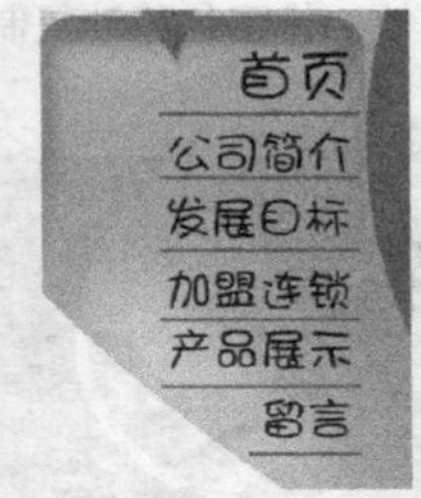

图 16-29　输入的文字

图 16-30　绘制的路径

图 16-31　描绘后的线效果

**STEP 37** 选择【自定形状】工具，并在【自定形状】选项面板中选择名称为“标记 3”的倒三角图形，然后在灰色图形上面绘制一个白色的倒三角形，如图 16-34 所示。

图 16-32　描绘的线

图 16-33　绘制的图形

图 16-34　绘制的倒三角图形

**STEP 38** 新建“图层 14”，利用【矩形选框】工具绘制图 16-35 所示的矩形选区。

**STEP 39** 选择【渐变】工具，在【渐变编辑器】对话框中设置渐变颜色如图 16-36 所示。

**STEP 40** 激活属性栏中的按钮，然后在选区内填充设置的渐变颜色，效果如图 16-37 所示。

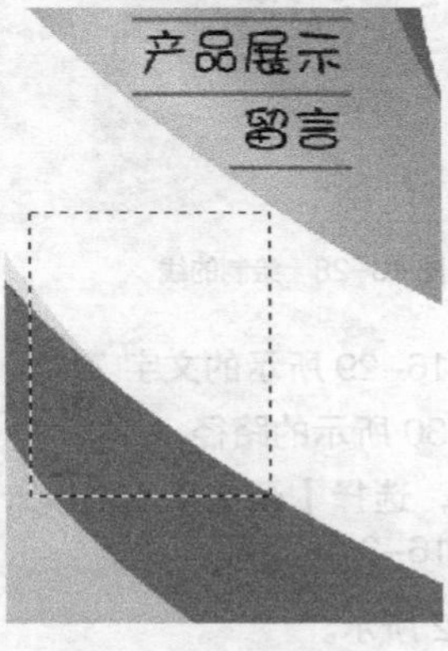

图 16-35　绘制的选区

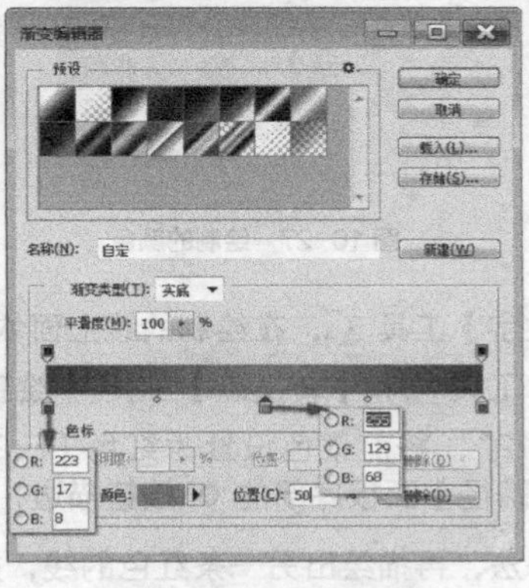

图 16-36　设置渐变颜色

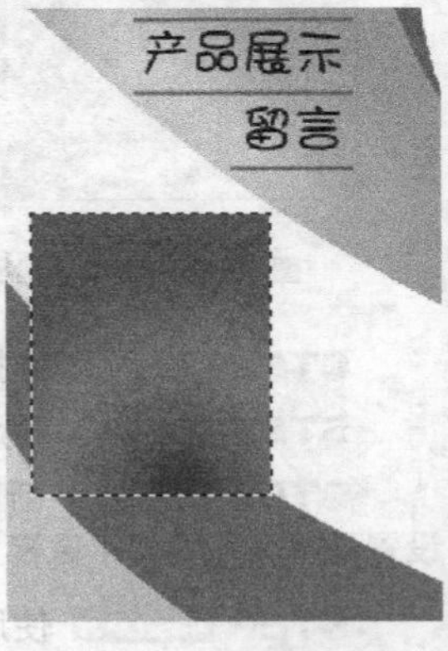

图 16-37　填充的渐变颜色

**STEP 41** 按 Ctrl+D 组合键将选区去除，执行【图层】/【图层样式】/【投影】命令，给图形添加图 16-38 所示的投影效果。

**STEP 42** 分别复制"图层 14"，然后把复制出的图形调整大小后放置到图 16-39 所示的位置。

**STEP 43** 按住 Ctrl 键单击"图层 14"的图层缩览图，给图形添加选区。

**STEP 44** 执行【选择】/【修改】/【收缩】命令，在弹出的【收缩选区】对话框中将【收缩量】参数设置为"10"像素，单击 确定 按钮，收缩后的选区如图 16-40 所示。

图 16-38　添加的投影效果　　　　　　图 16-39　复制出的图形　　　　　　图 16-40　收缩后的选区

**STEP 45** 打开附盘中"图库\第 16 章"目录下名为"沙拉 .jpg""美食 .jpg"和"烤肉 .jpg"的文件，将"沙拉 .jpg"文件设置为工作文件。

**STEP 46** 执行【选择】/【全选】命令，然后执行【编辑】/【拷贝】命令，将图片复制到剪贴板中并关闭该文件。

**STEP 47** 将新建文件设置为工作文件，然后执行【编辑】/【贴入】命令，将复制的图片贴入到选区内，再利用【自由变换】命令将图片调整至图 16-41 所示的大小，并按 Enter 键确认。

**STEP 48** 使用相同的操作方法，分别将"美食 .jpg"和"烤肉 .jpg"图片复制后贴入到其他两个图形内，效果如图 16-42 所示。

图 16-41　调整图片大小　　　　　　　　　　图 16-42　贴入图形内的图片

**STEP 49** 新建"图层 18"，利用【矩形选框】工具 依次绘制出图 16-43 所示的红色（R:255,G:30）图形。

**STEP 50** 将图层锁定透明像素后，利用【渐变】工具 为图形自左向右填充由橘红色（R:255,G:129,B:68）到红色（R:223,G:17,B:8）的线性渐变色，效果如图 16-44 所示。

**STEP 51** 将"图层 18"复制为"图层 18 副本"层，执行【编辑】/【变换】/【水平翻转】命令，然后将翻转后的图形移动到图 16-45 所示的位置。

图 16-43　绘制的图形

图 16-44　填充的渐变色

图 16-45　复制出的图形

**STEP** ↘**52**　新建"图层 19"，选择【圆角矩形】工具，在属性栏中选择选项，并设置【半径】选项的参数为"10 像素"，依次绘制出图 16-46 所示的图形，颜色分别为黄色（R:255,G:225,B:162）、淡黄色（R:243,G:255,B:169）和粉红色（R:255,G:240,B:241）。

**STEP** ↘**53**　利用【图层】/【图层样式】/【投影】命令，为图形添加投影效果，然后新建"图层 20"，再绘制出图 16-47 所示的灰色（R:225,G:225,B:225）圆角矩形。

图 16-46　绘制出的图形

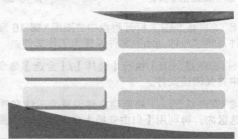
图 16-47　绘制的矩形

**STEP** ↘**54**　新建"图层 21"，利用【矩形选框】工具及【渐变】工具，绘制出图 16-48所示的具有从灰色到黑色的渐变颜色图形。

**STEP** ↘**55**　打开附盘中"图库\第 16 章"目录下名为"水果 01.jpg"的文件，利用【魔棒】工具将水果图片选择后移动复制到新建文件中，调整大小并添加投影效果，如图 16-49 所示。

图 16-48　绘制的图形

图 16-49　图片在画面中的位置

**STEP** ↘**56**　打开附盘中"图库\第 16 章"目录下名为"果汁.jpg"的文件，利用【魔棒】工具将图片选择后移动复制到新建文件中，调整大小后放置到图 16-50 所示位置。

**STEP** ↘**57**　利用【横排文字】工具，依次输入图 16-51 所示的文字。

**STEP** ↘**58**　利用【横排文字】工具，在画面的右上角依次输入图 16-52 所示的文字，在左上角输入图 16-53 所示的文字。

图 16-50　图片在画面中的位置

图 16-51　输入的文字

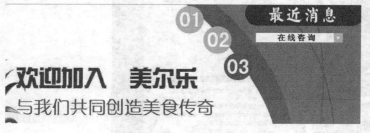

图 16-52　输入的文字

图 16-53　输入的文字

**STEP 59** 利用【横排文字】工具 T 在画面中输入文字内容，即可完成食品网站的设计。整体效果如图 16-54 所示。

图 16-54　最后效果

**STEP 60** 按 Ctrl+S 组合键，将此文件命名为"网站主页 .psd"保存。

## 16.3 课堂实训——设计个人主页

综合运用各种工具和菜单命令设计出图 16–55 所示的个人主页。

图 16-55　设计的个人主页

【步骤解析】

1. 新建一个【宽度】为"1024 像素"、【高度】为"1024 像素"、【分辨率】为"96 像素/英寸"的文件。

 要点提示

由于本例设计的作品最终要应用于网络，因此在设置页面的大小时，新建了【宽度】为"1024"像素（即全屏显示时的宽度）的文件，页面的【高度】可根据实际情况设置，但不应超过高度"768"像素的3倍。

2. 依次绘制图形并添加素材图片，再添加文字内容，即可完成个人主页的设计。

## 16.4 小结

本章以"美尔乐"食品网站为例讲解了网站主页美工设计的方法。对于网站美工工作来说，在开始设计之前应确定好网站的风格，规划好版面的构图和各功能区的分布是非常重要的，其次是颜色以及各个部分的装饰，字体的选择和美化也是要重点考虑的内容。读者在上网时可以多浏览一些设计美观的网站，学习这些网站的设计风格，只有看得多，动手设计得多，才能够慢慢地积累自己的经验，并设计出更加美观、实用的网站来。

# 16.5 习题

1. 综合运用各种绘图工具及菜单命令设计出图 16-56 所示的公司网站主页。

图 16-56 设计的网站主页

2. 练习图像的优化与输出。将图 16-57 所示的图像输出为图 16-58 所示的网页效果。

图 16-57 素材图片

图 16-58 输出的网页效果

# 附录A 常用文件格式

本附录介绍几种常用的文件格式，并对其存储信息情况、应用范围和优缺点进行简介，便于读者在遇到相关的文件时查阅。

| 格式名称 | 简　　介 | 常用范围及优缺点 |
| --- | --- | --- |
| AI | AI 是一种矢量图形格式，在 Illustrator 中经常用到，它可以把 Photoshop 中的路径转化为 "*.AI" 格式，然后在 Illustrator、CorelDRAW 中打开并对其进行颜色和形状的调整 | 可使文件在各软件之间相互转换 |
| BMP | BMP 格式是微软公司软件的专用格式，也是 Photoshop 最常用的点阵图格式之一，支持多种 Windows 和 OS/2 应用程序软件，支持 RGB、索引颜色、灰度和位图颜色模式的图像，但不支持 Alpha 通道 | 最通用的图像文件格式之一，可在大部分软件中调用，但 BMP 格式产生的文件较大 |
| EPS | EPS 格式是由 Adobe 公司专门为存储矢量图形而设计的，在 Photoshop 中打开由其他应用程序创建的矢量 EPS 文件时，Photoshop 会对此文件进行栅格化，将矢量图转换为位图 | 可使文件在各软件之间相互转换，常用于在 PostScript 输出设备上打印 |
| GIF | GIF 格式的文件是 8 位图像文件，几乎所有的软件都支持该格式。它能存储成背景透明化的图像形式，所以这种格式的文件大多用于网络传输和展示，并且可以将多张图像存成一个文档，形成动画效果 | GIF 格式产生的文件较小，但它最大的缺点是只能处理 256 种颜色 |
| JPEG | JPEG 格式是网络流通中最常用的格式之一，是所有压缩格式中最卓越的。虽然它是一种有损失的压缩格式，但是在图像文件被压缩前，用户可以在文件压缩对话框中选择所需图像的最终质量，这样就可以有效地控制 JPEG 在压缩时的数据损失量。JPEG 格式支持 CMYK、RGB 和灰度颜色模式的图像，不支持 Alpha 通道 | 它能保留图像的颜色信息，可通过选择性地去掉数据来压缩文件，生成的文件较小 |
| PDF | PDF 格式是一种电子文本格式，常用于 Acrobat 软件。Acrobat 是 Adobe 公司用于 Windows、Mac OS、UNIX（R）和 DOS 系统的一种电子出版软件。PDF 文件可以包含矢量图和位图图形，还可以包含电子文档查找和导航功能，如电子链接。PDF 格式支持 RGB、CMYK、索引颜色、灰度、位图和 Lab 颜色模式，不支持 Alpha 通道。PDF 格式支持 JPEG 和 ZIP 压缩，但位图模式文件除外。位图模式文件在存储为 Photoshop PDF 格式时采用 CCITT Group4 压缩 | PDF 格式常用于制作电子读物，如电子说明书、电子小说和产品介绍等。在 Photoshop 中打开其他应用程序创建的 PDF 文件时，Photoshop 会对文件进行栅格化 |

续表

| 格式名称 | 简　介 | 常用范围及优缺点 |
| --- | --- | --- |
| PICT | PICT 格式支持带一个 Alpha 通道的 RGB 文件和不带 Alpha 通道的索引颜色、灰度、位图文件。PICT 格式对于压缩具有大面积单色的图像非常有效。对于具有大面积黑色和白色的 Alpha 通道，这种压缩效果也非常明显 | PICT 格式广泛用于 Macintosh 图形和页面排版程序中，是作为应用程序传递文件的中间格式 |
| PNG | PNG 格式可以使用无损压缩方式压缩文件，支持带一个 Alpha 通道的 RGB 颜色模式、灰度模式及不带 Alpha 通道的位图、索引颜色模式。它产生的透明背景没有锯齿边缘 | 主要用于网络传输和展示，但一些较早版本的 Web 浏览器可能不支持 PNG 图像 |
| TGA | TGA 格式也是较常见的图像格式之一。MS-DOS 色彩应用程序普遍支持 TGA（Targa）格式，该格式支持带一个 Alpha 通道的 32 位 RGB 文件和不带 Alpha 通道的索引颜色、灰度的 16 位和 24 位的 RGB 文件。存储 RGB 图像为这种格式时，可以选择像素深度 | TGA 格式专用于使用 Truevision（R）视频的系统 |
| TIFF | TIFF 格式是最常用的图像文件格式，它既可以在 MAC 上使用，也可以在 PC 上使用。这种格式的文件是以 RGB 的全彩色模式存储的，在 Photoshop 中可支持 24 个通道的存储，TIFF 格式是除了 Photoshop 自身格式外唯一能存储多个通道的文件格式，还可存储注释和透明度等数据，最大文件可达 4GB，但大多数应用程序不支持文件大小超过 2GB 的文档 | TIFF 格式实际上被所有绘画、图像编辑和页面排版应用程序所支持，而且几乎所有桌面扫描仪都可以生成 TIFF 图像，所以 TIFF 格式常用于在应用程序之间和计算机平台之间交换文件 |

# 附录B Photoshop CC快捷键

掌握好 Photoshop CC 中的快捷键可以提高工作效率，希望读者能将其熟练掌握。各工具和命令的快捷键具体如下。

| 工具按钮 | | | |
|---|---|---|---|
| 矩形、椭圆选框工具 | M 或 Shift+M | 移动工具 | V |
| 套索、多边形套索、磁性套索工具 | L 或 Shift+L | 快速选择工具、魔棒工具 | W 或 Shift+W |
| 裁剪、透视裁剪、切片、切片选择工具 | C 或 Shift+C | 吸管、3D 材质吸管、颜色取样器、标尺、注释、计数工具 | I 或 Shift+I |
| 污点修复画笔、修复画笔、修补、内容感知移动、红眼工具 | J 或 Shift+J | 画笔、铅笔、颜色替换、混合器画笔工具 | B 或 Shift+B |
| 仿制图章、图案图章工具 | S 或 Shift+S | 历史记录画笔、历史记录艺术画笔工具 | Y 或 Shift+Y |
| 橡皮擦、背景橡皮擦、魔术橡皮擦工具 | E 或 Shift+E | 渐变、油漆桶、3D 材质拖放工具 | G 或 Shift+G |
| 减淡、加深、海绵工具 | O 或 Shift+O | 钢笔、自由钢笔工具 | P 或 Shift+P |
| 横排文字、直排文字、横排文字蒙版、直排文字蒙版工具 | T 或 Shift+T | 路径选择、直接选择工具 | A 或 Shift+A |
| 各种形状工具 | U 或 Shift+U | 抓手工具 | H |
| 旋转视图工具 | R | 缩放工具 | Z |
| 临时使用移动工具 | Ctrl | 临时使用抓手工具 | 空格 |
| 默认前景色和背景色 | D | 交换前景色和背景色 | X |
| 切换标准模式和快速蒙版模式 | Q | 设置画笔笔头大小 | [ 或 ] |
| 标准屏幕模式、最大化屏幕模式、带有菜单栏的全屏模式、全屏模式 | | | F |
| 文件操作 | | | |
| 新建文件 | Ctrl+N 或 Ctrl+Alt+N | 打开文件 | Ctrl+O |
| 在 Bridge 中浏览 | Ctrl+Alt+O | 打开为 | Ctrl+Alt+Shift+O |
| 关闭 | Ctrl+W | 关闭全部 | Ctrl+Alt+W |
| 关闭并转到 Bridge | Ctrl+Shift+W | 存储 | Ctrl+S |
| 存储为 | Ctrl+Shift+S | 存储为 Web 所用格式 | Ctrl+Alt+Shift+S |
| 恢复 | F12 | 文件简介 | Ctrl+Alt+Shift+I |
| 打印 | Ctrl+P | 打印一份 | Ctrl+Alt+Shift+P |
| 退出 | Ctrl+Q | | |

续表

| 编辑操作 | | | |
|---|---|---|---|
| 还原 / 重做 | Ctrl+Z | 前进一步 | Ctrl+Shift+Z |
| 后退一步 | Ctrl+Alt+Z | 渐隐 | Ctrl+Shift+F |
| 剪切 | Ctrl+X | 拷贝 | Ctrl+C |
| 合并拷贝 | Ctrl+Shift+C | 粘贴 | Ctrl+V |
| 选择性粘贴 / 原位粘贴 | Ctrl+Shift+V | 选择性粘贴 / 贴入 | Ctrl+Alt+Shift+V |
| 填充 | Shift+F5 或 Shift+BackSpace | 填充前景色 | Alt+Delete 或 Alt+BackSpace |
| 填充背景色 | Ctrl+Delete 或 Ctrl+BackSpace | 内容识别比例 | Ctrl+Alt+Shift+C |
| 自由变换 | Ctrl+T | 再次变换自由变换过的图像 | Ctrl+Shift+T |
| 再次变换图像并复制 | Ctrl+Alt+Shift+T | 删除选区中的图像或选取的路径 | Delete |
| 颜色设置 | Ctrl+Shift+K | 键盘快捷键 | Ctrl+Alt+Shift+K |
| 菜单 | Ctrl+Alt+Shift+M | 首选项 / 常规 | Ctrl+K |
| 图像调整 | | | |
| 打开【色阶】调整对话框 | Ctrl+L | 打开【曲线】调整对话框 | Ctrl+M |
| 打开【色相 / 饱和度】调整对话框 | Ctrl+U | 打开【色彩平衡】调整对话框 | Ctrl+B |
| 打开【黑白】调整对话框 | Ctrl+Alt+Shift+B | 反相调整 | Ctrl+I |
| 去色调整 | Ctrl+Shift+U | 自动调整色调 | Ctrl+Shift+L |
| 自动调整对比度 | Ctrl+Alt+Shift+L | 自动调整颜色 | Ctrl+Shift+B |
| 图像大小调整 | Ctrl+Alt+I | 画布大小调整 | Ctrl+Alt+C |
| 图层操作 | | | |
| 从对话框新建图层 | Ctrl+Shift+N | 以默认选项建立图层 | Ctrl+Alt+Shift+N |
| 通过拷贝建立图层 | Ctrl+J | 通过剪切建立图层 | Ctrl+Shift+J |
| 将背景层转换为普通层 | Alt+ 双击背景层 | 创建剪贴蒙版 | Ctrl+Alt+G |
| 图层编组 | Ctrl+G | 取消图层编组 | Ctrl+Shift+G |
| 合并图层 | Ctrl+E | 合并可见图层 | Ctrl+Shift+E |
| 置为顶层 | Ctrl+Shift+] | 前移一层 | Ctrl+] |
| 后移一层 | Ctrl+[ | 置为底层 | Ctrl+Shift+[ |
| 激活最上层 | Alt+[ | 激活最下层 | Alt+] |
| 从上往下加选择图层 | Alt+Shift+[ | 从下往上加选择图层 | Alt+Shift+] |
| 调整图层的透明度 | 0 ~ 9 | 盖印图层 | Ctrl+Alt+Shift+E |

续表

| 选择操作 | | | |
|---|---|---|---|
| 全部选择 | Ctrl+A | 取消选择 | Ctrl+D |
| 重新选择 | Ctrl+Shift+D | 反向选择 | Ctrl+Shift+I |
| 选择除背景层外的所有图层 | Ctrl+Alt+A | 查找图层 | Ctrl+Alt+Shift+F |
| 调整蒙版 | Ctrl+Alt+R | 羽化选择 | Shift+F6 |
| 将路径转换为选区 | Ctrl+Enter | | |
| 载入选区 | Ctrl+ 单击图层、通道或路径缩览图 | | |
| 载入选区与已有选区相加 | Ctrl+Shift+ 单击图层、通道或路径缩览图 | | |
| 载入选区与已有选区相减 | Ctrl+Alt+ 单击图层、通道或路径缩览图 | | |
| 载入选区与已有选区相交 | Ctrl+Alt+Shift+ 单击图层、通道或路径缩览图 | | |
| 滤镜菜单 | | | |
| 重复上次滤镜操作 | Ctrl+F | 重复上次滤镜命令（弹出对话框） | Ctrl+Alt+F |
| 自适应广角 | Ctrl+Alt+Shift+A | Camera Raw 滤镜 | Ctrl+Shift+A |
| 镜头校正 | Ctrl+Shift+R | 液化 | Ctrl+Shift+X |
| 消失点 | Ctrl+Alt+V | | |
| 3D 菜单 | | | |
| 显示 / 隐藏选区内表面 | Ctrl+Alt+X | 显示 / 隐藏所有表面 | Ctrl+Alt+Shift+X |
| 渲染 | Ctrl+Alt+Shift+A | | |
| 视图菜单 | | | |
| 校样颜色（以 CMYK 方式预览开关） | Ctrl+Y | 打开 / 关闭色域警告 | Ctrl+Shift+Y |
| 放大视图 | Ctrl++ | 缩小视图 | Ctrl+− |
| 按屏幕大小缩放 | Ctrl+0 | 实际像素显示（100%） | Ctrl+1 |
| 显示 / 隐藏额外内容（选择区域、参考线等） | Ctrl+H | 显示 / 隐藏目标路径 | Ctrl+Shift+H |
| 显示 / 隐藏网格 | Ctrl+' | 显示 / 隐藏参考线 | Ctrl+ ; |
| 显示 / 隐藏标尺 | Ctrl+R | 对齐 | Ctrl+Shift+ ; |
| 锁定参考线 | Ctrl+Alt+ ; | 显示复合通道 | Ctrl+2 |
| 显示单色通道或 Alpha 通道 | Ctrl+ 数字 | | |
| 窗口菜单 | | | |
| 显示 / 隐藏【动作】面板 | Alt+F9 | 显示 / 隐藏【画笔】面板 | F5 |
| 显示 / 隐藏【图层】面板 | F7 | 显示 / 隐藏【信息】面板 | F8 |
| 显示 / 隐藏【颜色】面板 | F9 | 显示 / 隐藏工具箱以外的所有面板 | Shift+Tab |
| 显示 / 隐藏除标题栏、菜单栏外的所有面板及工具箱和属性栏 | | | Tab |
| 帮助菜单 | | | |
| Photoshop 联机帮助 | F1 | | |